Marko H. Hörter

Entwicklung und vergleichende Bewertung einer bildbasierten Markierungslichtsteuerung für Kraftfahrzeuge

Schriftenreihe
Institut für Mess- und Regelungstechnik,
Karlsruher Institut für Technologie (KIT)

Band 026

Eine Übersicht über alle bisher in dieser Schriftenreihe erschienenen Bände finden Sie am Ende des Buchs.

Entwicklung und vergleichende Bewertung einer bildbasierten Markierungslichtsteuerung für Kraftfahrzeuge

von

Marko H. Hörter

Dissertation, Karlsruher Institut für Technologie (KIT)
Fakultät für Maschinenbau
Tag der mündlichen Prüfung: 10. Januar 2013
Referenten: Prof. Dr.-Ing. Christoph Stiller
Prof. Dr. rer. nat. Cornelius Neumann

Impressum

Karlsruher Institut für Technologie (KIT)
KIT Scientific Publishing
Straße am Forum 2
D-76131 Karlsruhe

www.ksp.kit.edu

Print on Demand 2013

ISSN 1613-4214
ISBN 978-3-7315-0091-9

Entwicklung und vergleichende Bewertung einer bildbasierten Markierungslichtsteuerung für Kraftfahrzeuge

Zur Erlangung des akademischen Grades eines

Doktors der Ingenieurwissenschaften

der Fakultät für Maschinenbau
Karlsruher Institut für Technologie (KIT)
genehmigte

Dissertation

von

MBE Marko Heiko Hörter

aus Bad Herrenalb/ Neusatz

Hauptreferent: Prof. Dr.-Ing. Christoph Stiller
Koreferent: Prof. Dr. rer. nat. Cornelius Neumann
Tag der mündl. Prüfung: 10. Januar 2013

Vorwort

Die vorliegende Arbeit entstand während meiner Tätigkeit als wissenschaftlicher Mitarbeiter am Institut für Mess- und Regelungstechnik (MRT) des Karlsruher Instituts für Technologie (KIT). Meinem Betreuer Herrn Prof. Dr.-Ing. Christoph Stiller danke ich herzlich für die jederzeit gewährte Unterstützung sowie für die Schaffung einer sehr angenehmen Arbeitsatmosphäre, die stets viel Freiraum für die Verwirklichung eigener Ideen gelassen hat. Für die freundliche Übernahme des Korreferates gebührt mein Dank Herrn Prof. Dr. rer. nat. Cornelius Neumann des Instituts für Lichttechnik (LTI) des KIT.

Besonderer Dank gilt der Firma Porsche Engineering Services GmbH für die geleistete Unterstützung während meiner akademischen Ausbildung, zuletzt in Form einer Industriekooperation, welche für meine Forschungstätigkeit und die Erstellung dieser Dissertation am KIT sowie meine Persönlichkeitsentwicklung sehr förderlich war. Stellvertretend hierfür möchte ich den Herren Dirk Lappe und Jürgen Benz für das in mich gesetzte Vertrauen zu Beginn meiner Promotionszeit danken. Besonders hervorheben möchte ich zudem die Unterstützung dieser Arbeit durch Frau Katrin Weck im Bereich empirischer Sozialforschung und Gebrauchstauglichkeit.

Bei meinen Kollegen am MRT bedanke ich mich für angeregte Diskussionen sowie inspirierende Sommerseminare. Dem Sekretariat, den Werkstätten sowie der IT-Abteilung möchte ich mich für eine stets sehr unkomplizierte und direkte Zusammenarbeit bedanken. Für die beispiellose Hilfestellung während der durchgeführten Probandenstudie gebührt mein besonderer Dank den Herren Goran Cicak und Marcus Hofner. Des Weiteren bedanke ich mich bei der Forschergruppe »Optische Technologie im Automobil (OTIA)« des LTI in Person von Herrn Christian Jebas und Frau Carmen Kettwich für die geführten Diskussionen und geleistete Hilfestellung. Zudem danke ich meinen Studien- und Diplomarbeitern, studentischen Hilfskräften sowie freiwilligen Probanden für ihren Beitrag zu dieser Arbeit. Herzlichen Dank gebührt zudem Frau Stefanie Korn für das fleißige Korrekturlesen dieser Arbeit.

Meinen Eltern, die mir durch ihre Strebsamkeit immer Vorbild waren, die mir Heimat und Geborgenheit aber auch Freiheit und Interesse für Neues gaben, danke ich von tiefstem Herzen für Ihre Rücksichtnahme und Unterstützung — Ihnen widme ich diese Arbeit.

Karlsruhe,
im August 2012

Marko Heiko Hörter
Karlsruher Institut für Technologie (KIT)

Kurzfassung

In der automotiven Lichttechnik wird seit einigen Jahren aktiv an adaptiven Lichtsystemen geforscht, um eine flexible Beleuchtungsstärkeverteilung optimal angepasst an die situativ vorherrschenden Verkehrs- und Witterungsverhältnisse erzeugen zu können. Hierdurch soll dem Fahrzeugführer bei Dämmerungs- und Nachtfahren mehr Sicherheit und Komfort geboten werden, um somit nachhaltig die noch immer hohe Zahlen der Verkehrsunfälle mit Mensch und Wildtier zu reduzieren.

Dieser Beitrag beschreibt die Entwicklung und vergleichende Bewertung einer bildbasierten Markierungslichtsteuerung für Kraftfahrzeuge. Ein Markierungslicht bezeichnet in diesem Kontext ein dediziertes Lichtsystem, welches zusätzlich zur Grundlichtverteilung durch die Hauptscheinwerfer ein Objekt im vorwärtigen Verkehrsraum durch eine licht-basierte Markierung und eine daraus resultierende Erhöhung der lokalen Beleuchtungsstärke sowie einhergehende Objektleuchtdichte frühzeitig erkennbar machen soll. Besonderes Augenmerk wird hierbei auf die Entwicklung einer optimierten Ansteuerung der gier- und nickbaren prototypischen Lichtmodule gelegt. Im Gefüge zwischen einer hohen Objekterkennungsentfernung sowie einer geringen Falschalarmrate wird für die Objektdetektion eine Bildsegmentierung auf Basis eines dual-adaptiven Grenzwertfilters vorgestellt, gefolgt von der Objektklassifikation durch einen » Maximum-Margin «-Klassifikator. Für die dynamische Zustandsschätzung wird ein » Interacting-Multiple-Model «-Filter verwendet, welcher mehrere » Erweiterte Kalman «-Filter pro Objektklasse integriert und somit optimal die jeweilige spezifische Objekthöhe sowie entsprechende räumliche Objektposition schätzt. In einer Probandenstudie werden objektiv und subjektiv Messdaten im Vergleich zu einem konventionellen Abblendlicht erhobenen sowie statistisch hinsichtlich der Erkennbarkeitsentfernung und der Gebrauchstauglichkeit evaluiert. Hierdurch wird der Nachweis geführt, dass die Gewinne an Sicherheit und Komfort mit dem hier vorgestellten Lichtsystem realisierbar sind und ein Serieneinsatz gewünscht wird.

Schlagworte: Fahrerassistenzsystem – Objektklassifikation – Objektverfolgung – Zustandsschätzung – Probandenstudie – Erkennbarkeitsentfernung – Gebrauchstauglichkeit.

Abstract

In automotive lighting technology there have been taken place intense research efforts in the field of adaptive lighting systems to provide a flexible luminance intensity distribution optimally adapted to the situational prevailing traffic and atmospheric situation in the last recent years. By utilizing such lighting systems, the driver is going to be able to find its path more safety and comfortable during twilight and night driving situations – this, however, will reduce the still high number of traffic accidents involving both humans and game animals.

This paper describes the development and comparative evaluation of an image-based control system for a marking light approach designed for motor vehicles. In this context, a marking light system refers to a dedicated light system, which increases locally the luminance intensity as well as the involved object luminous density in addition to the normal illumination by conventional headlights resulting in precocious object recognition. Particular emphases are set on the development of an optimized control approach concerning the yaw- and pitch-able prototypic lighting modules. In the quandary of a high object recognition distance and a low false alarm rate, the object dectection features an image segmentation based on a dual-adaptive threshold filter, whereas for object classification an maximum margin classifier is utilized. Regarding dynamic state estimation, an Interacting Multiple Model filter is presented, which implements multiple Extended Kalman filters per object class to estimate optimally the particular object height plus corresponding spatial object position. For evaluation purposes, a test person survey gains objective and subjective measurement data in reference to a conventional low beam lighting system, which are statistically assessed in terns of recognition distance. Hereby, one can supply proof, that the presented marking system realizes benefits in safety and comfort, and therefore it is desired in series production.

Keywords: Advanced Driver Assistance Systems – object classification – objekt tracking – state estimation – test person survey – recognition distance – usability.

Inhaltsverzeichnis

Symbolverzeichnis **VII**

1 Einleitung **1**
1.1 Motivation 1
1.2 Themenbereich 2
1.3 Ziel der Arbeit 3
1.4 Einordnung der Arbeit 4
1.5 Jüngere historische Entwicklung der automobilen Lichttechnik . . 10
1.6 Aktuelle Rechtsprechung 12
1.7 Aufbau der Arbeit 13

2 Grundlagen **17**
2.1 Koordinatensysteme und Transformationen 17
2.1.1 Affines Koordinatensystem 19
2.1.2 Übergang zwischen Koordinatensystemen 19
2.1.3 Homogene Koordinaten 21
2.2 Kameramodelle 22
2.2.1 Lochkameramodell 22
2.2.2 Kameramodell mit Verzeichnung 29
2.3 Kamerakalibrierung 32
2.3.1 Lochkameramodell 34
2.3.2 Kameramodell mit radialer Verzeichnung 34
2.4 Aktorkalibrierung 35
2.5 Dynamische Zustandsschätzung 38
2.5.1 Kalman-Filter 38
2.5.2 Erweitertes Kalman-Filter 43
2.5.3 Interacting-Multiple-Model-Filter 46
2.6 Support Vector Machine 51
2.7 Weitere mathematische Grundlagen 52
2.7.1 Nichtlineare Optimierung 52

3 Visuelle Wahrnehmung im nächtlichen Straßenverkehr **55**

3.1 Fahrverhalten und Fahraufgabe 55
3.1.1 Tätigkeit eine Fahrzeugführers 55
3.1.2 Prozess einer Gefahrenbremsung 57
3.2 Die Physiologie des Sehens 59
3.2.1 Aufbau und Struktur des Auges 59
3.2.2 Adaption des Auges 61
3.2.3 Blendung 63
3.2.4 Blickverhalten 64
3.3 Objektwahrnehmung 66
3.3.1 Definition von Auffälligkeit von Objekten zur Wahrnehmung 67
3.3.2 Leuchtdichteunterschiedsempfindlichkeit 69

4 Aufbau eines Markierungslichtsystems 75
4.1 Informationsverarbeitungseinheiten 75
4.1.1 Linuxbasierte Mehr-Kern-Recheneinheit 75
4.1.2 dSPACE MicroAutoBox 77
4.1.3 dSPACE RapidPro 77
4.1.4 CONRAD C-Control II 77
4.2 Sensoren 78
4.2.1 Ferninfrarotsensor 79
4.2.2 Inertiales Navigationssystem 81
4.2.3 Zusätzliche Sensoren 81
4.3 Markierendes Lichtmodul 82
4.3.1 Aufbau 82
4.3.2 Lichttechnische Anforderungen 84
4.3.3 Simulation 86
4.3.4 Goniometermessung 86
4.3.5 Kalibrierung der Lichtaktuatoren 88
4.3.6 Schwenkwinkel und Dynamik 91
4.4 Informationsfluss und Fahrzeugvernetzung 92

5 Entwicklung einer Markierungslichtsteuerung 95
5.1 Einführung 95
5.2 Stand der Forschung 97
5.3 Systemübersicht 99
5.4 Objektdetektion 101
5.4.1 Bildsegmentierung 101
5.4.2 Merkmalbasierte Reduzierung der potentiellen ROIs . . . 103
5.5 Objektklassifikation 106
5.5.1 Extrahierung von Features 107

5.5.2 Maschinelle Mustererkennung 109
5.6 Objektverfolgung 110
5.6.1 Single-Stage-Filter 111
5.6.2 Multi-Stage-Filter 113
5.7 Experimentelle Ergebnisse und bewertender Vergleich 114
5.7.1 Bewertungskriterium 114
5.7.2 Evaluation der Objektdetektion 116
5.7.3 Performanzvergleich der maschinellen Mustererkennung . 118
5.7.4 Bewertender Vergleich zur Objektverfolgung 118
5.7.5 Untersuchung zur Systemperformanz 122

6 Psychophysiologische Bewertung 125
6.1 Vorbereitungsphase 125
6.2 Statische Versuchsreihe 126
6.2.1 Versuchsprinzip und Versuchsablauf 126
6.2.2 Ergebnisse 127
6.3 Dynamische Versuchsreihe 129
6.3.1 Versuchsprinzip 129
6.3.2 Versuchsaufbau 129
6.3.3 Versuchsablauf 132
6.3.4 Ergebnisse 133
6.3.5 Analyse der Ergebnisse 134

7 Subjektive Bewertung aus Fahrersicht 141
7.1 Bewertungsmethodik 141
7.2 Vorbereitungsphase 142
7.3 Bewertungsphase 143
7.3.1 Versuchsprinzip 143
7.3.2 Versuchsablauf 144
7.3.3 Ergebnisse der Bewertungsphase 144

8 Zusammenfassung und Ausblick 151
8.1 Zusammenfassung 151
8.2 Ausblick 153

A Zusatzmaterial 155
A.1 Messschirm 155
A.2 Mathematische Grundlagen zur Support Vector Machine 156
A.2.1 Linear separierbare Daten 156
A.2.2 Nichtlinear separierbare Daten 160

A.3 Kontrastdefinition 162
A.4 Sequenz einer Notbremsung 162
A.5 Optisches Design der bikonvexen Linsen 163
A.6 Ergebnisprotokolle zur subjektiven Bewertung 164

B Fragebögen **169**

C Sonstiges **177**
C.1 Betreute Arbeiten 177
C.2 Veröffentlichungen 178
C.2.1 Konferenzbeiträge mit Vortrag 178
C.2.2 Konferenzbeiträge mit Poster 179
C.2.3 Sonstige Veröffentlichungen und Auszeichnungen 179
C.3 Erfindungsmeldungen 181

Literaturverzeichnis **183**

Symbolverzeichnis

Abkürzungen

ABS	Antiblockiersystem
AFS	Adaptive Front Lighting Systems (engl., Adaptive Frontbeleuchtungssysteme)
bzw.	beziehungsweise
CAD	Computer-aided Design
CAL	Computer-aided Lighting
CAN	Controller Area Network
d.h.	das heißt
DESTATIS	Deutsches Statistisches Bundesamt
DMD	Digital Micromirror Device
DRL	Daytime Running Light (engl., Tagfahrlicht)
ECE	United Nations Economic Comission for Europe
EKF	Erweiterter Kalman-Filter
ESP	Electronic Stability Program (engl., Elektronische Stabilitätsregelung)
etc.	Et cetera (lat.)
FAS	Fahrerassistenzsystem
FIR	Far-Infrared (engl., Ferninfrarot)
FNR	False-Negative-Rate
FPA	Focal Plane Array
FPPF	False-Positive-Per-Frames
FPPW	False-Positive-Per-Window
FPR	False-Positive-Rate
GPS	Global Positioning System
HB	High Beam (engl., Fernlicht)
HDG	Hell-Dunkel-Grenze
HOG	Histogram of Oriented Gradients

i.A.	im Allgemeinen
i.d.R.	in der Regel
IMM	Interacting Multiple Model
IMU	Inertial Measurment Unit
INS	Inertiales Navigationssystem
KF	Kalman-Filter
LASER	Light Amplification by Stimulated Emission of Radiation
LB	Low Beam (engl., Abblendlicht)
LED	Light-Emitting Diode
LIDAR	Light Detection And Ranging
LIN	Local Interconnect Network
MAB	MicroAutobox
ML	Markierendes Licht
NIR	Near-Infrared (engl., Nahinfrarot)
o.ä.	oder ähnliches
OEM	Original Equipment Manufacturer
PMMA	Polymethylmethacrylate
RADAR	Radio Detection and Ranging
ROC	Receiver Operating Characteristic
ROI	Region of Interest (engl., zu interessierender Bildausschnitt)
RTDB	Real-Time Datebase
sogen.	so genannt
SVM	Support Vector Machine
SZ	Sehzeichen
TIR	Total Internal Reflection
TPR	True-Positive-Rate
TTL	Transistor-Transistor-Logik
u.a.	unter anderem
u.d.N.	unter den Nebenbedingungen
u.v.m.	und vieles mehr
UHP	Ultra-High Performance
UTM	Universal Transversal Mercator
vgl.	vergleiche

VP	Versuchsperson
z.B.	zum Beispiel

Notationen

Konstanten, Bezeichner	nicht kursiv: $a, b, c, \ldots$
Matrizen	fett, nicht kursiv, groß: $\mathbf{A}, \mathbf{B}, \mathbf{C}, \ldots$
Mengen	kalligraphisch, groß: $\mathscr{A}, \mathscr{B}, \mathscr{C}, \ldots$
Skalare	nicht fett, kursiv: $x, y, z, X, Y, Z, \ldots$
Vektoren	fett, nicht kursiv: $\mathbf{x}, \mathbf{y}, \mathbf{z}, \mathbf{X}, \mathbf{Y}, \mathbf{Z}, \ldots$
Zufallsgrößen	Zufallsvariablen und Zufallsfelder werden mit *Großbuchstaben* bezeichnet, für Realisationen daraus werden die entsprechenden *Kleinbuchstaben* verwendet

Operatoren

$E[\cdot]$	Erwartungswert
$\|\cdot\|$	Euklidische Norm
$arg\{\cdot\}$	Argument einer Funktion
$exp\{\cdot\}$	Expotentialfunktion

Symbole

(φ, r)	Polarkoordinaten
(u, v)	Pixelkoordinaten
$:=$	Definition
C	relativer Leuchtdichteunterschied oder Kontrast
E	Beleuchtungsstärke
H	Objekthöhe
H_i	Ausgangs-, Null-, Alternativ-Hypothese
I	Lichtstärke
I_{FIR}	12-*Bit*-Grauwertbild
K_{FIR}	Kontrastbeiwert
L	Leuchtdichte
M	Modell aus IMM
N	Objektbreite
N_{vali}	Anzahl valider Klassifikationen

T Periodendauer
UE Unterschiedsempfindlichkeit
Z_c^F Kameraeinbauhöhe
Λ Gaußverteilungsdichte
Φ Lichtstrom
Υ Fehlerterm
Ξ adaptiver Grenzwert
$\aleph$ Fehlerfunktion
α spektraler Absorptionsgrad
α_{sig} Signifikanzniveau
$\bar{\Delta} d_E$ über alle Sehzeichen gemittelter Differenzbetrag zur Erkennbarkeitsentfernung
$\bar{\eta}$ Normierung möglicher Übergänge
$\bar{\sigma}_E$ über alle Sehzeichen gemittelte Standardabweichung
$\bar{a}$ Mittelwert
$\bar{d}_E$ über alle Sehzeichen gemittelte Erkennbarkeitsentfernung
Γ Bewegung
Λ Zuordnung intrinsischer Parameter zu korrespondierender intrinsischer Abbildung
Π Intrinsische Abbildung
χ Element aus Übergangswahrscheinlichkeitsmatrix
$\circ$ Verkettungszeichen für die Verkettung zweier Funktionen
$\digamma$ Markierungsfrequenz
$\hat{s}$ geschätzte Skale
$\mapsto$ Abbildung
$\mathbf{A}$ Systemmatrix
$\mathbf{B}$ Steuermatrix
$\mathbf{G}$ Einflussmatrix
$\mathbf{H}$ Messmatrix
$\mathbf{I}$ Identitätsmatrix
$\mathbf{K}_c$ Abbildung einer Lochkamera
$\mathbf{K}_k$ Gewichtungsmatrix

$\mathbf{P}$	Projektion
$\mathbf{R}$	Rotation
$\mathbf{T}$	Translation
$\mathbf{U}$	Transformation von Tool-zu-Auge
$\mathbf{V}$	Transformation von Hand-zu-Basis
$\mathbf{W}$	Transformation von Basis-zu-Auge
$\mathbf{X}$	Transformation von Hand-zu-Tool
$\mathbf{Z}$	Transformation
$\hat{\mathbf{x}}$	geschätzter Systemzustand
$\tilde{\mathbf{x}}$	Repräsentant bei homogenen Koordinaten
$\tilde{\mathbf{y}}$	Messvektor
$\mathbf{c}_0$	Hauptpunkt
$\mathbf{e}$	Messrauschen
$\mathbf{q}$	System- oder Prozessrauschen
$\mathbf{u}$	Eingangsvektor
$\mathbf{x}$	Systemzustand
$\mathbf{x}^F$	Fahrzeugkoordinatensystem
$\mathbf{x}^K$	Kamerakoordinatensystem
$\mathbf{x}^W$	Weltkoordinatensystem
$\mathscr{B}$	Basis
$\mathscr{D}$	Menge aller radialen Verzeichnungsfunktionen
$\mathscr{E}$	nicht leere Menge von Punkten
$\mathscr{G}$	Menge aller Bewegungen
$\mathscr{H}$	Menge aller Objekthöhen
$\mathscr{I}$	Menge aller intrinsischen Abbildungen
$\mathscr{K}$	Menge aller Kameraabbildungen
$\mathscr{P}$	Summenmenge
$\mathscr{R}_n$	Menge aller Rotationen
$\mathscr{T}_n$	Menge aller Translationen
$\mathscr{Z}$	Menge aller Transformationen
$\mathfrak{B}$	Klasse » Hintergrund «
$\mathfrak{F}$	Klasse » Vordergrund «
P	Fehlerkovarianzmatrix
Q	Kovarianz des Systemrauschen
R	Kovarianz des Messrauschen

S	Kovarianzmatrix des Residuums
μ	bedingte Wahrscheinlichkeit
μ_i	Erwartungswert zum Testergebnis
ω_0	bildseitiger Öffnungswinkel
ψ	Gierwinkel
ψ_{CCD}	Scherungswinkel
ρ, δ_r	Radiale Verzeichnungsfunktionen
σ	Standardabweichung
σ^2	Varianz
θ	Wankwinkel
$\triangle L$	Leuchtdichteunterschied
υ	Offset zwischen adaptiven Grenzwerten
φ	Nickwinkel
ϖ	Pulsiergrad
$\vec{E}$	Vektorraum
$\vec{V}$	reeler Vektorraum
d	Entfernung für quadratisches Entfernungsgesetz
f	Brennweite
k	diskretisierter Zeitpunkt
l	Anzahl von Modellen bzw. *Single-Stage*-Filtern
n	Dimension bzw. Anzahl
n_{PMMA}	werkstoffspezifischer Brechungsindex

KAPITEL 1

Einleitung

1.1 Motivation

Jüngste Zahlen aus der Datenbank des Statistischen Bundesamtes (DESTATIS) sprechen eine deutliche und klar interpretierbare Sprache: Das Jahr 2010 war das unfallreichste seit elf Jahren, so [DESTATIS, 2011a]. Bundesweit wurden rund 2,4 Millionen Verkehrsunfälle erfasst, das waren 4,2 % mehr als noch im Jahr zuvor. Erfreulich ist jedoch, dass trotz der gestiegenen Unfallzahlen die Zahl der Verkehrstoten auf ein historisches Minimum seit 60 Jahren gefallen ist. Zwar mussten immer noch 3.648 Menschen auf deutschen Straßen ihr Leben lassen, jedoch sind dies 12 % weniger als noch ein Jahr zuvor[1]. Bei näherer Betrachtung anhand detaillierter Aufzeichnungen und Rekonstruktionen, wie, wann und wo sich Verkehrsunfälle ereignen, fällt auf, dass bei nächtlichen Fahrten eine signifikant höhere Wahrscheinlichkeit besteht, in einen Verkehrsunfall involviert zu werden. Zudem zeigt sich, dass entgegen der allgemeinen Annahme, die Autobahn sei der gefährlichste Ort für Verkehrsteilnehmer, die Landstraße ein höheres Gefahrenpotential aufweist. Die außerhalb geschlossener Ortschaften gefahrene Geschwindigkeit, gepaart mit einer meist unangepassten Ausleuchtung der Verkehrsszenerie, sowie

[1]Nach neusten Schätzungen des DESTATIS, basierend auf vorliegenden Eckdaten von Januar bis Oktober 2011, wird im Gesamtjahr 2011 erstmals die Zahl der Verkehrstoten hingegen wieder steigen. Somit droht ein 20 Jahre andauernder Abwärtstrend zu brechen. [DESTATIS, 2011b] prognostiziert, dass sich die Zahl der Verkehrstoten im Jahr 2011 auf etwa 3.900 Menschen belaufen wird – ein Anstieg von 7 % gegenüber dem Vorjahr. Auffallend ist, dass die Zahl der Getöteten auf Autobahnen weiter rückläufig ist, jedoch im gleichen Zeitraum die Zahl der Todesopfer außerorts mit 8,8 % überproportional stark angestiegen ist.

die hohe Wahrscheinlichkeit, gerade dort auf Fußgänger, Fahrradfahrer oder auch Wildtiere zu „treffen“, kann zu tragischen Unfällen führen. Doch die aufgeführten Fakten sind kein Grund, diese nächtlichen Phänomene als gegeben hinzunehmen. Vielmehr schöpfen hieraus Wissenschaft und Industrie ihre Motivation, weiter an innovativen technischen Lösungen zu arbeiten, um das Fahren auf nächtlichen Straßen Stück für Stück sicherer zu gestalten – solange, bis das Oberziel » unfallfreies Fahren « zur Realität geworden ist. Solange bis automatisch agierende Fahrzeuge noch keine Serienreife erlangt haben, und so den Menschen als Fahrzeugführer nicht nur unterstützen, sondern ihn gar ersetzen können, bleibt die visuelle Wahrnehmung der wichtigste menschliche Sinn, um Informationen im Straßenverkehr aufzunehmen.

Somit kann nach [Ewerhart, 2002] postuliert werden: „Gutes Sehen ist hier lebenswichtig“. Doch gerade in der Dämmerung oder nachts ist die menschliche Sehleistung eingeschränkt, da das Auge mesopisch oder skotopisch adaptiert ist, und somit vermehrt Leuchtdichtenkontraste und vermindert Farbkonstraste von Objekten erkannt werden können. Somit sinkt nach [Schneider, 2010] die Informationsmenge, die dem Fahrzeugführer in jeder Fahrsituation über sein Umfeld zur Verfügung steht. In diesem Kontext kommen einem Kraftfahrzeugscheinwerfer zwei Aufgaben zu, welche nach [Manz et al., 2004] zunächst trivial erscheinen: Primär dient eine automotive Beleuchtungseinheit der angemessenen Ausleuchtung des Verkehrsraumes für den Fahrzeugführer. Sekundär stellt das Signalbild ein Erkennungsmerkmal für andere Verkehrsteilnehmer im nächtlichen Straßenverkehr dar. Besonders sich ständig verändernde Umfeldfaktoren, wie zum Beispiel Witterung, Straßengeometrie oder auch Verkehrsdichte, stellen eine Herausforderung dar. Um der Maxime » sehen und gesehen werden ohne andere Verkehrsteilnehmer zu blenden « gerecht zu werden, muss die automotive Beleuchtungseinheit gestern wie heute in der Lage sein, auf Faktoren des Umfeldes zu reagieren. Um die Sicherheit im nächtlichen Straßenverkehr kontinuierlich zu erhöhen, wird im Bereich der automobilen Lichttechnik an neuen, intelligenten Ansätzen gearbeitet, bei denen das Licht von Kraftfahrzeugscheinwerfern an die Stellen im Verkehrsraum vor dem eigenen Fahrzeug gelenkt werden soll, denen der Fahrzeugführer temporär eine erhöhte Aufmerksamkeit widmen sollte. Die vorliegende Arbeit soll einen Beitrag zu diesem Themenkomplex liefern.

1.2 Themenbereich

Im Verlauf der noch recht jungen Automobilgeschichte ist eine deutliche Weiterentwicklung der Scheinwerfertechnik zu erkennen. Neben dem Einsatz neuartiger

Lichtquellen (Stichpunkt: Energieeffizienz) wurden zudem die verwendeten Optiken (Reflektoren, Linsensysteme) verbessert sowie vermehrt mechatronische Komponenten implementiert, so [Manz et al., 2004]. Bereits mit dem Beginn der automobilen Ära vor 125 Jahren versuchten Ingenieure, die Scheinwerfer am Kraftfahrzeug zu verbessern und somit das Unfallrisiko im Straßenverkehr weiter zu senken. Ein weiterer Mosaikstein in dieser technischen Disziplin könnte das so genannte »Markierende Licht (ML)« darstellen, welches Beschreibungsgegenstand dieser Arbeit ist. Dieses neuartige Lichtsystem spielt gerade auf den in Kapitel 1.1 skizzierten *Hotspots*, also Landstraße gepaart mit Dämmerung oder Nacht, seine ganze Stärke aus. Objekte (hier: lebende Objekte mit emittierender Wärmestrahlung, also vornehmlich Menschen und Tiere), die sich auf einem potentiellen Kollisionskurs mit dem eigenen Fahrzeug befinden, werden mit einer eigens dafür konzipierten Lichtinstanz so angeleuchtet – oder auch „markiert“ –, dass der Fahrzeugführer diese früher erkennen und somit früher darauf reagieren kann (vgl. Abbildung 1.1). Hierzu werden geeignete Sensoren sowie eine komplexe, nachgelagerte Datenverarbeitung benötigt, welche fähig sind, Fahrsituationen sowie potentielle Gefahrenquellen frühzeitig und zuverlässig zu erkennen und zu klassifizieren. Prinzipiell kommen für solch eine Anwendung mehrere Arten von Sensoren in Frage: Sensoren, welche den aktuellen Fahrzustand (beispielsweise Geschwindigkeit, Lenkradwinkel, Längs- und Querbeschleunigung) ermitteln, werden heutzutage bereits großflächig in allen Fahrzeugklassen zur Unterstützung von Fahrerassistenzsystemen (FAS), wie Antiblockiersystemen (ABS) oder elektronischen Stabilitätsregelungen (ESP), verbaut. Neben diesen immanenten Sensordaten werden für das ML zusätzlich Informationen benötigt, welche die Umgebung des Fahrzeuges beschreiben. Wegen der großen Menge an visuellen Informationen, die der Fahrer aus seiner Umgebung bei der Ausübung seiner Fahraufgabe aufnimmt, haben dabei bildbasierte Sensoren zur komplementären, technischen Umfelderfassung großes Potential, so [Ewerhart, 2002]. Neben der geeigneten Auswahl von Sensorik ist ein besonderes Augenmerk auf die auszulegende, lichtbasierte Markierungsstrategie zu legen, um ein Höchstmaß an Erkennbarkeitsentfernung[2] sowie eine daraus resultierende Kollisionsvermeidung durch das Gesamtsystem zu erzielen.

1.3 Ziel der Arbeit

Ziel der Arbeit ist es, einen Ansatz für eine vorausschauende Markierungslichtsteuerung auf Basis von fahrzeug-immanenten sowie prädiktiven Sensorsignalen

[2]Definition: Entfernung eines Sichtobjektes, bei der das Objekt nicht nur wahrgenommen wird, sondern gerade dessen Klasse erkannt wird.

(a) (b)

Abbildung 1.1: Lichtbasierte Markierung von Objekten im Verkehrsraum. Links: Zu erkennen ist die Markierung eines Menschen (hier: Objektklasse »Mensch«). Rechts: Zu erkennen ist die Markierung eines Sehzeichens in Form eines Rehs (hier: Objektklasse »Reh«).

auszuarbeiten, welche die dedizierte, lichtbasierte Markierung von potentiellen Gefahrenquellen (hier: Menschen und Tiere) im Verkehrsraum vor dem eigenen Fahrzeug ermöglicht, ohne andere Verkehrsteilnehmer einer Blendungserhöhung auszusetzen. Hierdurch soll gerade in ruralen Gebieten die Sicherheit für den Fahrer sowie für Personen und Tiere im unmittelbaren Verkehrsumfeld sowie der Fahrkomfort erhöht werden. Dabei ist die Eignung des gewählten Videosensors für die Markierungslichtsteuerung zu bewerten. In vergleichenden Untersuchungen mit einem herkömmlichen Lichtsystem ist zu klären, welchen Einfluss die Eigenschaften der verwendeten Sensorsysteme sowie der nachgelagerten Datenverarbeitung auf das Gesamtsystem sowie auf die Auslegung der Steuerung haben. Schwerpunkt der Arbeit ist neben der Entwicklung der Markierungslichtsteuerung auch die psychophysiologische Bewertung der Eigenschaften dieses Lichtsystems im Vergleich zu einem konventionellen Abblendlicht. Hierzu sind wissenschaftliche Ansätze aus der empirischen Sozialforschung zu finden, die eine realistische Einschätzung und Bewertung des Systems ermöglichen.

1.4 Einordnung der Arbeit

Die vorliegende Arbeit ist im technischen Bereich der prädiktiven, lichtbasierten Fahrerassistenzsysteme einzuordnen.

Vorausschauende lichtbasierte Assistenzsysteme, welche die Lichtverteilung auf Basis von Videosensorik adaptiv am Straßenverlauf ausrichteten, wurden erstmals im Jahre 2002 von [Ewerhart, 2002] umfangreich untersucht. Hier wurden Untersuchungen zur Bewertung eines Kurvenlichtsystems in Relation zu einem statischen sowie zu einem System auf Basis von fahrdynamischen Sensordaten durchgeführt. Zusammengefasst wurde konstatiert, dass vorausschauende, videobasierte Systeme bei allen aufgestellten Hypothesen, wie beispielsweise Blendung, Erkennbarkeitsentfernung, Akzeptanz sowie objektiver Sicherheitsgewinn, als „besser" bewertet wurden, als die jeweiligen Referenzsysteme.

In [Rebut and Fleury, 2005] wird ein Assistenzsystem vorgestellt, welches eine automatische Alternation des Abblend- und Fernliches plus eine Aktivierung der Nebelscheinwerfer auf Basis von Kameradaten vornimmt. Die Idee hierbei ist, die bereits in Serie verbauten Helligkeitssensoren durch einen vollständigen, multipel auswertbaren Videosensor mit ausreichender Auflösung für eine nachgelagerte Bildanalyse zu substituieren. In diesem Aufsatz werden durch Bildverarbeitungsalgorithmen Hypothesen der aktuellen Umgebungshelligkeit (Tag ⇔ Dämmerung/ Nacht), des derzeitigen Verkehrsraums (Straße ⇔ Tunnel), sowie der maximalen Sichtweite (klare Sicht ⇔ Nebel) ausgewertet und entsprechend die Lichtaktuatorik geschaltet. Solch ein präsentiertes System birgt hohes Potential hinsichtlich einer Erhöhung von Sicherheit und Komfort bei nächtlichen Fahrten, da in den nach [Hamm and Friedrich, 2000; Mefford et al., 2007] untersuchten Verkehrsräumen nur in weniger als 5 % aller Fälle das Fernlicht mit einer deutlich höheren Erkennbarkeitsentfernung aktiviert ist. Dieses Faktum ist nicht nur dem gestiegenen Verkehrsaufkommen zu schulden, sondern ist ebenso in der menschlichen Trägheit hinsichtlich einer manuellen De-/ Aktivierung des Fernliches zu finden.

Ein weiterer Beitrag zu prädiktiven, lichtbasierten FAS ist in [Roslak, 2005] zu finden. Hier wird durch den gezielten Einsatz einer frei programmierbaren Lichtverteilung eines prototypischen Scheinwerfers die Wahrnehmung des Fahrers unterstützt sowie die Blendung für weitere Verkehrsteilnehmer reduziert. Damit soll die Verkehrssicherheit durch die verbesserten Wahrnehmungsbedingungen sowie eine daraus resultierende Verringerung der Fahrerermüdung bei Nachtfahrten erheblich gesteigert werden. Für die Sensierung des Fahrzeugvorfeldes wurde ein » Light Detection And Ranging (LIDAR) «-Sensor sowie für die programmierbare Lichtverteilung ein » Digital Micromirror Device (DMD) «-Scheinwerfer in den Versuchsträger implementiert. Da die technische Realisierung im präsentierten Entwicklungsstadium nur sehr kleine horizontale Öffnungswinkel des erzeugten Lichtkegels darstellen kann, ist eine Durchführung des direkten Vergleich mit mit einem konventionellen Scheinwerfer nur bedingt möglich. Zusammenfassend wurde geschrieben, dass in Versuchsreihen nachgewiesen wurde, dass mittels der gewählten Ausleuchtung des Verkehrsraums der Widerspruch zwischen guten Sichtbedingungen sowie einer geringeren Blendung aufgelöst sei. Derzeit steht einem potentiellen

Serieneinsatz noch der hohe Energieverbrauch bedingt durch die sehr hohe Wärmeentwicklung entgegen, die von der eingesetzten 220 W-starken » Ultra High Performance (UHP) «-Lampe ausgeht.

[Bradai et al., 2007] beschreibt in seinem Aufsatz ein prädiktives Lichtsystem, welches keine optischen Sensorsysteme integriert, sondern vielmehr seine Informationen über den » zukünftigen « Straßenverlauf durch eine Sensordatenfusion einer Navigationseinheit (digitale Karte plus Satellitenreferenzierung mittels » Global Positioning System (GPS) «) sowie von bordautonomen Fahrzeugdaten bezieht. Somit soll der navigationsbasierte virtuelle Sensor Informationen aus den digitalen Karten extrahieren, um den aktuellen Straßentyp (Landstraße, Autobahn, Innenstadt, etc.) für den entsprechenden AFS-Modus zu finden. Für das dynamische Kurvenlicht wird die benötigte Ausrichtung anhand der hinterlegten Kurvenkrümmung pro Kartenkante ermittelt. Nach Fahrversuchen wird festgehalten, dass das navigationsbasierte System eine signifikante Antizipation der Kurvenlichtführung gegenüber bis dato lenkwinkelgestützten Systemen zeigt.

Für die Detektion, Klassifikation sowie Entfernungsschätzung von Lichtquellen im nächtlichen Straßenverkehr wird in [Rebut et al., 2007], Firl [2009] und [Firl et al., 2009] ein monoskopisches Kamerasystem verwendet, um die Lichtverteilung des eigenen Fahrzeuges nach den Gegebenheiten der voraus fahrenden sowie entgegenkommenden Verkehrsteilnehmer zu adaptieren. Hierdurch soll eine so genannte » Gleitende Leuchtweite « realisiert werden, welche eine stets maximierte Erkennbarkeitsentfernung für den Fahrzeugführer unter dem Ausschluss einer Blendwirkung gegenüber Dritten garantieren soll. Der » Imager « ist hierbei im Bereich des Rückspiegels hinter der Windschutzscheibe platziert, und durchsucht in der beschriebenen Bildverarbeitung die visuellen Informationen nach Lichtquellen von Fahrzeugen, wobei eine Unterscheidung zu infrastrukturellen Beleuchtungen respektive Ampelanlagen vorgenommen werden soll. Durchgeführte Fahrversuche haben ergeben, dass solch ein System die Nutzung des Fernlichtes, unter Verwendung einer angepassten Leuchtweite, signifikant erhöhen können. Zugleich soll die Wahrscheinlichkeit einer Blendung sinken.

In [Hummel, 2010] wird ferner ein kamerabasiertes Assistenzsystem in der automobilen Lichttechnik beschrieben, bei welchem ein blendfreies Fernlicht auf Basis eines » light-emitting diode (LED) «-Scheinwerfers realisiert wurde. Dabei ist die Lichtverteilung des entwickelten, prototypischen Scheinwerfers in einzelne Segmente unterteilt, welche von individuell ansteuerbaren LEDs illuminiert werden. Als Sensorsystem kommt ein monoskopisches Kamerasystem zum Einsatz, welches andere Verkehrsteilnehmer erfassen soll und eine Abschaltung derjenigen Lichtquellen initiiert, welche eine mögliche Blendung verursachen. Die noch aktiven LEDs verbleiben dem Fahrzeugführer als selektive Lichtverteilung erhalten und sollen so eine optimale Sicht ohne Blendung ermöglichen. In durchgeführten psychophysiologischen Probandenstudien wurde unter anderem die Wirkung des beschriebenen Systems anhand von statistischen Auswertungen der halbdynamischen Fahrversuche hinsichtlich der erzielten Erkennbarkeitsentfernung ermittelt. Hierbei wurde aufgeführt, dass blendfreie Fernlichtsysteme die Sicherheit theoretisch und praktisch erhöhen. Auch unter Berücksichtigung der so genannten Risikokompentation[3] können blendfreie Fernlichtsysteme zur Straßenverkehrssicherheit beitragen.

Erste Nennungen eines » Markierenden Lichts «, » Spotlichts «, » Gefahrenlichts « oder auch eines » Automotiven Spotlichts « sind in [Kleinkes et al., 2007], [Berlitz, 2007], [Schneider, 2009], [Taner, 2007], [DAIMLER, 2011] respektive [Hörter et al., 2009] zu finden. Eine erste technische Machbarkeitsstudie ist in [Hörter et al., 2009] beschrieben. Hier wird eine Systemarchitektur vorgestellt, welche eine Ferninfrarot (FIR)-Kamera auf der Sensorseite sowie ein prototypisches, hybrides Frontlichtmodul auf der Aktuatorseite zeigt. Die Grundlichtverteilung soll mittels eines » VarioX «-Moduls realisiert werden. Das Markierende Licht hingegen wird mit einer dedizierten LED-Einheit, welche gier- und nickfähig ausgelegt wurde, dargestellt. Des Weiteren ist eine dezentrale Rechnerstruktur aufgezeigt, um die notwendige Bildverarbeitung der FIR-Bildsequenzen, Objekthandling sowie die Regelung der Lichtaktuatorik in Echtzeit realisieren zu können.

Eine weitere technische Studie ist in [Moisel et al., 2009] zu finden. Hierbei wird die Idee aufgezeigt, die vorgeschriebene Lichtverteilung mittels einer diskretisierten Aufteilung durch einzelne LEDs zu realisieren. Hierbei wurde die Auslösung des verwendeten LED-Arrays größer als diejenige in [Hummel, 2010] ausgelegt ($4x20 \Leftrightarrow 2x16 Reihen \times Spalten$), sodass neben einer partiellen Fernlichtfunktion und einer vertikalen Hell-Dunkel-Grenze (HDG) ebenfalls eine so genannte » Spotlichtfunktion « zur Verfügung stehen soll. Festgehalten wurde, dass solch eine Spotlichtfunktion für den Fahrer sehr wertvoll sein könnte, um ihn auf potentielle Gefahrensituationen effektiv hinzuweisen. Weiter wird aufgeführt, dass der homogene Verlauf der einzelnen LED-Segmente sowie deren lückenloser Übergang unter gleichzeitiger Einhaltung der gesetzlich vorgeschriebenen Hell-Dunkel-Grenze zu optimieren ist.

In [Hörter and Koelen, 2009] wird der Lösungsansatz aus [Hörter et al., 2009] weiter konkretisiert. Gezeigt wird unter anderem die implementierte Objektdetektion

[3] Definition: Nach [Petermann et al., 2006] führt ein technischer Fortschritt, welcher die Erhöhung der Erkennbarkeitsentfernung fördert, meist zu einer Geschwindigkeitserhöhung durch den Fahrzeugführer.

und -klassifikation. Die erst genannte Instanz stützt sich hauptsächlich auf einen in [Tian et al., 2005; Dong et al., 2007] vorgestellten dual-adaptiven Grenzwertfilter, welcher für die Verarbeitung von FIR-Bildsequenzen optimiert wurde. Die Klassifikation hingegen wird mittels einer » Support Vector Machine[4] (SVM) « realisiert. Hierzu werden die zuvor detektierten Bildausschnitte technisch mit so genannten » Histogram of Oriented Gradients (HOG) «-Features technisch für den numerischen Klassifikator beschrieben.

[Hörter et al., 2010a] und [Hörter et al., 2010b] präzisieren den zuletzt vorgestellten Ansatz zur technischen Realisierung eines Markierenden Lichts. Unter anderem wird ein multi-fokales Lichtsystem dargestellt, welches die lichttechnische Anforderung eines möglichst geringen Öffnungswinkels (hier: $<= 3\ ^\circ$) unter der Verwendung von so genannten » Total Internal Reflection (TIR) «-Optiken erreichen soll.

[Stroop et al., 2011] führte eine Experimentalstudie durch, um die positiven Auswirkungen eines Markierenden Lichts in gefährlichen Situationen im Straßenverkehr zu untersuchen. Hierzu wurde ein präpariertes Versuchsfahrzeug von freiwilligen Probanden über eine Teststrecke geführt, welches mit einem modifizierten » VarioX «-Lichtsystem ausgestattet war. Die Position der aufgestellten Sichtzeichen entlang der Versuchsstrecke wurde zuvor mit einem differentiellen GPS-System vermessen, da auf die Verwendung eines bildgebenden Sensors verzichtet wurde. Somit konnten die Sichtzeichen in verschiedenen, diskreten Entfernungen $(70, 100, 140\,m)$ zum eigenen Fahrzeug markiert und die Erkennbarkeitsentfernung der Probanden erhoben werden. Es wurde resümiert, dass die Aufmerksamkeitssteuerung des Fahrers hin zu potentiellen Gefahrenquellen einen ausgeprägten, positiven Effekt im realen Straßenverkehr haben kann.

Ein weiterer Beitrag zur Darstellung eines Markierenden Lichts ist in [Rosenhahn, 2011; Eggers et al., 2011] zu finden. Hierbei werden zwei unterschiedliche Realisierungsansätze aufgeführt: Eine integrierte Lösungsmöglichkeit in ein bestehendes Xenon-Modul sowie eine autark arbeitende Variante auf LED-Basis. Der erstgenannte Ansatz, welcher eine Erweiterung des AFS-Ansatzes ist und somit weiter verfolgt wird, bedient sich einer komplexen, elektro-mechanischen Apparatur zur Modulation der Hell-Dunkel-Grenze, um die gewünschte Lichtverteilung zu erzeugen. In [Neumann et al., 2011] ist hier von einer » Blendenkullisse « die Rede. Die zweitgenannte, nur theoretisch behandelte Ausführung besteht aus einer feststehenden Single-Chip-LED, um welche sich ein Reflektor um die Hochachse bewegen soll. Des Weiteren wird ausgeführt, dass eine Realisierung eines Markierenden

[4] Definition: Eine SVM ist ein Methode aus der Statistik sowie aus der Informatik, welche basierend auf einem Verbund aus erlernten und in Verbindung zueinander stehenden Informationen die Möglichkeit bereitstellt, Daten zu analysieren sowie Muster darin zu erkennen.

Lichts mit einem LED-Array ebenfalls denkbar wäre, jedoch solch eine Lösung bedingt durch die geringe Flexibilität hinsichtlich horizontaler Auflösung nicht weiter verfolgt würde. Ferner wird die maximal mögliche Markierungsfrequenz mittels der elektro-mechanischen Lösung untersucht, welche $300\,ms$ für einen vollständigen Zyklus benötigt. Somit können ausschließlich Frequenzen unterhalb $3,3\,Hz$ realisiert werden. Auf der Sensorseite wird unterdessen eine » Near-Infrared (NIR) «-Kamera in das Gesamtsystem integriert. Eine Evaluierung auf einem abgesperrten Testgelände innerhalb einer Probandenstudie zeigte, dass die Erkennbarkeitsentfernung im Mittel um $25\,m$ durch die Benutzung eines solchen Systems gegenüber der herkömmlichen Abblendlichtverteilung gestiegen ist, was bei gefahrenen $70\,Km/h$ einen Zeitgewinn von $1,3\,s$ bedeutet.

[Hörter et al., 2011a] und [Hörter et al., 2011b] zeigen ein funktionales Gesamtsystem als » erfahrbaren « Erprobungsträger in Anlehnung an vorangegangenen Beiträge nach [Hörter et al., 2010b] auf. Im Detail wird eine technische Implementierung eines markierenden Lichtsystems präsentiert, welches lebende Objekte (hier: Fußgänger, Fahrradfahrer, Wild, etc.) auf Basis einer Datenverarbeitung detektiert, klassifiziert, verfolgt und bei Bedarf mit einem prototypischen Lichtsystem markieren soll. Zur erweiterten Objektverfolgung wurde ein so genanntes » Interacting Multiple Model (IMM) « präsentiert, welches Vorteile bei der Größenbestimmung der Objekte im Verkehrsraum unter Verwendung einer monoskopischen Kamera verspricht. Die Lichtverteilung des Markierenden Lichts wird pro Fahrzeugseite mittels drei asphärischen Bi-Konvexlinsen sowie passiv-gekühlten Hochleistungs-LEDs erzeugt. Hierdurch wurde ein Öffnungswinkel von kleiner als $1,6\,^{\circ}$ erreicht, was der beschriebenen Designrichtlinie entspricht. Zudem wurden Resultate aus einer durchgeführten Probandenstudie aufgezeigt, welche bei einer vergleichenden Bewertung zu herkömmlichen Abblendlichtsystemen eine Erhöhung der erhobenen Erkennbarkeitsentfernung von bis zu $35\,m$ aufzeigt. Des Weiteren wurde anhand von subjektiven Daten der 33 Freiwilligen eine optimale Auslegung der Markierungsfrequenz empfohlen, welche einen pulsierend- sowie einen statisch-ausgeleuchteten Anteil besitzen sollte.

In [Honsel and Wallaschek, 2011] ist eine Realisierungsmöglichkeit eines Markierenden Lichts beschrieben, welche durch die Fusion einer NIR- und einer FIR-Kamera eine verbesserte Erkennungsrate von Fußgängern und Radfahrern anstrebt. Aufgezeigt wird, dass Objekte in einem Abstand von 5 bis zu $150\,m$ detektiert werden sollen, wobei eine Detektionsreichweite von über $100\,m$ nur außerhalb geschlossener Ortschaften zu erreichen sei. Das Erprobungsfahrzeug ist neben dem dualen Kamerasystem mit zwei prototypischen LED-Array-Scheinwerfern ausgerüstet, welche jeweils mit zwei LED-Arrays ($2x16\,Reihen \times Spalten$) bestückt wurden. Das Gesamtsystem wurde mit Videosequenzen aus einem urbanen Umfeld auf

Performanz getestet. Dabei wurden Detektionsraten in Abhängigkeit zur gemessenen Umgebungstemperatur von 66 bis 71 % präsentiert.

[Schneider, 2011a,b] zeigt in seinen Beiträgen auf, dass ein Markierenden Lichts ein sensorbasiertes System für das Beleuchten von Objekten sei. Das Potential, Unfälle speziell zwischen Fahrzeugen und Fußgängern zu reduzieren, wurde in einer Reduktion von bis zu 18 % bestimmt. In statischen und dynamischen Fahrversuchen unter der vergleichenden Bewertung mehrerer technischer Realisierungsansätzen wurde ermittelt, dass eine zusätzliche Erkennbarkeitsentfernung unter dem Einsatz solch eines Systems von bis zu $34m$ zu erwarten sei. Weiter wurde festgestellt, dass durch ein markierendes Lichtsystem nicht nur das Objekt selbst illuminiert werden soll, sondern vielmehr ein ausgeleuchteter Streifen von Fahrzeugvorderkante bis zu dem zu markierenden Objekt selbst. Dies soll von einer dedizierten Lichteinheit ausgehen, und sollte möglichst unabhängig zu dem Status von Fern- und Abblendlicht realisiert sein. Hier wurde eine Detektionsreichweite von 80 bis $120m$ für das entsprechende Sensorsystem empfohlen.

1.5 Jüngere historische Entwicklung der automobilen Lichttechnik

Die Entwicklung der automobilen Lichttechnik ging bei historischer Betrachtungsweise stets einher mit der Entwicklung des Automobils. Schon recht früh in der Ära der individuellen motorisierten Fortbewegung kam der Wunsch auf, unabhängig der jeweiligen Tages- und Nachtzeit sein Fahrzeug sicher und komfortabel bewegen zu können[5].

Als Startpunkt zur jüngeren historischen Entwicklung der automobilen Lichttechnik kann nach [Hamm et al., 2002] der Einzug der asymmetrischen Lichtverteilung im Jahre 1957 betrachtet werden. Die Vorteile einer solchen asymmetrische Lichtverteilung waren revolutionär, und haben bis heute Bestand: Durch eine (für Rechtsverkehr) rechts ansteigende Hell-Dunkel-Grenze[6] (HDG) konnte im Gegensatz zu der bis dato üblichen symmetrischen Lichtverteilung mit einer waagrechten Hell-Dunkel-Grenze eine beträchtliche Erweiterung der Reichweite des Abblendlichts am rechten Fahrbahnrand ohne Blendung des Gegenverkehrs realisiert werden. Zudem gingen mit der Einführung der Halogenlampe um 1960 deutliche Vorteile hinsichtlich Leuchtdichte der Glühwendel sowie verlängerte Betriebszeiten einher.

[5] Die historische Entwicklung der automobilen Lichttechnik ab der ersten Stunde kann in [Hamm et al., 2002] in einer detaillierten Darstellung eingesehen werden.

[6] Definition: Trennlinie zwischen hohen Lichtstärken unterhalb und geringer Lichtstärke oberhalb dieser Linie; s. Messschirm im Anhang A.1.

Fortan wurde ebenfalls verstärkt an der Qualität der Leuchtmitteln optimiert, um die Lebensdauer und Lichteffizienz zu verbessern. Neben einer Einführung von standardisierten Fassungen und Leuchtmittel (vgl. HX-Kategorien, wie beispielsweise $H7$-Lampe) mit dualen Glühwendeln um 1971, zeichnete zudem eine computergestützte Berechnung sowie die Produktion von Reflektor- und Optikgeometrien das Erscheinungsbild sowie Lichtbild der damaligen Scheinwerfersysteme aus. Mit dem Einzug einer klaren Abschlussscheibe sowie dem damals vorläufigen Höhepunkt der Lichttechnik die Markteinführung der Gasentladungslampe um 1991, zeichnete sich nochmals eine signifikant verbesserte Fahrbahnausleuchtung bei einer wesentlich verringerten Lichtaustrittfläche sowie langem Produktlebenszyklus ab.

Das bisherige Abblendlicht war für eine ausreichende Beleuchtung des Verkehrsraums auf geraden, kreuzungsfreien Straßen geeignet, so [Ewerhart, 2002]. Bei verändertem Umfeld, wie beispielsweise innerhalb von Kreuzungen oder Kurven, oder auch bei widrigeren Witterungsbedingungen wie Nebel oder Regen, war die in den » Economic Commission of Europe (ECE) «-Regelungen starr definierte Lichtverteilung nur bedingt optimal. Die Tendenz im Automobilbau hin zu einem stärkeren Systemverbund von Sensoren, elektronischen Reglern und Aktoren, schuf die technische Möglichkeit, intelligente Fahrzeugsysteme zu realisieren. Dieser Trend sollte auch in der automobilen Lichttechnik genutzt werden, sodass Mitte der neunziger Jahre führende Fahrzeughersteller und Zulieferer aus der Scheinwerfer- und Lampenindustrie innerhalb eines europäischen Forschungsprojektes (» EUREKA Project 1403 - Advanced Frontlighting Systems «, [EUREKA, 1996]) verschiedene neue Lichtfunktionen definiert und auf Machbarkeit überprüft haben. Besonders hohes Potential zur Erhöhung der Sicherheit und Komfort bei nächtlichen Fahrten verzeichneten nach [Compagnon, 1995; Paur, 1996] vornehmlich die technischen Konzepte » Kurvenlicht « und » Schlechtwetterlicht «, bei welchen die Lichtverteilung an den Kurvenverlauf respektive an die Witterungsbedingungen angepasst werden. Ferner wurden auch die Konzepte » Autobahnlicht « und » Landstraßenlicht «, bei welchen jeweils entweder auf erhöhte Reichweite oder auf breite Ausleuchtung adaptiert werden kann, bei den Befragten als sinnvoll erachtet. Da all diese Funktionen eine Anpassung der Lichtverteilung an die jeweilige Fahrsituation oder Witterung ermöglichten, wurde fortan der Begriff » adaptive Scheinwerfersysteme (Adaptive Front-Lighting Systems (AFS)) « verwendet, so [Ewerhart, 2002] weiter. Mit dem Einzug der ersten elektrisch veränderbaren Abblendlichtverteilung wirkten ab 2003 intelligente Lichtaktuatoren im Kraftfahrzeug, so [Wördenweber et al., 2007]. Diese Systeme ermöglichten es, ein statisches Kurvenlicht abhängig von der Fahrzeuggeschwindigkeit, dem Lenkwinkel und der Querbeschleunigung neben der herkömmlichen Abblendlichtverteilung zu aktivieren (s.g. » pre- AFS-Systeme «). In

2004, so [Lachmayer et al., 2005], folgte dem statischen Kurvenlicht eine dynamisch veränderliche Variante. Der Kontrollalgorithmus dieser Systeme basierte ebenfalls auf den zuletzt genannten Sensordaten, jedoch wurde ein Modell zur Blickführung des Fahrzeugführers hinterlegt, sodass eine quasi-prädiktive Ausleuchtung der Straße vollzogen werden konnte. Die ersten vollwertigen AFS-System verzeichneten nach [Kalze and Schmidt, 2007] ihre Einführung in den europäischen Markt ab 2006. Hier wurden die Konzepte nach EUREKA vollständig technisch umgesetzt, sodass eine situationsspezifische Anpassung der Gesamtlichtverteilung, wie etwa dedizierte Lichtverteilungsmuster für Fahrten in der Innenstadt, auf Landstraßen, auf Autobahnen, sowie Fahrten bei schlechter Witterung, fortan für den Fahrzeugführer verfügbar waren.

1.6 Aktuelle Rechtsprechung

Für die Zulassung und den technischen Betrieb eines Kraftfahrzeuges in der Europäischen Union muss eine EU-Betriebserlaubnis ausgestellt werden. Zur Erlangung einer solchen Betriebserlaubnis müssen alle sicherheitsrelevanten Anbauteile des Kraftfahrzeuges, dazu gehören u.a. auch die lichttechnischen Einrichtungen, nach einer EU-Direktive oder einer ECE-Regelung genehmigt sein, so [Manz et al., 2004]. Hierin wird unter anderem spezifiziert, welche Einheiten an welcher Stelle mit welcher lichttechnischen Funktion sowie der damit einhergehenden Lichtverteilung an einem Kraftfahrzeug verbaut werden dürfen. Da ein Markierungslichtsystem nur bedingt in den bis dato bestehenden gesetzlichen Rahmen eingeordnet werden kann, sind hier Anpassungen und/ oder Erweiterungen höchstwahrscheinlich zu erwarten.

Die Zulassung eines Scheinwerfers, welcher eine Lichtverteilung eines Markierenden Lichts aufweist, beschreibt [Schneider, 2011a] als problematisch, da die emittierte, stark gebündelte Lichtverteilung keiner der bis dato vorliegenden Regelungen zugeordnet werden kann. Ein Markierungslichtsystem wird verwendet, um einen einzelnen Spot (hier: pro Fahrzeugseite) im Vorfeld des eigenen Fahrzeuges, unabhängig von der herkömmlichen Grundlichtverteilung, mit möglichst homogener Intensität sowie in einem ausgedehntem Raumwinkelbereich zu erzeugen. Somit kann eine Zuordnung zu einer Abblendlichtfunktion nicht vorgenommen werden, da sich der Aktionsbereich auch oberhalb der Hell-Dunkel-Grenze befinden kann, so *Schneider* weiter.

Ein Markierungslichtscheinwerfer sei nicht den Klassen Abblend- oder Fernlicht zuzuordnen, da einerseits keine Grundlichtverteilung erzeugt und andererseits nicht der gesamte Fahrbahnbereich ausgeleuchtet werden wird, so *Manz*. Mit einer solch variablen Lichtverteilung, wie es das Markierende Licht aufweist, müssen für eine Homologation möglicherweise vollkommen neue Wege beschritten werden. Die Definition der Lichtverteilung wird sich an der individuellen Performanz des jeweiligen Lichtsystems orientieren. Dies bedeutet, dass die Charakteristik der Lichtverteilung, ähnlich wie bei den sich bereits in Serie befindlichen AFS-Scheinwerfern praktiziert wird, auf der Straße zu definieren ist. Es gäbe somit keine klassisch definierte Lichtverteilung mehr, sondern es kommt vielmehr einer anwendungsorientierten Überprüfung der jeweiligen Funktionsweise eine besondere Bedeutung zu. Ähnlich wie es bei dem so genannten Fernlicht-Assistenten sichergestellt sein muss, andere Verkehrsteilnehmer nicht zu blenden, müssen auch bei einem Markierenden Licht Mindestanforderungen hinsichtlich der Blendung erfüllt werden. Eine Umorientierung weg von einer Beurteilung durch eine Beleuchtungsstärkeverteilung und hin zu einer Beurteilung über die Erkennbarkeitsentfernung vordefinierter Objekte könnte erwogen werden.

Nach den Ausführungen von [Manz, 2012] basiert aktuell die Homologation einer markierenden Beleuchtungsfunktion nicht auf der *ECE-Regelung Nr. 123* (R123, [UNECE, 2010b]) für Adaptive Frontbeleuchtungssysteme (AFS), sondern vielmehr auf der *ECE-Regelung Nr. 48* (R48, [UNECE, 2008]) für Beleuchtungs- und Lichtsignaleinrichtungen. Die markierende Beleuchtungsfunktion ist hier jedoch aktuell noch nicht explizit mit Angaben zu Anbringung, Anzahl, Anordnung, geometrischer Sichtbarkeit/ Raumwinkelbereich, Ausrichtung, Elektrischer Schaltung, Kontrollleuchte, Lichtquelle, Lichtstärke (etc.) definiert. Der Wunsch von Seiten der Industrie nach einer entsprechenden schriftlichen Erweiterung/ Definition ist jedoch bereits an die » The International Automotive Lighting and Light Signalling Expert Group (GTB)[7] « herangetragen worden, eine textuelle Ausfertigung respektive Integration erfolgte jedoch bis dato noch nicht. In der *R48* findet derzeit eine markierende Beleuchtungsfunktion nur implizit Nennung, u.a. in Kapitel 5 (*Allgemeinen Vorschriften*) unter Abschnitt 5.12. Hier wird die elektrische Schaltung für Scheinwerfer des Fern- und Abblendlichts spezifiziert, welche so auszulegen ist, dass das Emittieren von kurzen Blinksignalen (vgl. „Lichthupe“) durch die dort aufgeführten Scheinwerfer technisch möglich sein muss.

[7]Die GTB (früher bekannt als » Groupe de Travail „Bruxelles 1952“ «) agiert hier als anerkannte global agierende Vereinigung von Fahrzeugherstellern, Entwicklungslieferanten, Herstellern von Lichtquellen, technischen Überwachungseinrichtungen und akademischen Institutionen, welche die Regelung, Sicherheit und Installation automotiver Beleuchtungssysteme sicherstellt, so [GTB, 2012].

1.7 Aufbau der Arbeit

Die vorliegende Arbeit befasst sich mit der Entwicklung und vergleichenden Bewertung einer bildbasierten Markiertungslichtsteuerung für Kraftfahrzeuge. Hierbei wurde neben einer prototypischen Lichtinstanz zur Markierung von Objekten im Verkehrsbereich ein entsprechender Bewertungsalgorithmus entworfen und unter einer Echtzeitanforderung in Betrieb genommen, sodass mit diesem Gesamtsystem eine wissenschaftlichen Evaluierung in Form einer Probandenstudie möglich war. Der restliche Teil dieser Forschungsarbeit gliedert sich ferner wie folgt:

Kapitel 2: Im Grundlagenkapitel werden die für diese Arbeit benötigten mathematischen Grundlagen diskutiert. Neben der Definition der verwendeten Koordinatensysteme sowie deren Transformation ineinander, wird zudem das herangezogene Kameramodell näher erläutert. Da eine Optik auf einem bildgebenden Sensor eine Verzeichnung im Bild hervorruft, wird die Kalibrierung der verwendeten Wärmebildkamera unter Verwendung eines patentierten Hilfswerkzeugs vorgestellt. Die dynamische Zustandsschätzung sich bewegender Objekten im Verkehrsraum aus einem sich selbst bewegenden Bezugssystem sowie die Einführung des verwendeten Klassifikators runden dieses Kapitel ab.

Kapitel 3: Die visuelle Wahrnehmung des Fahrzeugführers im nächtlichen Straßenverkehr ist wissenschaftliche Grundlage für den Aufbau und die Entwicklung eines neuartigen lichtbasierten Fahrerassistenzsystems und erfährt deshalb in diesem Kapitel nähere Betrachtung. Hierzu wird herausgearbeitet, wie ein Fahrzeugführer eine lichtbasierte Markierung im Verkehrsbereich theoretisch aufnehmen wird, welche Rahmenbedingungen die Physiologie des Sehens während Dämmerungs- oder Nachtfahrten vorgibt und wie diese Auswirkung auf die Objektwahrnehmung hat.

Kapitel 4: Um die Eigenschaften einer markierenden Lichtinstanz in realen Fahrsituationen bewerten zu können, wird in diesem Kapitel der Aufbau des realisierten Erprobungsfahrzeuges detailiert beschrieben. Das mechatronische Projekt umfasst hierzu Komponenten aus der mechanischen Konstruktion sowie aus der *Rapid-Prototyping*-Fertigung, der elektronischen Implementierung eines dezentralen Aktuator- und Sensornetzes, der lichtbasierten Simulation sowie Goniophotometermessung sowie der numerischen Datenverarbeitung unter einer Echtzeitanforderung.

Kapitel 5: Ein solider Algorithmus zur Detektion, Klassifikation und Verfolgung von potentiell kollisionsgefährdeten Objekten im Verkehrsraum stellt das

Kernstück für die funktionale Realisierung eines Markierenden Lichts dar und wird in diesem Kapitel detailliert diskutiert. Für die Generierung von zu interessierenden Bildausschnitten wird eine Bildsegmentierung auf Basis eines dualen Grenzwertfilters vorgestellt. Die Klassifikation der so gefundenen Objekte wird in dieser Arbeit mit einem *kernel*-basierten *Maximum Margin*-Klassifikator durchgeführt. Der Ansatz zur multiplen Objektverfolgung vereint in einem *Interaction-Multiple-Model*-Filter gleich mehrere *Extended Kalman*-Filter, um flexibel auf variable Objekthöhenhypothesen reagieren zu können.

Kapitel 6: Das in dieser Arbeit vorgestellte markierende Lichtsystem soll in einer vergleichenden Bewertung in Referenz zu einem konventionellen Abblendlichtsystem untersucht werden. Der spezifische Fokus liegt hierbei auf einem etwaigen Sicherheitsgewinn bei einem aktivierten Markierenden Licht – als Bewertungskriterium wird die relative Erkennbarkeitsentfernung eingeführt. Das Vorgehen sowie die Diskussion der objektiv aufgezeichneten Messdaten nach deren statischer Auswertung werden in diesem Kapitel aufgezeigt.

Kapitel 7: Die subjektive Untersuchung eines neuartigen (hier: lichtbasierten) Fahrerassistenzsystems aus Sichtweise des Fahrers ist ein wichtiges Kriterium für die spätere Akzeptanz bei einer etwaigen Markteinführung. Neben dem objektiven Sicherheitsgewinn ist aus Sicht des Fahrzeugführers auch die subjektive Akzeptanz sowie die subjektive Einschätzung von Interesse. Die Versuchsdurchführung sowie die statistisch ausgewerteten Ergebnisse hierzu werden in diesem Kapitel präsentiert.

Kapitel 8: Das abschließende Kapitel fasst die wesentlichen Ergebnisse dieser Arbeit zusammen und gibt einen Ausblick auf zukünftige Forschungsfelder im Kontext der prädiktiven, lichtbasierten Fahrerassistenzsysteme.

KAPITEL 2

Grundlagen

In diesem Kapitel werden die mathematischen Grundlagen zu den in dieser Arbeit verwendeten Koordinatensystemen und deren Transformationen sowie zu dem verwendeten Kameramodell und zu dessen Kalibrierung dargestellt. Ferner wird die dynamische Zustandsschätzung basierend auf dem Bayes'schen Minimum-Varianz-Schätzer für lineare respektive nicht-lineare stochastische Systeme nach *Kalman* eingeführt. Die Grundlagen eines *Maximum-Margin*-Klassifikatoransatzes sowie weitere verwendete grundlegende mathematische Verfahren und Methoden bilden den Abschluss dieses Kapitels.

2.1 Koordinatensysteme und Transformationen

In diesem Abschnitt werden die Grundlagen sowie Begrifflichkeiten für die in dieser Arbeit verwendeten Koordinatensysteme und deren Transformation vorgestellt. Abbildung 2.2 illustriert einen Überblick über die Anordnung der verwendeten Koordinatensysteme sowie deren Ursprung.

Ziel der Markierungslichtsteuerung ist es, Objekte im Verkehrsraum, von denen eine potentielle Kollisionsgefahr ausgeht, frühzeitig mit einem gebündelten Lichtstrahl zu markieren, um so den Fahrzeugführer auf diese Gefahrenstelle visuell hinzuweisen. Um dieses Ziel technisch zu realisieren, sind die Objekte im Verkehrsraum relativ zu einem sich bewegenden Fahrzeugkoordinatensystem zu beschreiben. Eine Transformation zwischen dem Fahrzeug-, dem Kamera- sowie den Lichtaktuatorkoordinatensystemen stellt sicher, dass die geschätzte Ortsposition

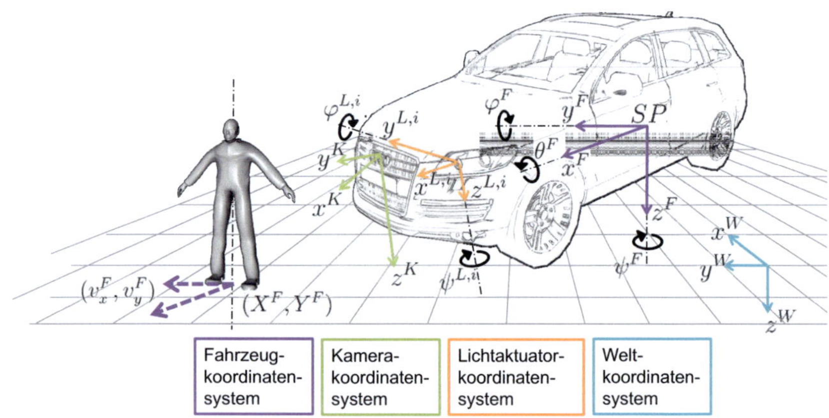

Abbildung 2.2: Koordinatenursprung und Koordinatenachsen der im Rahmen dieser Arbeit verwendeten Koordinatensysteme. Der Ursprung des Weltkoordinatensystems $\mathbf{x}^W$ entspricht dem Ursprung der aktuellen *UTM*-Zone, der des Fahzeugkoordinatnesystems $\mathbf{x}^F$ liegt im Fahrzeugschwerpunkt *SP*, der des Kamerakoordinatensystems $\mathbf{x}^K$ liegt im Projektionszentrum der FIR-Kamera, und der des Lichtaktuatorkoordinatensystems $\mathbf{x}^{L,i}$ mit $i = 1,2$ liegt im jeweiligen Schnittpunkten der zwei Drehachsen.

des Objektes in einer lichtbasierten Markierung durch die Aktuatoren mündet. Das Weltkoordinatensystem $\mathbf{x}^W = (x^W, y^W, z^W)^T$ wird zur globalen Lokalisierung des Fahrzeuges herangezogen und hat seinen Ursprung im Ursprung der aktuellen » Universal Transversal Mercator (UTM) «-Zone.

In dieser Arbeit soll in Anlehnung an die Forschungsarbeit von [Pink, 2011] die Beschreibung der Fahrzeugorientierung nach [DIN, 1990] durch *Yaw-Pitch-Roll*-Winkel Verwendung finden. Die Orientierung des Fahrzeuges resultiert somit aus einer Rotation um die Fahrzeughochachse z^W mit dem Gierwinkel[8] ψ^F, um die Fahrzeugquerachse y^W mit dem Nickwinkel[9] φ^F sowie der abschließenden Rotation um die Fahrzeuglängsachse x^W mit dem Wankwinkel[10] θ^F.

Die Fahrzeugbewegung wird um den Fahrzeugschwerpunkt *SP* modelliert, welcher den Ursprung des Fahrzeugkoordinatensystems mit $\mathbf{x}^F = (x^F, y^F, z^F)^T$ bildet.

[8] Engl.: yaw angle.
[9] Engl.: pitch angle.
[10] Engl.: roll angle.

Die x^F-Achse zeigt hierbei in Fahrzeuglängsrichtung, die y^F-Achse nach rechts in Fahrtrichtung sowie die z^F-Achse nach unten.

Für die Rückprojektion der Kamerabilder wird als Hilfskoordinatensystem das Kamerakoordinatensystem mit den Koordinaten $\mathbf{x}^K = (x^K, y^K, z^K)^T$ etabliert. Weiterhin wird nach [Jähne, 2005] vorausgesetzt, dass die perspektivische Projektion in die Bildebene dem Modell einer idealen Lochkamera entspricht.

Die Ursprünge der Koordinatensysteme beider Lichtaktuatoren $\mathbf{x}^{L,i}$ mit $i = 1,2$ liegen in den jeweiligen Schnittpunkten der $y^{L,i}$-Achsen mit den Gierwinkeln $\psi^{L,i}$ und den Querachsen $y^{L,i}$ mit den Nickwinkeln $\varphi^{L,i}$. Die Ansteuerung der Aktuatoren erfolgt nach einer Konvertierung der kartesischen in entsprechende Kugelkoordinatensysteme identischen Ursprungs.

2.1.1 Affines Koordinatensystem

Ein *affiner Raum* ist in der Mathematik im engeren Sinne ein Modell, was für den Menschen den vertrauten dreidimensionalen Anschauungsraum darstellt. Im erweiterten Sinne kann ein affiner Raum eine beliebig hohe Dimension aufweisen und kann nach [Graf, 2007] als Tripel $(\mathscr{E}, \vec{E}, +)$ definiert werden, welcher aus einer nicht-leeren Menge $\mathscr{E}$ von Punkten und einem korrespondierenden Vektorraum $\vec{E}$ sowie einer Verknüpfung $+ : \mathscr{E} \times \vec{E} \longrightarrow \mathscr{E}$ besteht.

Ein *affines Koordinatensystem* mit dem Ursprung a_0 repräsentiert hingegen eine Familie $(a_0, \ldots, a_m)$ von $m+1$ Punkten aus $\mathscr{E}$, so dass die Vektoren $(\overrightarrow{a_0a_1}, \ldots, \overrightarrow{a_0a_m})$ eine Basis von $\vec{E}$ bilden. Es heißt nach [Gallier, 2001] rechtwinklig, falls die Basisvektoren paarweise orthogonal zueinander stehen. Das Paar $(a_0, (\overrightarrow{a_0a_1}, \ldots, \overrightarrow{a_0a_m}))$ heißt affines Koordinatensystem mit Ursprung a_0.

Im Folgenden hat $\mathscr{E} = \mathbb{R}^n$ Gültigkeit und $\vec{E}$ ist in $\mathbb{R}^n$ definiert.

2.1.2 Übergang zwischen Koordinatensystemen

Affine Koordinaten beschreiben Positionen bezugnehmend auf ein Referenzsystem, so *Graf* weiter. Der Wechsel zwischen verschiedenen Referenzsystemen wird über Bewegungen beschrieben, welche aus Translation und Rotation bestehen.

Translation

Eine Abbildung $\mathbf{T} : \mathbb{R}^n \longrightarrow \mathbb{R}^n$ für $n \in \mathbb{N}$ heißt Translation im $\mathbb{R}^n$, falls es ein $z \in \mathbb{R}^n$ gibt mit

$$\mathbf{T} : \mathbb{R}^n \longrightarrow \mathbb{R}^n : x \mapsto x + z \quad . \tag{2.1}$$
$$\mathscr{T}_n := \{\mathbf{T} : \mathbb{R}^n \longrightarrow \mathbb{R}^n | \mathbf{T} \quad \text{ist Translation}\}$$

Rotation

Eine Matrix $\mathbf{A} \in \mathbb{R}^{n \times n}$ mit $n \in \mathbb{N}$ heißt *orthogonal*, wenn

$$\mathbf{A}^{-1} = \mathbf{A}^t \tag{2.2}$$

gilt.

Eine orthogonale Matrix $\mathbf{R} \in \mathbb{R}^{n \times n}$ für $n \in \mathbb{N}$ heißt genau dann *Rotationsmatrix*, wenn $det(\mathbf{R}) = 1$ ist. $\mathscr{R}_n$ bezeichnet die Menge aller Rotationsmatrizen. Eine Rotationsmatrix ist *per definitionem* eine orthogonale Matrix dies bedeutet, dass $\mathbf{R}^{-1} = \mathbf{R}^t$ ist. Die durch $\mathscr{R}$ definierte Abbildung wird auch als *Drehung* bezeichnet, so *Graf* weiter.

Es existieren gleich mehrere Möglichkeiten für die Parametrisierung einer Rotation im $\mathbb{R}^3$, wobei in dieser Arbeit die Rotation unter Zuhilfenahme von *Euler'schen Winkeln* Anwendung findet. Jede Drehung im $\mathbb{R}^3$ kann in Referenz zu einer geeigneten Orthogonalbasis durch eine Matrix mit der Form

$$\mathbf{R} = \begin{pmatrix} 1 & 0 & 0 \\ 0 & \cos\alpha & \sin\alpha \\ 0 & -\sin\alpha & \cos\alpha \end{pmatrix} \tag{2.3}$$

dargestellt werden. *Euler*[11] hingegen formulierte eine 3-dimensionale Rotation bezüglich einer Orthogonalbasis $\{b_1, b_2, b_3\}$ durch eine Rotationsmatrix $\mathbf{R} \in \mathbb{R}^{3\times3}$ wie folgt:

[11] Leonhard Euler (* 15. April 1707 in Basel, † 7. September 1783 in Sankt Petersburg) war einer der herausragendsten Mathematiker seiner Zeitepoche. Auf Euler gehen mehr als 860 Publikationen in den Bereichen Mathematik, Mechanik, Sozial- und Wirtschaftswissenschaften sowie Theologie zurück, so [Speiser, 1959].

$$\mathbf{R} = \begin{pmatrix} \cos\gamma & \sin\gamma & 0 \\ -\sin\gamma & \cos\gamma & 0 \\ 0 & 0 & 1 \end{pmatrix} \begin{pmatrix} 1 & 0 & 0 \\ 0 & \cos\beta & \sin\beta \\ 0 & -\sin\beta & \cos\beta \end{pmatrix} \begin{pmatrix} \cos\alpha & \sin\alpha & 0 \\ -\sin\alpha & \cos\alpha & 0 \\ 0 & 0 & 1 \end{pmatrix} . \tag{2.4}$$

Hierbei repräsentieren α, β, γ die *Euler'schen Winkel* der Drehung.

Bewegung

Eine Abbildung $g : \mathbb{R}^n \longrightarrow \mathbb{R}^n$ wird als starre *Bewegung* oder starre *Transformation* bezeichnet, falls es ein $\mathbf{R} \in \mathscr{R}$ und ein $\mathbf{T} \in \mathscr{T}$ gibt so dass für alle $x \in \mathbb{R}^n$ gilt $g(x) = \mathbf{T}(\mathbf{R}x)$.

Da eine Translation sowie eine Rotation jeweils durch drei Parameter beschrieben werden können, wird eine Bewegung infolge dessen durch sechs Parameter definiert. Dies bedeutet, dass die Abbildung

$$\Gamma : [0; 2\pi[^3 \times \mathbb{R}^3 \longrightarrow \mathscr{G} : (\alpha, z) \mapsto g_{\alpha,z} : \mathbb{R}^3 \longrightarrow \mathbb{R}^3 : x \mapsto \mathbf{R}_\alpha x + z \tag{2.5}$$

sechs Parametern, beispielsweise den drei Euler'schen Winkeln und den drei Koordinaten eines Translationsvektors, eine Bewegung zuweist. Hierbei bezeichnet $\mathscr{G}$ die Menge aller Bewegungen, $\mathbf{R}_\alpha$ die zu den Euler'schen Winkeln $\alpha := (\alpha_1, \alpha_2, \alpha_3)$ korrespondierende Rotationsmatrix und z ein Vektor aus $\mathbb{R}^3$, so *Gallier* weiter.

2.1.3 Homogene Koordinaten

Homogene oder auch *verallgemeinerte Koordinaten* geben nach [Dang, 2007] in einem n-dimensionalen Raum einen Punkt in einem Spaltenvektor mit $n+1$ Elementen wieder. Sei $\vec{V}$ ein reeller Vektorraum der Dimension $n \subset \mathbb{N}$ mit $n > 0$ und Basis $\mathscr{B} = \{b_1, \ldots, b_n\}$, dann heißt zu jedem $x \in \vec{V} \backslash \{0\}$ mit $\hat{x} = a$ die zu x gehörige Familie $(\lambda_i)_{1 \leq i \leq n}$ von Koordinaten auch Familie homogener Koordinaten von a. Homogene Koordinaten unterscheiden sich nach *Graf* um einen skalaren Faktor ungleich Null. Das bedeutet im Umkehrschluss: Sind $x, y \in \vec{V} \backslash \{0\}$ mit $\hat{x} = a = \hat{y}$ mit korrespondierenden Koordinaten $(\lambda_i)_{1 \leq i \leq n}$ bzw. $(\mu_i)_{1 \leq i \leq n}$, dann gilt für ein $s \in \mathbb{R} \backslash \{0\}$ mit

$$\begin{pmatrix} \lambda_1 \\ \vdots \\ \lambda_n \end{pmatrix} = s \begin{pmatrix} \mu_1 \\ \vdots \\ \mu_n \end{pmatrix} \quad . \tag{2.6}$$

Ist $\lambda_n \neq 0$, d.h., dass die letzte Koordinate ungleich Null ist, so kann eine eindeutige Repräsentation mit letzter Koordinate 1 gewählt werden – daher ist es gültig, wenn die Koordinaten durch λ_n dividiert werden. Der Repräsentant wird mit $\tilde{\mathbf{x}}$ wie folgt bezeichnet:

$$\tilde{\mathbf{x}} := \begin{pmatrix} \frac{\lambda_1}{\lambda_n} \\ \vdots \\ \frac{\lambda_{n-1}}{\lambda_n} \\ 1 \end{pmatrix} \quad . \tag{2.7}$$

2.2 Kameramodelle

Dieser Abschnitt zeigt nötige Grundlagen zu in dieser Arbeit verwendeten Kameramodellen und die resultierenden Kameraabbildungen auf: Beginnend mit dem idealisierten Lochkameramodell bis hin zu einem Modell unter Berücksichtigung der Linsenverzeichnung.

2.2.1 Lochkameramodell

Das Konstrukt »Lochkamera«[12] steht für einen dunklen Körper oder Behälter, in welchen durch ein kleines Loch (hier: Blende) Licht einfällt und so auf der gegenüberliegenden Seite ein auf dem Kopf stehendes Abbild der realen Welt projiziert wird. Geschichtlich geht dieses einfache Prinzip nach [Stuke, 2007] bereits auf Aristoteles[13] im 4. Jahrhundert v. Chr. zurück, welcher die Erzeugung eines auf dem Kopf stehenden Bilder mittels Strahlengangs auf einem Vorlesungsmanuskript skizzierte. Abbildung 2.3(a) illustriert hierzu den Abbildungsprozess eines Objektes mittels einer Lochkamera, Abbildung 2.3(b) zeigt hingegen die Funktionsweise der

[12] Lat.: »Camera Obscura«.

[13] Aristoteles (* 384 v. Chr. in Stageira; † 322 v. Chr. in Chalkis) gehört zu den bekanntesten und einflussreichsten Philosophen der Geschichte. Er begründete und beeinflusste maßgeblich eine Vielzahl von wissenschaftlichen Disziplinen, wie beispielsweise die Biologie, Ethik, Logik, Dichtungstheorie oder auch Staatstheorie, so [Flashar, 2004].

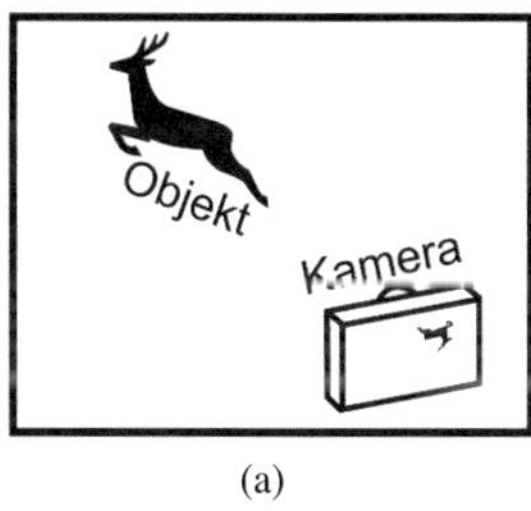

(a)

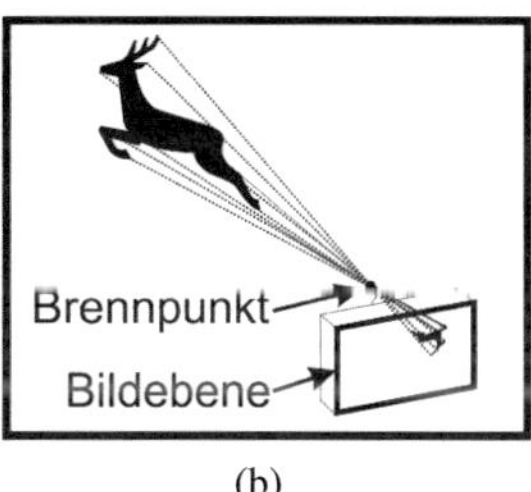

(b)

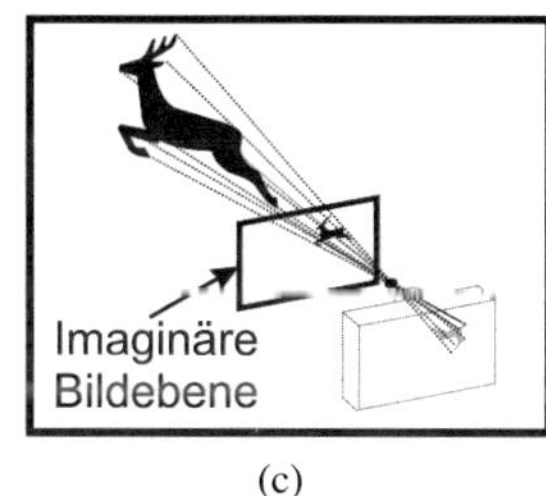

(c)

Abbildung 2.3: Links: Projiziertes, zweifach gespiegeltes Abbild des Objektes. Mitte: Strahlengang zur Abbildungsfunktion. Rechts: Imaginäre Bildebene als angepasste Abbildungsfunktion.

camera obscura auf: Ein Bildpunkt findet seinen Weg auf die Bildebene indem er durch den Brennpunkt führt und mit der Projektionsfläche (Bildebene) schneidet.

Nach [Hecht, 2005] leitet sich auf Basis dieser Funktionsweise das Prinzip des *Lochkameramodells* ab. Es wird vorausgesetzt, dass die Blende eine infinitesimal kleine Öffnung darstellt, sodass sie mathematisch einem Punkt entspricht. In der Praxis ist dies nicht möglich, sodass hier Abweichungen gegenüber einer realen Lochkamera zu erwarten sind. Die Lochblende wird zudem für eine Intensivierung der Lichtintensität auf der Projektionsfläche durch eine Optik ersetzt werden, so [Bachmann, 2010].

Für eine Anwendung des Lochkameramodells für herkömmliche, mit Linsenkameras belichtete Bildes wird durch eine imaginäre Projektionsfläche zwischen dem Brennpunkt und dem abzulichtenden Objekt die Seitenverkehrung des Bilder vermieden, wie Abbildung 2.3(c) illustriert. Mit genau dieser verschobenen Projektionsfläche wird im Folgenden nach *Graf* die Lochkamera definiert: Eine *Lochkamera* besteht aus einem Punkt, dem *optischen Brennpunkt*, und einer Ebene im dreidimensionalen Raum, auf welche ein Abbild projiziert wird. Die orthogonale Projektion des optischen Zentrums auf die Bildebene nennt sich *Hauptpunkt*. Der Strahl, ausgehend vom optischen Zentrum durch den Hauptpunkt nennt sich *optische Achse*. Die entsprechenden Schreibweisen für die Ebenen

$$\{z=0\} := \{(x,y,z)^t \in \mathbb{R}^3 | z=0\} \quad \text{und} \tag{2.8}$$

$$\{z=1\} := \{(x,y,z)^t \in \mathbb{R}^3 | z=1\} \tag{2.9}$$

werden im weiteren Verlauf verwendet. $\{z=0\}$ entspricht der xy-Ebene.

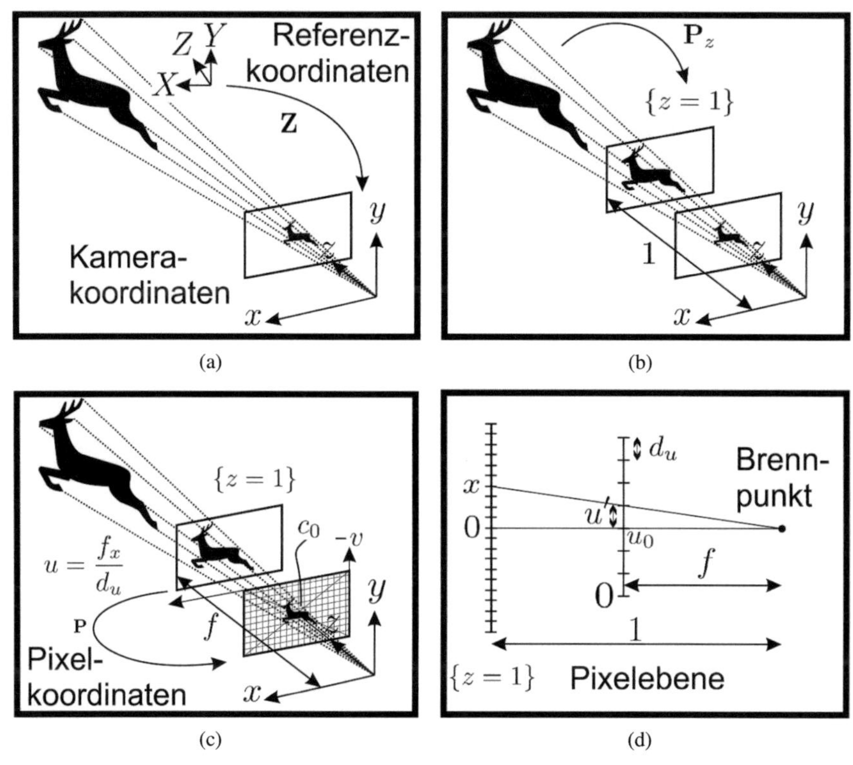

Abbildung 2.4: (a): Transformation von Referenz- nach Kamerakoordinaten. (b): Projektion von drei- auf zweidimensionale Daten. (c): Übergang von Kamerakoordinaten in Pixelkoordinaten. (d): Übergang von metrischen Koordinaten in Pixelkoordinaten.

Der erste Schritt, um den Abbildungsprozess mittels einer Lochkamera mathematisch zu beschreiben, ist die Umrechnung von Referenzkoordinaten in korrespondierende Kamerakoordinaten. Abbildung 2.4(b) stellt diese Umrechnung schematisch dar. Hierbei wird das *Referenzkoordinatensystem* als ein rechtwinkliges, affines Koordinatensystem im $\mathbb{R}^3$ definiert, auf welche die Koordinaten aller Objekte im dreidimensionalen Raum referenziert werden. Das *Kamerakoordinatensystem* ist ebenfalls ein rechtwinkliges, affines Koordinatensystem, das durch eine Bewegung aus dem Referenzkoordinatensystem abgeleitet werden kann. Der Ursprung sei hierbei im optischen Zentrum die xy-Ebene parallel zur Bildebene, sowie die positive z-Richtung die optische Achse, so *Graf* weiter. Die in Abbildung 2.4(a) illustrierte Transformation von Referenz- nach Kamerakoordinaten lässt sich mittels $\mathbf{R} \in \mathbb{R}^{3\times 3}$ als Rotationsmatrix und $\mathbf{T} \in \mathbb{R}^3$ als Translationsvektor beschreiben, sodass die Transformation $\mathbf{Z} \in \mathcal{G}$, definiert durch

$$\mathbf{Z} : \mathbb{R}^3 \longrightarrow \mathbb{R}^3 : x \mapsto \mathbf{R}x + \mathbf{T} \quad , \tag{2.10}$$

die Bewegung der Koordinaten des Referenzkoordinatensystems in die Koordinaten des Kamerakoordinatensystems beschreibt. Die Einheit der Koordinatensysteme wird durch die Bewegung nicht geändert, darum besitzt das Kamerakoordinatensystem identische Einheiten wie das Referenzkoordinatensystem.

Wie aus Gleichung 2.5 und 2.10 hervorgeht, lässt sich die Transformation $\mathbf{Z}$ mit sechs Parametern beschreiben: Drei Parameter für die Rotation und drei Parameter für die Translation. Diese sechs Parameter werden als *extrinsische Parameter* eines Kamerasystems bezeichnet.

Im nächsten Schritt zu einer Kameraabbildung folgt die Projektion auf die Ebene $\{z = 1\}$ des Kamerakoordinatensystems. Hier werden dreidimensionale auf zweidimensionale Daten projiziert, wie in Abbildung 2.4(b) zu erkennen ist. Die korrespondierende Projektion $\mathbf{P}_z$ auf die $\{z = 1\}$-Ebene ist beschrieben durch

$$\mathbf{P}_z : \mathbb{R}^2 \times \mathbb{R}\backslash\{0\} \longrightarrow \mathbb{R}^2 : \begin{pmatrix} x \\ y \\ z \end{pmatrix} \mapsto \begin{pmatrix} \frac{x}{z} \\ \frac{y}{z} \end{pmatrix} \quad . \tag{2.11}$$

Anschließend zur Projektion auf die Ebene $\{z = 1\}$ des Kamerakoordinatensystems folgt die Umrechnung des metrischen Kamerakoordinatensystems in das Pixelkoordinatensystem, wie in Abbildung 2.4(b) ebenfalls illustriert ist. Hierbei ist die *Brennweite* als Abstand (> 0) des Brennpunktes von der Bildebene, der xy-Ebene des Kamerakoordinatensystems, definiert. In der Fachliteratur wird diese Größe oft mit f bezeichnet und legt u.a. fest, welche Ausmaße das Objekt im Bild des Kamerakoordinatensystems besitzt. Das erwähnte Pixelkoordinatensystem ist i.A. ein rechtwinkliges, affines Koordinatensystem im $\mathbb{R}^2$, was als metrische Grundeinheit die Breite $d_u > 0$ sowie die Höhe $d_v > 0$ eines Sensorelementes (Pixel) inne hat.

Abbildung 2.4(d) zeigt schematisch den weiterführenden Schritt des Übergangs zu Pixelkoordinaten auf. Zu sehen ist die Umrechnung der ersten Koordinate x eines Punktes (x,y) von der $\{z=1\}$-Ebene in die erste Koordinate u' der Pixelebene. Zudem wird der *Hauptpunkt* als orthogonale Projektion des Brennpunktes auf die Bildebene in Pixelkoordinaten mit $\mathbf{c}_0 \in \mathbb{R}^2$ definiert als

$$\mathbf{c}_0 := \begin{pmatrix} u_0 \\ v_0 \end{pmatrix} \quad . \tag{2.12}$$

Auf Basis der Strahlensatzannahme kann für beide Pixelkoordinaten eines Punktes wie folgt geschlossen werden:

$$\frac{u'd_u}{x} = \frac{f}{1} \Rightarrow u' = \frac{fx}{d_u} \quad \text{, und} \tag{2.13}$$

$$\frac{v'd_v}{y} = \frac{f}{1} \Rightarrow v' = \frac{fy}{d_v} \quad . \tag{2.14}$$

Kommen Scherungseffekte bei einem Winkel ψ_{CCD} innerhalb des Pixelkoordinatensystems, beispielsweise durch Einfluss von Fertigungstoleranzen der Sensorfläche eines CCD-Arrays (o.ä.), zur Berücksichtigung, so sind die errechneten Pixelkoordinaten (u',v') wie folgt zu transformieren:

$$v = v' = \frac{fy}{d_v} \quad \text{und} \tag{2.15}$$

$$\cot(\psi_{CCD}) = \frac{\cos(\psi_{CCD})}{\sin(\psi_{CCD})} = \frac{u-u'}{v'} \Rightarrow \quad u = \cot(\psi_{CCD})v + u' = \frac{fx}{d_u} + \cot(\psi_{CCD})\frac{fy}{d_v} \quad . \tag{2.16}$$

Eine endgültige Pixelposition resultiert aus der anschließenden Verschiebung der transformierten Koordinaten (u,v) mit dem Hauptpunkt $\mathbf{c}_0 = (u_0,v_0)^T$. Da die Brennweite nur in Verbindung mit den Ausmaßen des Sensorelements auftreten, können diese nach [Zhang, 1999] wie folgt in einer Variablen aggregiert werden:

$$\alpha := \frac{f}{d_u} > 0 \quad , \tag{2.17}$$

$$\beta := \frac{f}{d_v} > 0 \quad , \tag{2.18}$$

$$\gamma := \frac{f\cot(\psi_{CCD})}{d_v} \quad . \tag{2.19}$$

$$\tag{2.20}$$

Somit lässt sich nun die Transformation von der $\{z = 1\}$-Ebene in eine gescherte Pixelebene wie folgt mathematisch definieren:

$$\mathbf{P} : \mathbb{R}^2 \longrightarrow \mathbb{R}^2 : \begin{pmatrix} u \\ v \end{pmatrix} \mapsto \mathbf{L}\begin{pmatrix} u \\ v \end{pmatrix} + \mathbf{c}_0 = \begin{pmatrix} \alpha & \gamma \\ 0 & \beta \end{pmatrix}\begin{pmatrix} u \\ v \end{pmatrix} + \begin{pmatrix} u_0 \\ v_0 \end{pmatrix} \quad , \tag{2.21}$$

$$\text{wobei} \quad \mathbf{L} := \begin{pmatrix} \alpha & \gamma \\ 0 & \beta \end{pmatrix} \in \mathbb{R}^{2\times 2} \quad . \tag{2.22}$$

Die Teilabbildungen, welche nur innerhalb des geschlossenen Kamerasystems stattfinden, werden nach *Zhang* als *intrinsische Abbildung* Π, wie folgt beschrieben:

$$\Pi : \mathbb{R}^2 \times \mathbb{R}\backslash\{0\} \longrightarrow \mathbb{R}^2 : x \mapsto \mathbf{P} \circ \mathbf{P}_z(x) \quad . \tag{2.23}$$

Die Parameter der Gleichung 2.23, also $\alpha, \beta, \gamma, u_0$ und v_0, werden als *intrinsische Parameter* der Lochkameraabbildung bezeichnet. $\mathscr{I}_L$ steht hierbei für die Menge aller intrinsischen Abbildungen. Die Abbildung

$$\Sigma : \mathbb{R}^+ \times \mathbb{R}^+ \times \mathbb{R} \times \mathbb{R}^2 \longrightarrow \mathscr{I}_L : (\alpha, \beta, \gamma, u_0, v_0) \mapsto \Pi \quad , \tag{2.24}$$

referenziert intrinsische Parameter zu korrespondierenden intrinsischen Abbildungen.

Als finaler Schritt steht nun noch die Definition der *vollständigen Lochkameraabbildung* aus, welche nach *Graf* wie folgend formuliert werden kann:

$$\mathbf{K}_c : \mathbb{R}^3\backslash\mathbf{Z}^{-1}(\{z = 0\}) \longrightarrow \mathbb{R}^2 : x \mapsto \Pi \circ \mathbf{Z}(x) = \mathbf{P} \circ \mathbf{P}_z \circ \mathbf{Z}(x) \quad . \tag{2.25}$$

Hierbei ist sie gültig für alle $x \in \mathbb{R}^3$ mit $\mathbf{Z}(x) \in \mathbb{R}^2 \times \mathbb{R}\backslash\{0\}$. Für weiterführende Betrachtungen bezeichnet $\mathscr{K}$ die Menge aller Kameraabbildungen. Die folgende Abbildung ordnet zudem den extrinsischen und intrinsischen Parametern die zugehörige Kameraabbildung zu:

$$F : [0;2\pi[^3 \times \mathbb{R}^3 \times (\mathbb{R}^+)^2 \times \mathbb{R}^3 \longrightarrow \mathscr{K} :$$
$$(\sigma_1, \sigma_2, \sigma_3, t_1, t_2, t_3, \alpha, \beta, \gamma, u_0, v_0) \mapsto \underbrace{\Sigma(\alpha, \beta, \gamma, u_0, v_0)}_{\Pi} \circ \underbrace{\Gamma(\sigma_1, \sigma_2, \sigma_3, t_1, t_2, t_3)}_{\mathbf{Z}} \quad . \tag{2.26}$$

Nach [Faugeras, 1993] wird die Kameraabbildung des Lochkameramodells auch gerne mittels homogenen Koordinaten dargestellt. Hierbei repräsentiert **Z** die Transformation von Referenz- zu Kamerakoordinaten durch die Rotationsmatrix **R** und den Translationsvektor **T**. **P** bezeichnet die Umrechnung in Pixelkoordinaten, so können $\tilde{\mathbf{Z}}, \tilde{\mathbf{P}}$ und $\tilde{\mathbf{K}}$ durch

$$\tilde{\mathbf{Z}} := (\mathbf{R} \quad \mathbf{T}) \in \mathbb{R}^{3\times 4} \quad , \tag{2.27}$$

$$\tilde{\mathbf{P}} := \begin{pmatrix} \alpha & \gamma & u_0 \\ 0 & \beta & v_0 \\ 0 & 0 & 1 \end{pmatrix} \in \mathbb{R}^{3\times 3} \quad \text{, und} \tag{2.28}$$

$$\tilde{\mathbf{K}} := \tilde{\mathbf{P}}\tilde{\mathbf{T}} \tag{2.29}$$

definiert werden. Somit lautet die vollständige *Lochkameragleichung* [14] in homogenen Koordinaten:

$$\exists s \in \mathbb{R}\backslash\{0\} : \tilde{\mathbf{K}} \begin{pmatrix} x \\ y \\ z \\ 1 \end{pmatrix} = s \begin{pmatrix} u \\ v \\ 1 \end{pmatrix} \quad . \tag{2.30}$$

[14] Engl.: pinhole equation.

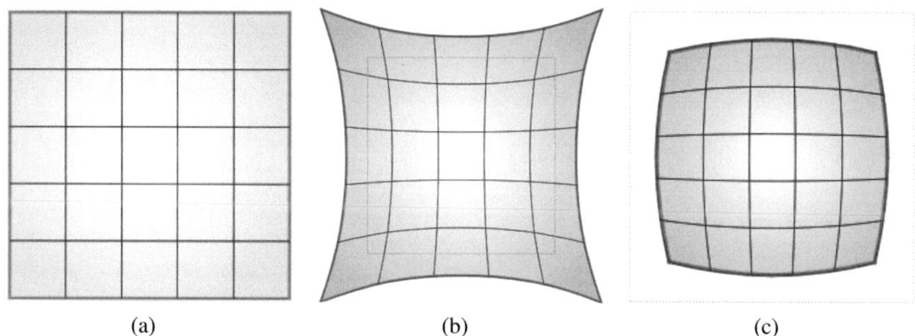

(a) (b) (c)

Abbildung 2.5: Links: Rechtwinkliges Gitternetz. Mitte: Kissenförmige Verzeichnung. Rechts: Tonnenförmig Verzeichnung (Bildquelle: [Wikimedia, 2012]).

2.2.2 Kameramodell mit Verzeichnung

Bei der Modellierung von realen Linsenkamerasystemen ist das in Abschnitt 2.2.1 vorgestellte Lochkameramodell nur bedingt genau, denn reale Systeme zeigen Verzerrungen der Geometrie in den Bildern, so dass das Lochkameramodell hier um die Modellierung von Verzerrungen erweitert werden muss.

Radiale Verzeichnung

Die Verzeichnung, welche bei der Verwendung von realen Linsenkameras den größten Einfluss auf die Geometrie in den Abbildungen hat, ist nach [Devernay et al., 2001] die radiale Verzeichnung. Eine Verzeichnung rührt i.d.R. von der Krümmung der Linse her, welche radialsymmetrisch gefertigt wurde, und ist oft bereits mit dem menschlichen Auge zu erkennen: Gerade Geometrien werden besonders am Bildrand stark gekrümmt. Je nachdem, ob die Krümmung zur Bildmitte hin oder weg verläuft, spricht man entweder von einer *kissenförmigen* oder einer *tonnenförmigen Verzeichnung*, wie in Abbildung 2.5 schematisch dargestellt.

Die radiale Verzeichnung ist besonders bei Weitwinkelobjektiven mit unter sehr stark ausgeprägt und wird stärker, je weiter der Bildpunkt vom Hauptpunkt entfernt ist. Die Verzerrungsfunktion ist somit eine Funktion, welche vom Abstand des Bildpunktes zum Verzeichnungszentrum, dem Radius, sowie der Position des Bildpunktes abhängig ist, so [Atkinson, 2001].

Abbildung 2.6(a) zeigt ein Einzelbild einer Bildersequenz zur intrinsischen Kalibrierung eines Linsenkamerasystems mit einer extremen radialen Verzeichnung –

(a) (b)

Abbildung 2.6: Links: Extreme radiale Verzeichnung durch Weitwinkelobjektiv. Rechts: Kompensation der radialen Verzeichnung durch Berücksichtigung der intrinsischen Parameter (Linsenverzeichnung) nach Kalibrierung/ Rektifizierung.

die tonnenförmige Verzeichnung ist klar an den gekrümmten Linien des Schachbrettmusters zu erkennen[15].

Mathematisch kann diese radialer Verzeichnung als additive Änderung des Radius durch die Verschiebung in einer Potenzreihe

$$\sum_{i=1}^{\infty} k_i r^{2i+1} \tag{2.31}$$

nach *Atkinson* dargestellt werden, wobei $k_i \in \mathbb{R}$ die radialen Verzeichnungskoeffizienten darstellen. Sie kodiert den Tanges des Ausfallwinkels eines Lichtstrahls, welcher auf die Linse trifft und nicht gleich dem Einfallswinkel sein muss. Die Funktion

$$p_\infty : \mathbb{R} \longrightarrow \mathbb{R} : r \mapsto r + \sum_{i=1}^{\infty} k_i r^{2i+1} = r\left(1 + \sum_{i=1}^{\infty} k_i r^{2i}\right) \tag{2.32}$$

bildet hierbei den Radius eines unverzeichneten Pixels auf den Radius eines verzeichneten Pixels ab. Es folgt die Darstellung dieser Abbildung in Polarkoordinaten (φ^P, r^P) mit

[15] Als thematischer Vorgriff ist in Abbildung 2.6(b) dasselbe, jedoch bereits rektifizierte Einzelbild zu sehen.

$$\begin{pmatrix} \varphi^P \\ r^P \end{pmatrix} \mapsto \begin{pmatrix} \varphi^P \\ r^P \left(1+\sum_{i=1}^{\infty} k_i r^{2i}\right) \end{pmatrix} \quad , \tag{2.33}$$

sowie die Darstellung in kartesischen Koordinaten mit

$$r^P \begin{pmatrix} \cos(\varphi^P) \\ \sin(\varphi^P) \end{pmatrix} \mapsto r^P \left(1+\sum_{i=1}^{\infty} k_i r^{2i}\right) \begin{pmatrix} \cos(\varphi^P) \\ \sin(\varphi^P) \end{pmatrix} \quad . \tag{2.34}$$

Zusammengefasst lässt sich somit die radiale Verzeichnungsfunktion in kartesischen Koordinaten wie folgt definieren:

$$\delta_{r,\infty} : \mathbb{R}^2 \longrightarrow \mathbb{R}^2 : \begin{pmatrix} x \\ y \end{pmatrix} \mapsto \left(1+\sum_{i=1}^{\infty} k_i (x^2+y^2)^i\right) \begin{pmatrix} x \\ y \end{pmatrix} \quad . \tag{2.35}$$

Da in der Praxis eine unendliche Potenzreihe nicht darstellbar ist, erfolgt ein Abbruch nach einer endlichen Iteration.

Die Verzeichnungsfunktion wird folgend in der $\{z=1\}$-Ebene modelliert – als Koordinatenursprung wird das Verzeichnungszentrum gewählt, so *Atkinson* weiter. Für $D \in \mathbb{N}$ und $k_1, \ldots, k_D \in \mathbb{R}$ definieren

$$\rho_D : \mathbb{R}^2 \longrightarrow \mathbb{R} : \begin{pmatrix} u \\ v \end{pmatrix} \mapsto \sum_{i=1}^{D} k_i (u^2+v^2)^i = \sum_{i=1}^{D} k_i r^{2i} \quad \text{mit} \quad r^2 := u^2+v^2 \quad \text{und} \tag{2.36}$$

$$\delta_{r,D} : \mathbb{R}^2 \longrightarrow \mathbb{R}^2 : \begin{pmatrix} u \\ v \end{pmatrix} \mapsto \left(1+\rho\begin{pmatrix} u \\ v \end{pmatrix}\right)\begin{pmatrix} u \\ v \end{pmatrix} = \begin{pmatrix} u + u\sum_{i=1}^{D} k_i (u^2+v^2)^i \\ v + v\sum_{i=1}^{D} k_i (u^2+v^2)^i \end{pmatrix} \tag{2.37}$$

die radialen Verzeichnungsfunktionen. Ist D aus dem Kontext bekannt, können ρ_D und $\delta_{r,D}$ kurz mit ρ und δ_r bezeichnet werden. $\mathscr{D}$ bezeichnet weiter die Menge aller radialen Verzeichnungsfunktionen und folgende Funktion ordnet den Verzeichnungsparametern die zugehörige radiale Verzeichnungsfunktionen zu:

$$\Delta_r : \mathbb{R}^D \longrightarrow \mathscr{D} : (k_1, \ldots, k_D) \mapsto \delta_r \quad . \tag{2.38}$$

Als vorletzter Schritt hinsichtlich der mathematischen Herleitung eines Kameramodells mit radialer Verzeichnung können mit folgender Abbildung die intrinsischen Parameter Π bei einer radialen Verzeichnung wie folgt definiert werden:

$$\Pi : \mathbb{R}^2 \times \mathbb{R} \backslash \{0\} \longrightarrow \mathbb{R}^2 : x \mapsto \mathbf{P} \circ \delta_r \circ \mathbf{P}_z(x) \quad . \tag{2.39}$$

Die korrespondierenden Parameter $\alpha, \beta, \gamma, u_0, v_0, k_1, \ldots, k_D$, die diese Abbildung beschreiben, werden intrinsische Parameter der Lochkameraabbildung mit radialer Verzeichnung genannt, so *Graf* weiter. $\mathscr{I}$ bezeichnet die Menge aller intrinsischen Abbildungen mit radialer Verzeichnung. Die Abbildung

$$\Lambda : \mathbb{R}^+ \times \mathbb{R}^+ \times \mathbb{R} \times \mathbb{R}^2 \times \mathbb{R}^D \longrightarrow \mathscr{I} : (\alpha, \beta, \gamma, u_0, v_0, k_1, \ldots, k_D) \mapsto \Pi \tag{2.40}$$

ordnet intrinsischen Parametern die korrespondierende intrinsische Abbildung zu.

Final kann nun die Verzeichnung in der $\{z = 1\}$-Ebene durchgeführt werden, das bedeutet nach der Projektion und vor der Transformation in Pixelkoordinaten. Hierfür modelliert die Abbildung

$$\mathbf{K}_c : \mathbb{R}^3 \backslash \mathbf{K}_c^{-1}(\{z = 0\}) \longrightarrow \mathbb{R}^2 : x \mapsto \Pi \circ \mathbf{K}_c(x) = \mathbf{P} \circ \delta_r \circ \mathbf{P}_z \circ \mathbf{K}_c(x) \tag{2.41}$$

die *Kameraabbildung mit radialer Verzeichnung* und ist für $x \in \mathbb{R}$ und mit $\mathbf{K}_c(x) \in \mathbb{R}^2 \times \mathbb{R} \backslash \{0\}$ definiert.

2.3 Kamerakalibrierung

Ein erfolgreiches Kalibrierverfahren eines Linsenkamerasystems sollte nach [Dang, 2007] den Anforderungen genügen, alle relevanten Kameraparameter (hier: abhängig vom gewählten Kameramodell, siehe Abschnitt 2.2) in ausreichender Genauigkeit bestimmen zu können. Üblicherweise wird hierzu ein Kalibrierobjekt mit einem exakt bekannten Muster verwendet, wie beispielsweise ein ebenes Schachbrettmuster. Hierbei ist nach [Heikkila and Silven, 1997] vorausgesetzt, dass die

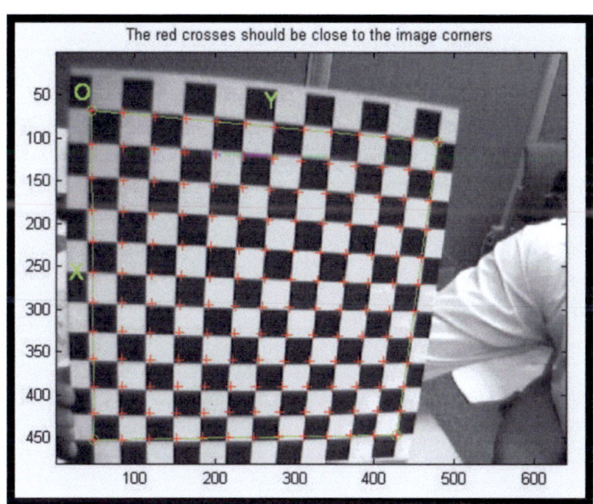

Abbildung 2.7: Definiertes Objektreferenzkoordinatensystem auf Schachbrett während Kalibrierverfahren eines Linsenkamerasystems (Bildquelle: [Caltech, 2012]).

Positionen der Ecken bzw. die Geometrie der Rechtecke genau bezüglich eines (Objekt)-Koordinatensystems subpixelgenau bekannt sind. Somit sei für die weitere Betrachtung $\mathscr{P}$ die Menge aller Punkte auf dem Kalibrierobjekt.

Die intrinsischen und extrinsischen Parameter einer Kamera werden dadurch ermittelt, dass ein Fehlermaß minimiert wird. Hierzu werden Modellparameter gewählt, welche einen geringen Fehler zur Beobachtung aufweisen. Als Referenzkoordinatensystem wird i.d.R. das Koordinatensystem des Kalibrierobjekts gewählt, wie in Abbildung 2.7 illustriert ist.

Das erwähnte Fehlermaß wird durch eine Minimierung der Fehlerfunktion $\aleph$

$$\aleph = \mathscr{K} \longrightarrow \mathbb{R}_0^+ : \mathbf{K}_c \mapsto \sum_{p \in \mathscr{P}} \|i_p - \mathbf{K}_c(p)\|^2 = \sum_{p \in \mathscr{P}} \|i_p - \Pi \circ \mathbf{Z}(p)\|^2 \qquad (2.42)$$

mit i_p als beobachteter Pixel (Bildposition) im Bild aus der Menge $\mathscr{P}$ über alle Kameraabbildungen $\mathbf{K}_c$ gefunden und liefert somit die gewünschten Parameter mit den kleinsten Fehlern.

2.3.1 Lochkameramodell

Unter Verwendung des in Abschnitt 2.2.1 beschriebenen Lochkameramodells minimiert die Fehlerfunktion $\aleph_L$ die Summe der quadrierten Abstände im Bild über die Menge aller extrinsischen und intrinsischen Parameter. Bei einer definierten Position des Kalibrierobjekts wird nach *Graf* ein Minimum über alle Kameraparameter $\sigma_1, \sigma_2, \sigma_3, t_1, t_2, t_3, \alpha, \beta, \gamma, u_0, v_0$ von

$$\begin{aligned} &\aleph_L(\Sigma(\alpha,\beta,\gamma,u_0,v_0)\circ\Gamma(\sigma_1,\sigma_2,\sigma_3,t_1,t_2,t_3)) = \aleph_L(\Pi\circ\mathbf{Z}) = \aleph_L(\mathbf{K}_c) \\ &= \sum_{p\in\mathscr{P}} \|i_p - \mathbf{K}_c(p)\|^2 = \sum_{p\in\mathscr{P}} \|i_p - \mathbf{P}\circ\mathbf{P}_z\circ\mathbf{Z}(p)\|^2 \end{aligned} \tag{2.43}$$

gesucht. Die Fehlerfunktion ist nichtlinearer Art, daher gilt es zur praktischen Umsetzung der Minimierung eine adäquate Startlösung zu finden [16].

2.3.2 Kameramodell mit radialer Verzeichnung

Die Kalibrierung eines Linsenkamerasystems unter Berücksichtigung einer Verzeichnung kann u.a. nach [Stein, 1997] zielführend durchgeführt werden, indem das unter Abschnitt 2.3.1 aufgeführte Verfahren um die radiale Verzeichnungsfunktion δ_r erweitert wird. Die daraus resultierende Fehlerfunktion $\aleph$ ist über der Menge der extrinsischen und intrinsischen Parameter minimiert, was eine bekannte Position des Kalibrierobjekts erneut voraussetzt. So können die Kameraparameter $\sigma_1, \sigma_2, \sigma_3, t_1, t_2, t_3, \alpha, \beta, \gamma, u_0, v_0, k_1, \ldots, k_D$ durch die Minimierung von

$$\begin{aligned} &\aleph(\Sigma(\alpha,\beta,\gamma,u_0,v_0,k_1,\ldots,k_D)\circ\Gamma(\sigma_1,\sigma_2,\sigma_3,t_1,t_2,t_3)) = \aleph(\Pi\circ\mathbf{Z}) = \aleph(\mathbf{K}_c) \\ &= \sum_{p\in\mathscr{P}} \|i_p - \mathbf{K}_c(p)\|^2 = \sum_{p\in\mathscr{P}} \|i_p - \mathbf{P}\circ\delta_r\circ\mathbf{P}_z\circ\mathbf{Z}(p)\|^2 \end{aligned} \tag{2.44}$$

ermittelt werden. Wiederum handelt es sich hierbei um einen nichtlinearen Term, was eine entsprechende Startlösung bedingt [17].

[16] Für das Auffinden einer Startlösung sowie die Optimierung der Startlösung sei als weiterführende Arbeit auf [Zhang, 1999] verwiesen. Weiterführende Informationen zur Lösung eines nichtlinearen Optimierungsproblems sind unter Abschnitt 2.7.1 zu finden.

[17] Vgl. die Hinweise in der vorangegangenen Fußnote.

2.4 Aktorkalibrierung

Für die technische Kalibrierung der lichtbasierten Aktuatoren wird in diesem Abschnitt das aus der Robotik bekannte » Hand-zu-Auge[18] «-Kalibierungsproblem vorgestellt, welches in Abschnitt 4.3.5 in einer adaptierten Form zur praktischen Anwendung herangezogen wird.

Um eine Sensoreinheit (hier: Kamera), welche auf einem Roboterarm montiert ist, in Betrieb nehmen zu können, ist nach [Dornaika and Horaud, 1998] die Position sowie die Orientierung dieses Messglieds in Relation zu einem verwendeten Manipulator a priori zu bestimmen. Eine Möglichkeit, diese Relation zu bestimmen, besteht darin, den Roboterarm zu bewegen und die daraus resultierenden Bewegungen mittels der Sensoreinheit zu beobachten. Dieser Kalibrierungsansatz führt zu einer Matrixgleichung in der Form

$$\mathbf{UX} = \mathbf{XV} \quad , \tag{2.45}$$

wobei hier die Matrix **U** die Position und Orientierung des Manipulators nach einer beliebigen Bewegung relativ zu einer initialen Ausgangsstellung in einem Referenzkoordinatensystem darstellt. Die Matrix **V** hingegen notiert die Position und Orientierung des Sensors nach einer beliebigen Bewegung und die Matrix **X** steht für die Position und die Orientierung des Sensors relativ zum aufgeführten Manipulator. **U** und **V** können typischerweise als bekannt angenommen werden, **X** gilt es innerhalb der Kalibrierung durch das Anfahren mehrerer Stellungen des Roboterarmes analytisch zu bestimmen, wie es beispielsweise in den Arbeiten von [Tsai and Lenz, 1989; Park and Martin, 1994] gezeigt und gelöst wurde.

In einem darauf aufbauenden Ansatz präsentieren [Zhuang et al., 1995] eine Methode, um simultan die Transformation zwischen einem Roboter- und Referenzkoordinatensystem sowie der oben skizzierten Hand-zu-Auge-Transformation zu bestimmen. Dieses Schätzproblem wurde in eine homogene Matrixgleichung der Form

$$\mathbf{UX} = \mathbf{WV} \tag{2.46}$$

überführt, wobei **X** auch hier für den Übergang zwischen Hand-zu-Auge und **W** für den Übergang zwischen Roboter-zu-Referenzkoordinaten steht. Die aufgeführte mathematische Gleichung erlaubt es, mindestens zwei Roboterkonfigurationen, wie

[18] Engl.: *hand-eye calibration problem*.

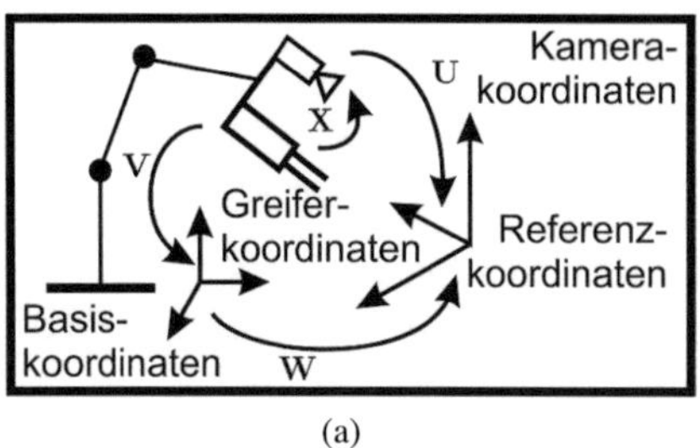

(a)

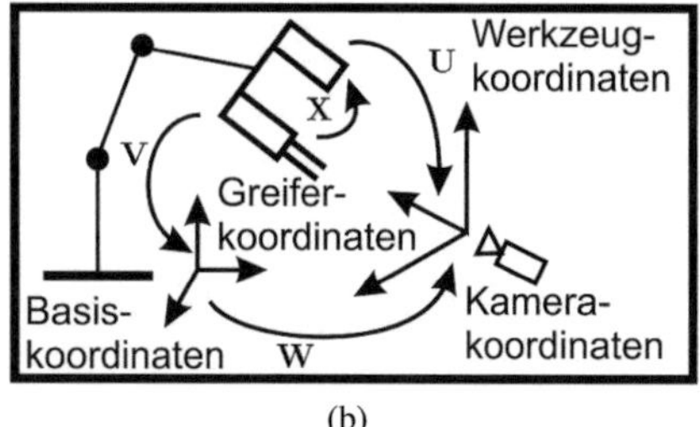

(b)

Abbildung 2.8: Links: »Roboter-zu-Referenzkoordinaten (**W**)«- sowie »Hand-zu-Auge (**X**)«-Kalibrierung. Das Sensorsystem (hier: Kamera) befindet sich auf dem gezeigten Roboterarm. Rechts: »Roboter-zu-Auge (**W**)«- sowie »Hand-zu-Tool (**X**)«-Kalibrierung. Das Tool (hier: Hilfsmittel/ Arbeitshilfe mit markantem Musteraufdruck für die Generierung ausreichender Featurepunkte im Bild) befindet sich auf dem gezeigten Roboterarm (Bildquellen: Darstellung in Anlehnung an *Dornaika*).

in Abbildungen 2.8 illustriert, zu bestimmen. Ein nichtlinearer Lösungsansatz für das simulatane Lösen der beiden Matrizen **X** und **W** wird nach *Dornaika* empfohlen und vorgestellt.

Die Lösung der aufgeführten Matrixgleichung 2.46 gestaltet sich wie folgt: Unter Annahme einer frei wählbaren Position des Robotersystems aggregiert die Matrix **U** die in Abschnitt 2.2.1 hergeleiteten extrinsischen Parameter des Bildsensors. Die Matrix **V** hingegen wird unter Verwendung der Bewegungssensoren des Robotersystems berechnet, welche somit ebenfalls als bekannt gelten. Seien $\mathbf{R}_U, \mathbf{R}_V, \mathbf{R}_W$ und $\mathbf{R}_X$ die korrespondierenden 3×3-Rotationsmatrizen von $\mathbf{U}, \mathbf{V}, \mathbf{W}$ und $\mathbf{X}$, sowie $\mathbf{T}_U, \mathbf{T}_V, \mathbf{T}_W$ und $\mathbf{T}_X$ die zugehörigen 3×1-Translationsvektoren, so kann Gleichung 2.46 wie folgt ausführlich dargestellt werden:

$$\begin{bmatrix} \mathbf{R}_U & \mathbf{T}_U \\ \mathbf{0}^T & 1 \end{bmatrix} \begin{bmatrix} \mathbf{R}_X & \mathbf{T}_X \\ \mathbf{0}^T & 1 \end{bmatrix} = \begin{bmatrix} \mathbf{R}_W & \mathbf{T}_W \\ \mathbf{0}^T & 1 \end{bmatrix} \begin{bmatrix} \mathbf{R}_V & \mathbf{T}_V \\ \mathbf{0}^T & 1 \end{bmatrix} \quad . \tag{2.47}$$

In einem nächsten Schritt können hieraus eine Rotations- und eine Translationsgleichung deduziert werden mit

$$\begin{aligned} \mathbf{R}_U \mathbf{R}_X &= \mathbf{R}_W \mathbf{R}_V \quad \text{, und} \\ \mathbf{R}_U \mathbf{T}_X + \mathbf{T}_U &= \mathbf{R}_W \mathbf{T}_V + \mathbf{T}_W \quad . \end{aligned} \tag{2.48}$$

Der Lösungsansatz, um die gesuchten Variablen $\mathbf{R}_X, \mathbf{R}_W, \mathbf{T}_X$ und $\mathbf{T}_W$ zu schätzen, mündet erneut in einen nichtlinearen Minimierungsansatz nach Abschnitt 2.7.1, welcher in diesem vorgestellten Fall 24 zu bestimmende Parameter[19] besitzt. Einen nichtlinearen Minimierungsansatz gibt hierbei sowohl über die Qualität (die Tiefe des globalen Minimums) als auch über die Konfidenz (die Breite des globalen Minimums) der Lösung Auskunft.

Sei n die Anzahl der frei gewählten Position des Robotersystems, führt nach *Dornaika* das Optimierungsproblem in die Minimierung folgenden Fehlerterms:

$$\begin{aligned} f(\mathbf{R}_X, \mathbf{R}_W, \mathbf{T}_X, \mathbf{T}_W) \quad = \quad & \underbrace{+\mu_1 \sum_{i=1}^{n} (\|\mathbf{R}_{U_i}\mathbf{R}_X - \mathbf{R}_{V_i}\mathbf{R}_W\|^2)}_{\Upsilon_1} \\ & \underbrace{+\mu_2 \sum_{i=1}^{n} (\|\mathbf{R}_{U_i}\mathbf{T}_X + \mathbf{T}_{U_i} - \mathbf{R}_W\mathbf{T}_{V_i} - \mathbf{T}_W\|^2)}_{\Upsilon_2} \\ & \underbrace{+\mu_3 \|\mathbf{R}_X\mathbf{R}_X^T - \mathbf{I}\|^2}_{\Upsilon_3} \\ & \underbrace{+\mu_4 \|\mathbf{R}_W\mathbf{R}_W^T - \mathbf{I}\|^2}_{\Upsilon_4} \quad . \end{aligned} \tag{2.49}$$

Das Kriterium, welches es dann zu minimieren gilt, lautet dementsprechend

$$\mathbf{x} := \underset{\mathbf{x}\in\mathbb{R}^{24}}{\operatorname{argmin}} f(\mathbf{x}), \quad \text{mit } f(\mathbf{x}) = \frac{1}{2}\sum_{j=1}^{m} \Upsilon_j^2(\mathbf{x}) \quad , \tag{2.50}$$

wobei hier $m = 4$ ist sowie die aufgeführten Gewichtungsparameter reale, positive Zahlen mit $\mu_1, \ldots, \mu_4 \in \mathbb{R}_+^*$ darstellen.

[19]Die 24 Parameter setzen sich hier aus zwei Rotationsmatrizen mit je neun Parametern sowie zwei Translationsvektoren mit je drei Parametern zusammen.

2.5 Dynamische Zustandsschätzung

In diesem Abschnitt werden die Grundlagen zur dynamischen Zustandsschätzung im Kontext dieser Arbeit eingeführt. Die Basis der dynamischen Zustandsschätzung bildet eine statistische Systembetrachtung, bei welcher die sowohl zeitliche Veränderung des Systemzustandes als auch die vorhandenen Beobachtungsgrößen mit Unsicherheiten behaftet sind und nach [Bachmann, 2010] ebenfalls bei der Schätzung Berücksichtigung finden. Das Kalman-Filter (KF), das für die Schätzung von linearen stochastischen Systemzuständen prädestiniert ist, wird in Teilabschnitt 2.5.1 diskutiert. Aufbauend hierauf wird in Teilabschnitt 2.5.2 das Erweiterte Kalman-Filter (EKF) für die Zustandsschätzung nichtlinearer Systeme hergeleitet. Ferner folgt in Teilabschnitt 2.5.3 mit dem Interacting-Multiple-Model-Filter (IMM) eine Weiterentwicklung des KF, welches speziell für die Objektverfolgung bei manövrierten Zielobjekten große Performanzverbesserungen verspricht.

Alle erwähnten Filterverfahren zur dynamischen Zustandsschätzung werden in dieser Arbeit ausführlich erläutert. Weiterführende Informationen zur Thematik der dynamischen Zustandsschätzung sind unter anderem in [Maybeck, 1979], [Simon, 2006] und [Bar-Shalom and Blair, 2000] zu finden.

2.5.1 Kalman-Filter

Der ungarische Mathematiker Rudolf Emil Kálmán[20] leitete im Jahre 1960 die nach ihm benannten Kalman-Filter-Gleichungen für zeitdiskrete System her. Nach der Veröffentlichung von [Kalman, 1960] folgten zeitnahe weitere Veröffentlichungen, u.a. erwähnenswerte Vorarbeiten und gemeinsame Publikationen von Kálmán und Richard S. Bucy für Schätzalgorithmen von zeitkontinuierlichen dynamischen Systemen, wie beispielsweise [Kalman and Bucy, 1961].

Nach [Lauritzen, 2002] wird hier im Rahmen der mathematischen Schätztheorie auch von einem Bayes'schen Minimum-Varianz-Schätzalgorithmus für linear stochastische Systeme in der Zustandsraumdarstellung gesprochen. Das KF stellt ein rekursiver Schätzalgorithmus dar, welcher unter anderem nach [Böhringer, 2008] die Parameter eines dynamischen Systems aus fehlerbehafteten Messungen optimal schätzt.

[20] * 19. Mai 1930 in Budapest.

Um dynamische Zustände, wie beispielsweise die Position und Geschwindigkeit eines bewegten Objektes, mathematisch miteinander kombinieren zu können, werden Systemmodelle formuliert, welche als Basis für eine Zustandsschätzung dienen. Solch eine Objektbewegung lässt sich somit als ein zeitkontinuierliches linear stochastisches System modellieren, in der Form

$$\dot{\mathbf{x}}(t) = \mathbf{A}(t)\mathbf{x}(t) + \mathbf{B}(t)\mathbf{u}(t) + \mathbf{G}(t)\mathbf{q}(t) \quad . \tag{2.51}$$

Hierbei stehen $\mathbf{x}(t)$ für den Systemzustand, $\mathbf{A}(t)$ für die Systemmatrix, $\mathbf{B}(t)$ für die Steuermatríx, $\mathbf{u}(t)$ für den Eingangsvektor, $\mathbf{G}(t)$ für die Einflussmatrix und $\mathbf{q}(t)$ für das System- oder Prozessrauschen. Das Messmodell verbindet ferner die Beobachtungen mit dem Systemmodell und ist mit

$$\hat{\mathbf{y}}(t) = \mathbf{H}(t)\mathbf{x}(t) + \mathbf{e}(t) \tag{2.52}$$

definiert, wobei $\hat{\mathbf{y}}(t)$ den Messvektor, $\mathbf{H}(t)$ die Messmatrix sowie $\mathbf{e}(t)$ das Messrauschen repräsentieren.

Da technische Sensoren häufig keine kontinuierliche Beobachtung von dynamischen Zuständen leisten können, sondern vielmehr in diskreten Abtastschritten Informationen über das zu beobachtende System bereitstellen, folgt die Konvertierung der zeitkontinuierlichen in zeitdiskrete Systemgrößen. Somit erhält man nach *Maybeck* das zeitdiskrete lineare stochastische Systemmodell

$$\mathbf{x}_{k+1} = \mathbf{A}_k\mathbf{x}_k + \mathbf{B}_k\mathbf{u}_k + \mathbf{G}_k\mathbf{q}_k \quad , \tag{2.53}$$

wobei $\mathbf{x}_k$ den Zustandsvektor, $\mathbf{A}_k$ die Übergangsmatrix, $\mathbf{B}_k$ die Eingangsmatrix, $\mathbf{u}_k$ den als bekannt geltenden Eingangsvektor, $\mathbf{G}_k$ die Einflussmatrix sowie $\mathbf{q}_k$ die System- oder Prozessunsicherheit repräsentieren. Der korrespondierende zeitdiskrete Messvektor $\hat{\mathbf{y}}_k$ ergibt sich wiederum aus Kombination des Zustandsvektors $\mathbf{x}_k$ mit der Messmatrix $\mathbf{H}_k$ sowie dem Messrauschen $\mathbf{e}_k$ wie folgt:

$$\hat{\mathbf{y}}_k = \mathbf{H}_k\mathbf{x}_k + \mathbf{e}_k \quad . \tag{2.54}$$

Die Rauschterme des System- und Beobachtungsmodells werden benötigt, um die mathematische, näherungsweise Beschreibung an das reale Systemmodell anzupassen. Hier handelt es sich beim klassischen KF i.d.R. um ein Rauschen, welches nach *Bachmann* durch normalverteiltes weißes Rauschen mit den Erwartungswerten

$$E[\mathbf{q}_u \mathbf{q}_v^T] = 0, \quad E[\mathbf{e}_u \mathbf{e}_v^T] = 0, \quad E[\mathbf{q}_u \mathbf{e}_v^T] = 0 \quad ,$$

für $u, v \in \mathbb{N}$, sowie $u \neq v$ und mit der Kovarianz Q_k und R_k modelliert wird. Das bedeutet, dass $\mathbf{q}_k \sim \mathcal{N}(0, \mathsf{Q}_k)$ und $\mathbf{e}_k \sim \mathcal{N}(0, \mathsf{R}_k)$. Ferner werden die Matrizen $\mathbf{A}_k, \mathbf{B}_k, \mathbf{H}_k, \mathsf{Q}_k$ und R_k als bekannt vorausgesetzt und können zeitvariant sein.

Nach *Maybeck* ist für das oben beschriebene linear stochastische System in den aufgezeigten Voraussetzungen – lineares System- und Messmodell, normalverteiltes weißes System- und Messrauschen – das Kalman-Filter der optimale Schätzer nach der Methode der kleinsten Fehlerquadrate[21].

Folgende Nomenklatur wird in Anlehnung an *Böhringer* in den folgenden Abschnitten verwendet: Der tatsächliche Systemzustand wird mit $\mathbf{x}_k$ bezeichnet, der geschätzte Systemzustand entsprechend mit $\hat{\mathbf{x}}_k$. Ferner wird der a-priori-Schätzwert, welcher alle Messwerte bis ausschließlich zum Zeitpunkt k berücksichtigt, mit $\hat{\mathbf{x}}_k^-$ dargestellt. Der a-posteriori-Schätzwert $\tilde{\mathbf{x}}_k$ berücksichtigt hingegen alle Messwerte einschließlich des Messwerts $\hat{\mathbf{y}}_k$ zum Zeitpunkt k.

Das KF lässt sich methodisch vorteilhaft in zwei Prozessschritte aufteilen, in den Prädiktions- sowie in den Innovationschritt, welche folgend näher diskutiert werden.

Prädiktionsschritt des Kalman-Filters: In diesem Prozessschritt werden die Systemzustände in den darauf folgenden Zeitschritt propagiert, d.h. es findet eine Berechnung statt, welche aus dem a-posteriori-Schätzwert zum Zeitpunkt k einen a-priori-Schätzwert zum Zeitpunkt $k+1$ bestimmt. Dies kann wie folgt formuliert werden:

$$\hat{\mathbf{x}}_{k+1}^- = E[\mathbf{x}_{k+1}] \quad , \tag{2.55}$$

was durch ein Einsetzen des in Gleichung 2.53 aufgeführten Systemmodells zu

$$\begin{aligned} \hat{\mathbf{x}}_{k+1}^- &= E[\mathbf{A}_k \mathbf{x}_k + \mathbf{B}_k \mathbf{u}_k + \mathbf{G}_k \mathbf{q}_k] \\ &= \mathbf{A}_k \hat{\mathbf{x}}_k + \mathbf{B}_k \mathbf{u}_k \quad . \end{aligned} \tag{2.56}$$

[21]Engl.: method of least squares.

führt. Durch den Prädiktionsschritt wächst die Unsicherheit der Zustandsschätzung an, was eine Anpassung der korrespondierenden Kovarianzmatrix des Schätzfehlers bedingt. Die entsprechende Fehlerkovarianzmatrix ergibt sich mit den Gleichungen 2.53 und 2.56 zu

$$\begin{aligned}\mathsf{P}_{k+1}^{-} &= E\left[\left(\hat{\mathbf{x}}_{k+1}^{-} - \mathbf{x}_{k+1}\right)\left(\hat{\mathbf{x}}_{k+1}^{-} - \mathbf{x}_{k+1}\right)^{T}\right] \\ &= E\left[\Big(\mathbf{A}_k\hat{\mathbf{x}}_k + \mathbf{B}_k\mathbf{u}_k - (\mathbf{A}_k\mathbf{x}_k + \mathbf{B}_k\mathbf{u}_k + \mathbf{G}_k\mathbf{q}_k)\Big)\right. \\ &\qquad \left.\Big(\mathbf{A}_k\hat{\mathbf{x}}_k + \mathbf{B}_k\mathbf{u}_k - (\mathbf{A}_k\mathbf{x}_k + \mathbf{B}_k\mathbf{u}_k + \mathbf{G}_k\mathbf{q}_k)\Big)^{T}\right] \quad . \end{aligned} \tag{2.57}$$

Das Systemrauschen $\mathbf{q}_k$, so *Böhringer* weiter, beeinflusst nur die Systemzustände zum Zeitpunkt $k+1$. Somit kann es als unkorreliert zu dem Schätzfehler $(\hat{\mathbf{x}}_k - \mathbf{x}_k)$ zum Zeitpunkt k betrachtet werden. Es kann folglich geschrieben werden, dass

$$\begin{aligned}\mathsf{P}_{k+1}^{-} &= \mathbf{A}_k E\left[(\hat{\mathbf{x}}_k - \mathbf{x}_k)(\hat{\mathbf{x}}_k - \mathbf{x}_k)^T\right]\mathbf{A}_k^T + \mathbf{G}_k E\left[\mathbf{q}_k\mathbf{q}_k^T\right]\mathbf{G}_k^T \\ &= \mathbf{A}_k\mathsf{P}_k\mathbf{A}_k^T + \mathbf{G}_k\mathsf{Q}_k\mathbf{G}_k^T \quad . \end{aligned} \tag{2.58}$$

Nach der Prädiktion erfolgt der Iterationsschritt mit $k := k+1$.

Innovationsschritt des Kalman-Filters: Im Innovationsschritt wird der apriori-Schätzwert der Systemzustände durch ein gebildetes Residuum korrigiert, welches zuvor eine Gewichtung mit einer zu diesem Zeitpunkt unbekannter Matrix $\mathbf{K}_k$ erfahren hat. Hierbei besteht dieses Residuum aus der Differenz zwischen dem Messwertvektor $\tilde{\mathbf{y}}_k$ und dem erwarteten Messwertvektor $\hat{\mathbf{y}}_k = \mathbf{H}_k\hat{\mathbf{x}}_k$. Somit ergibt sich der a-priori-Schätzwert der Systemzustände zu

$$\hat{\mathbf{x}}_k = \hat{\mathbf{x}}_k^{-} + \mathbf{K}_k\left[\tilde{\mathbf{y}}_k - \mathbf{H}_k\hat{\mathbf{x}}_k^{-}\right] \quad . \tag{2.59}$$

Die noch nicht bekannte Matrix $\mathbf{K}_k$ kann nach [Stiller, 2005] durch die Minimierung einer Kostenfunktion bestimmt werden. Hierzu wird als Kostenfunktion die Spur der Kovarianzmatrix des Schätzfehlers herangezogen, da die Spur von P_k exakt die Summe der Varianzen der geschätzten Parameter minimiert. Somit erhält man für eine beliebige Gewichtungsmatrix $\mathbf{K}_k$

$$
\begin{aligned}
\mathsf{P}_k &= E\left[(\hat{\mathbf{x}}_k - \mathbf{x}_k)(\hat{\mathbf{x}}_k - \mathbf{x}_k)^T\right] \\
&= E\left[\left(\hat{\mathbf{x}}_k^- - \mathbf{x}_k + \mathbf{K}_k(\tilde{\mathbf{y}}_k - \mathbf{H}_k\hat{\mathbf{x}}_k^-)\right)\right. \\
&\qquad \left.\left(\hat{\mathbf{x}}_k^- - \mathbf{x}_k + \mathbf{K}_k(\tilde{\mathbf{y}}_k - \mathbf{H}_k\hat{\mathbf{x}}_k^-)\right)^T\right] \\
&= E\left[\left((\mathbf{I} - \mathbf{K}_k\mathbf{H}_k)\left(\hat{\mathbf{x}}_k^- - \mathbf{x}_k\right) + \mathbf{K}_k\mathbf{e}_k\right)\right. \\
&\qquad \left.\left((\mathbf{I} - \mathbf{K}_k\mathbf{H}_k)\left(\hat{\mathbf{x}}_k^- - \mathbf{x}_k\right) + \mathbf{K}_k\mathbf{e}_k\right)^T\right] \quad . \qquad (2.60)
\end{aligned}
$$

Eine nicht vorhandene Korrelation zwischen dem Messrauschen $\mathbf{e}_k$ und dem a-priori-Schätzfehler $(\hat{\mathbf{x}}_k^- - \mathbf{x}_k)$ ergibt die aktualisierte Kovarianzmatrix zu

$$
\mathsf{P}_k = \left[\mathbf{I} - \mathbf{K}_k\mathbf{H}_k\right]\mathsf{P}_k^-\left[\mathbf{I} - \mathbf{K}_k\mathbf{H}_k\right]^T + \mathbf{K}_k\mathsf{R}_k\mathbf{K}_k^T \quad . \qquad (2.61)
$$

Zur Bestimmung der unbekannten Matrix $\mathbf{K}_k$ wird nach *Bachmann* die Kostenfunktion Spur(P_k) nach der gesuchten Größe abgleitet und zu null gesetzt:

$$
\frac{d\,\mathrm{Spur}(\mathsf{P}_k)}{d\mathbf{K}_k} = -2\left[\mathbf{H}_k\mathsf{P}_k^-\right]^T + 2\mathbf{K}_k\left[\mathbf{H}_k\mathsf{P}_k^-\mathbf{H}_k^T + \mathsf{R}_k\right] = \mathbf{0} \quad . \qquad (2.62)
$$

Die Kalman-Verstärkungs-Matrix[22] ergibt sich dann durch Auflösen der Gleichung 2.62 nach $\mathbf{K}_k$ zu

$$
\mathbf{K}_k = \mathsf{P}_k^-\mathbf{H}_k^T\left[\mathbf{H}_k\mathsf{P}_k^-\mathbf{H}_k^T + \mathsf{R}_k\right]^{-1} \quad . \qquad (2.63)
$$

Durch Einsetzen der Kalman-Verstärkungs-Matrix 2.63 in die hergeleitete Kovarianz-Korrektur 2.61 erhält man die mathematisch äquivalente, allerdings numerisch weniger robuste Form der Kovarianz-Korrektur

$$
\mathsf{P}_k = \left[\mathbf{I} - \mathbf{K}_k\mathbf{H}_k\right]\mathsf{P}_k^- \quad . \qquad (2.64)
$$

In Abbildung 2.9 ist schematisch dargestellt, wie der KF-Zyklus nach anfänglicher einmaliger Initialisierung zwischen Prädiktion und Innovation alterniert.

[22]Engl.: kalman gain.

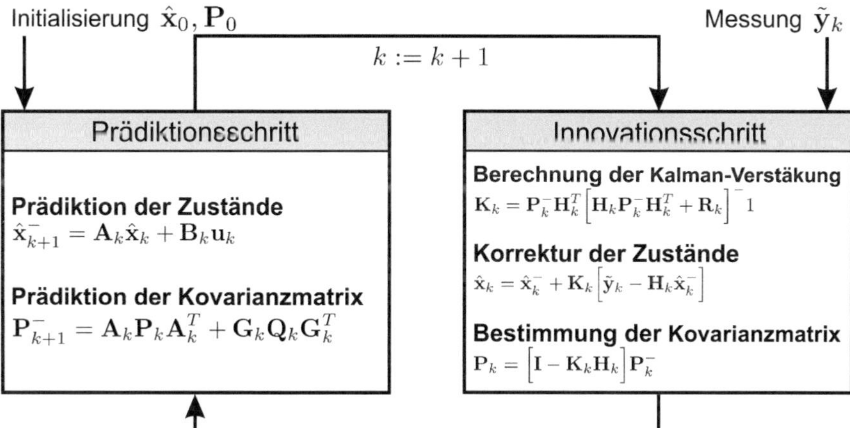

Abbildung 2.9: Schematische Darstellung des Kalman-Filters im Zyklus mit Prädiktions- und Innovationsschritt. In der Innovation wird der Zustandsvektor $\hat{\mathbf{x}}_k$ in den nächsten Zeitschritt propagiert, wohingegen in der Prädiktion die aufgenommene Messung $\hat{\mathbf{y}}_k$ hiermit korrigiert wird (Darstellung in Anlehnung an [Welch and Bishop, 2001]).

2.5.2 Erweitertes Kalman-Filter

Schätzaufgaben, welche Prozesse aus der Realität abbilden und lösen sollen, führen i.d.R. bereits bei einfachen Systemen zu nichtlinearen Zustands- und Beobachtungsgleichungen. Das in Abschnitt 2.5.1 vorgestellte KF stellt für lineare stochastische Systeme einen optimalen Schätzer dar, und ist somit für nichtlineare Aufgaben zu adaptieren, so *Simon* weiter. Solch eine nichtlineare Erweiterung wurde bereits in den 1960-er Jahren unter der Bezeichnung erweiterter Kalman-Filter (EKF) präsentiert, welche eine Linearisierung um den aktuellen Systemzustand vorsieht. Hierbei wird die Dynamik des zeitdiskreten Systemmodells durch eine nichtlineare Funktion $\mathbf{f}$ beschrieben

$$\mathbf{x}_{k+1} = \mathbf{f}(\mathbf{x}_k, \mathbf{u}_k, \mathbf{q}_k) \quad , \tag{2.65}$$

wobei $\mathbf{x}_k$ wiederum die Systemzustände, $\mathbf{u}_k$ den bekannten Eingangsvektor und $\mathbf{q}_k$ das Systemrauschen repräsentiert. Die Funktion

$$\hat{\mathbf{y}}_k = \mathbf{h}(\mathbf{x}_k, \mathbf{e}_k) \tag{2.66}$$

steht generell für die zeitdiskrete Messgleichung und ist i.A. ebenfalls nichtlinear. Das Systemrauschen $\mathbf{q}_k$ sowie das Messrauschen $\mathbf{e}_k$ unterliegen den identischen Annahmen wie im linearen Fall. Es folgt im nächsten Teilabschnitt die Diskussion der zwei Prozessschritte Innovation und Prädiktion unter den skizzierten, adaptierten Vorgaben.

Prädiktionsschritt des erweiterten Kalman-Filters: Analog zu den Ausführungen des KF umfasst der Prädiktionsschritt des EKF die Propagation der Systemzustände in den folgenden Zeitschritten. Als markanter Unterschied muss jedoch zuerst das nichtlineare Systemmodell durch eine Taylor-Approximation erster Ordnung der Funktion $\mathbf{f}$ um den aktuellen Zustandsvektor $\hat{\mathbf{x}}_k$ linearisiert werden mit

$$\mathbf{x}_{k+1} \approx \mathbf{f}(\hat{\mathbf{x}}_k, \mathbf{u}_k, \mathbf{0}) + \mathbf{F}_\mathbf{x} \cdot (\mathbf{x}_k - \hat{\mathbf{x}}_k) + \mathbf{F}_\mathbf{q} \cdot \mathbf{q}_k \quad , \tag{2.67}$$

wobei $\mathbf{F}_\mathbf{x}$ und $\mathbf{F}_\mathbf{q}$ die *Jakobi*-Matrizen der Funktion $\mathbf{f}$ nach den Parametern $\mathbf{x}$ und $\mathbf{q}$ bezeichnen:

$$\mathbf{F}_\mathbf{x} := \left.\frac{\partial \mathbf{f}}{\partial \mathbf{x}}\right|_{\hat{\mathbf{x}}_k, \mathbf{u}_k, \mathbf{0}} \quad \text{und} \tag{2.68}$$

$$\mathbf{F}_\mathbf{q} := \left.\frac{\partial \mathbf{f}}{\partial \mathbf{q}}\right|_{\hat{\mathbf{x}}_k, \mathbf{u}_k, \mathbf{0}} \quad . \tag{2.69}$$

Die allgemeine Systemgleichung aus [2.67] kann in einem nächsten Schritt wie folgt weiter vereinfacht werden:

$$\mathbf{x}_{k+1} = \mathbf{F}_\mathbf{x} \mathbf{x}_k + \tilde{\mathbf{u}}_k + \tilde{\mathbf{q}}_k \quad . \tag{2.70}$$

In diesem Kontext steht $\tilde{\mathbf{u}}_k$ für eine bekannte, virtuelle Stellgröße, welche gegeben ist durch

$$\tilde{\mathbf{u}}_k = \mathbf{f}(\hat{\mathbf{x}}_k, \mathbf{u}_k, \mathbf{0}) - \mathbf{F}_\mathbf{x} \mathbf{x}_k \tag{2.71}$$

sowie $\tilde{\mathbf{q}}_k$ für das Systemrauschen mit

$$\tilde{\mathbf{q}}_k \sim \mathcal{N}(\mathbf{0}, \mathbf{F}_\mathbf{q} \mathrm{Q}_k \mathbf{F}_\mathbf{q}^T) \quad . \tag{2.72}$$

Unter Zuhilfenahme der gezeigten Approximation erster Ordnung sowie verschiedener Umformungen ist die nichtlineare Systemgleichung [2.65] durch eine lineare Approximation mit den Gleichungen [2.70 bis 2.72] zu ersetzen, welches wiederum der Standardform des KF entspricht, so *Böhringer* weiter. Hierzu lautet der Prädiktionsschritt des EKF analog zu den Ausführungen des KF zusammenfassend wie folgt:

$$\hat{\mathbf{x}}_{k+1}^{-} = \mathbf{f}(\hat{\mathbf{x}}_k, \mathbf{u}_k, \mathbf{0}), \quad \text{und} \tag{2.73}$$

$$\mathsf{P}_{k+1}^{-} = \mathbf{F}_{\mathbf{x}} \mathsf{P}_k \mathbf{F}_{\mathbf{x}}^T + \mathbf{F}_{\mathbf{q}} \mathsf{Q}_k \mathbf{F}_{\mathbf{q}}^T \quad . \tag{2.74}$$

Innovationsschritt des erweiterten Kalman-Filters: Im Innovationsschritt des EKF wird der a-priori-Schätzwert der Systemzustände mit der gewichteten Differenz aus dem Messwertvektor $\tilde{\mathbf{y}}_k$ sowie dem erwarteten Messwertvektor $\hat{\mathbf{y}}_k = \mathbf{h}(\hat{\mathbf{x}}_k, \mathbf{0})$ korrigiert. Ebenso ist das nichtlineare Messmodell nach [2.66] durch eine Taylor-Approximation erster Ordnung der Funktion $\mathbf{h}$ um den Systemzustand $\hat{\mathbf{x}}_k$ wie folgt zu linearisieren:

$$\tilde{\mathbf{y}}_k \approx \mathbf{h}(\hat{\mathbf{x}}_k, \mathbf{0}) + \mathbf{H}_{\mathbf{x}} \cdot (\mathbf{x}_k - \hat{\mathbf{x}}_k) + \mathbf{H}_{\mathbf{q}} \cdot \mathbf{e}_k \quad , \tag{2.75}$$

wobei $\mathbf{H}_{\mathbf{x}}$ und $\mathbf{H}_{\mathbf{q}}$ die *Jakobi*-Matrizen der Funktion $\mathbf{h}$ nach den Parametern $\mathbf{x}$ und $\mathbf{e}$ bezeichnen:

$$\mathbf{H}_{\mathbf{x}} := \left. \frac{\partial \mathbf{h}}{\partial \mathbf{x}} \right|_{\hat{\mathbf{x}}_k, \mathbf{0}} \quad \text{und} \tag{2.76}$$

$$\mathbf{H}_{\mathbf{e}} := \left. \frac{\partial \mathbf{h}}{\partial \mathbf{e}} \right|_{\hat{\mathbf{x}}_k, \mathbf{0}} \quad . \tag{2.77}$$

Hieraus ergibt sich nach *Bachmann* die korrespondierende Messgleichung durch eine Vereinfachung zu

$$\tilde{\mathbf{y}}_k \approx \mathbf{H}_{\mathbf{x}} \mathbf{x}_k + \mathbf{h}(\hat{\mathbf{x}}_k, \mathbf{0}) - \mathbf{H}_{\mathbf{x}} \hat{\mathbf{x}}_k + \tilde{\mathbf{e}}_k \tag{2.78}$$

mit dem Messrauschen

$$\tilde{\mathbf{e}}_k \sim \mathcal{N}(\mathbf{0}, \mathbf{H}_{\mathbf{e}} \mathsf{R}_k \mathbf{H}_{\mathbf{e}}^T) \quad . \tag{2.79}$$

Zusammenfassend kann somit festgehalten werden, dass sich im Innovationsschritt des EKF der Systemzustand aus der gewichteten Differenz des Messvektors $\tilde{\mathbf{y}}_k$ und der erwarteten Messung errechnet. Unter Verwendung der Gleichungen [2.59, 2.63, und 2.64] stellt sich der gesamte Innovationsschritt wie folgt dar:

$$\mathbf{K}_k = \mathsf{P}_k^- \mathbf{H}_\mathbf{x}^T \left[\mathbf{H}_\mathbf{x} \mathsf{P}_k^- \mathbf{H}_\mathbf{x}^T + \mathbf{H}_\mathbf{e} \mathsf{R}_k^- \mathbf{H}_\mathbf{e}^T \right]^{-1} \quad \text{und} \tag{2.80}$$

$$\hat{\mathbf{x}}_k = \hat{\mathbf{x}}_k^- + \mathbf{K}_k \left[\tilde{\mathbf{y}}_k - \mathbf{h}(\hat{\mathbf{x}}_k, \mathbf{0}) \right] \quad \text{und} \tag{2.81}$$

$$\mathsf{P}_k = \left[\mathbf{I} - \mathbf{K}_k \mathbf{H}_\mathbf{x} \right] \mathsf{P}_k^- \quad . \tag{2.82}$$

Bedingt durch die gezeigte Linearisierung des System- und Messmodells kann eine schematische Darstellung des EKF-Zyklus, analog des in Abbildung 2.9 illustrierten, zur Anschauung herangezogen werden.

2.5.3 Interacting-Multiple-Model-Filter

Das » Interacting-Multiple-Model-Filter (IMM) « ist ein Zustandsschätzer, welcher $l$parallel implementierte EKF kombiniert. Durch diese Interaktion ist eine Steigerung in der Performanz hinsichtlich der Verfolgung von manövrierenden Zielobjekten[23] nach [Lutz, 2010] zu erzielen. Gerade in der dynamischen Zustandsschätzung unter Verwendung nur eines optischen Sensors (hier: Wärmebildkamera) ist es nicht möglich, einen einzelnen Schätzer optimal auf alle auftretenden Objektgeometrien (hier: z.B. Körpergröße der Klasse » Fußgänger «) einzustellen. Ein technischer Lösungsansatz findet sich in der parallelen Implementierung mehrerer Filterinstanzen, welche sich im Systemmodell und/ oder in den daraus resultierenden Kovarianzmatrizen des System- und Messrauschens unterscheiden. Eine anschließende Gewichtung der l geschätzten Systemzustände führt schließlich zu einer optimalen Zustandsschätzung.

Das in [Blom, 1984] erstmals beschriebene IMM-Filter ist ein Zustandsschätzer für einen Markov-Prozess, welcher durch eines der l angenommenen Modelle M_1, $M2, \ldots, M_l$ beschrieben werden kann. Für die Interaktion zwischen den Modellen werden Übergangswahrscheinlichkeiten χ_{ij} eingeführt, welche eine Aussage

[23] Im Kontext einer markierenden Lichtinstanz im Kraftfahrzeug sind hier beispielsweise Fußgänger, Fahrradfahrer und/ oder Wildtiere mit manövrierenden Zielobjekten gleichzusetzen.

darüber treffen, mit welcher Wahrscheinlichkeit vom Modell i zum Zeitpunkt $k-1$ zum Modell j zum Zeitpunkt k umgeschalten wird, so [Bar-Shalom and Blair, 2000]. Die insgesamt l^2 Übergangswahrscheinlichkeiten werden als bekannt vorausgesetzt. Die globale Schätzung stellt somit eine Kombination der einzelnen Schätzungen pro Modell dar, welche jeweils aus den Systemzuständen sowie aus der korrespondierenden Fehlerkovarianzmatrix bestehen.

Für die Herleitung des IMM-Filters wird in Anlehnung an *Lutz* und *Bar-Shalom* folgende Schreibweise eingeführt:

$\mu_{i,k}$	-	charakterisiert die bedingte Wahrscheinlichkeit des Modells i zum Zeitpunkt k.
$\mu_{j\|i,k-1}$	-	ist die bedingte Wahrscheinlichkeit des Modells i unter der Bedingung für die Wahrscheinlichkeit des Modells j zum Zeitpunkt $k-1$
χ_{ij}		steht für das Element der Übergangswahrscheinlichkeitsmatrix, das die Wahrscheinlichkeit für den Übergang von Modell i zu Modell j beschreibt.
$\hat{\mathbf{x}}_{i,k}$	-	beschreibt die Zustandsschätzung des Modells i zum Zeitpunkt k.
$\mathsf{P}_{i,k}$	-	steht für die Fehlerkovarianzmatrix der Zustandsschätzung des Modells i zum Zeitpunkt k.

Die im Folgenden dargestellte Herleitung des IMM-Filters bezieht sich auf die Ausführungen in [Bar-Shalom and Blair, 2000]. Ferner illustriert Abbildung 2.10 eine Prinzipskizze des IMM-Filters. Der IMM-Filter lässt sich vorteilhaft in vier Abschnitte aufgliedern:

Interaktion: Im Interaktionsblock werden zuerst die l^2 bedingten Wahrscheinlichkeit $\mu_{j|i,k-1}$ berechnet. Die Wahrscheinlichkeit für das Modell M_i unter der Bedingung für die Wahrscheinlichkeit des Modell M_j sowie des Übergangs von j nach i lautet

$$\mu_{j|i,k-1} = \frac{1}{\bar{\eta}} \chi_{ji} \mu_k^j \quad mit \tag{2.83}$$

$$\bar{\eta}_i = \sum_{j=1}^{n} \chi_{ji} \mu_k^j \quad , \tag{2.84}$$

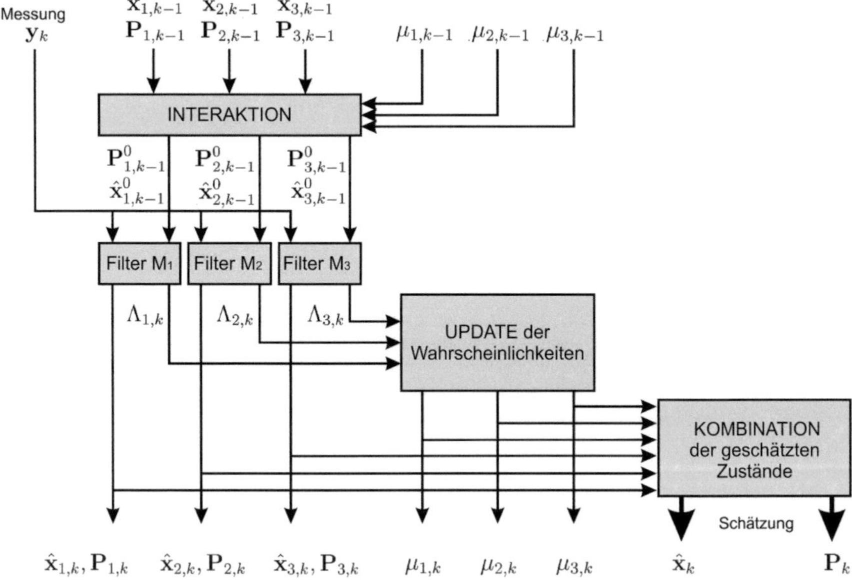

Abbildung 2.10: Schematische Darstellung des IMM-Filters mit $m = 3$ Modellen und der Untergliederung in vier Wirkbereiche. Alle Eingangsgrößen sind am oberen Bildrand aufgeführt, die Schätzergebnisse entsprechend am unteren Bildrand (Bildquelle: Darstellung in Anlehnung an *Lutz*).

wobei $\bar{\eta}_i$ die Normierung auf alle möglichen Übergänge in das Modell M_i darstellt. χ_{ji} steht für ein Element aus der Übergangswahrscheinlichkeitsmatrix. Ferner werden die Zustände sowie die Kovarianzen der l Schätzungen des letzten Zeitschritts gemischt und als Eingang für die einzelnen Filter bereitgestellt. Die gemischten Zustände und Kovarianzen werden durch eine Null im Exponenten gekennzeichnet und wie folgt berechnet:

$$\hat{\mathbf{x}}^0_{j,k-1} = \sum_{j=1}^{n} \hat{\mathbf{x}}_{j,k-1}\mu_{j|i,k-1} \quad , \tag{2.85}$$

$$\mathsf{P}^0_{j,k-1} = \sum_{j=1}^{n} \mu_{j|i,k-1}\left[\mathsf{P}_{j,k-1} + \tilde{\mathbf{x}}_{ji,k-1}\left(\tilde{\mathbf{x}}_{ji,k-1}\right)^T\right] \tag{2.86}$$

mit $\tilde{\mathbf{x}}_{ji,k-1} = \hat{\mathbf{x}}_{j,k-1} - \bar{\mathbf{x}}_{i,k-1}$.

Prädiktion und Innovation der elementaren Filter: In diesem Abschnitt wird nun für jedes elementare Filter M_j eine Zustandsschätzung durchgeführt. Dabei erhalten die Variablen der einzelnen Filter zusätzlich den Index j des jeweiligen Filters. Die im Folgenden aufgeführten Gleichungen basieren auf den Ausführungen des EKF aus dem Unterkapitel 2.5.2.

Prädiktion der elementaren Filter: Im Prädiktionsschritt wird der Zustandsvektor $\hat{\mathbf{x}}^-_{j,k}$ und die korrespondierende Kovarianz $\mathsf{P}^-_{j,k}$ berechnet:

$$\hat{\mathbf{x}}^-_{j,k} = \mathbf{f}(\hat{\mathbf{x}}^0_{j,k-1}, \mathbf{u}_{k-1}, \mathbf{0}) \quad , \tag{2.87}$$

$$\mathsf{P}^-_{j,k} = \mathbf{F}_{j,\mathbf{x}}\mathsf{P}^0_{j,k-1}\mathbf{F}^T_{j,\mathbf{x}} + \mathbf{F}_{j,\mathbf{q}}\mathsf{Q}^0_{j,k-1}\mathbf{F}^T_{j,\mathbf{q}} \tag{2.88}$$

Innovation der elementaren Filter: Das Residuum $\mathbf{r}_{j,k}$ und die Kovarianz des Residuums $\mathsf{S}_{j,k}$ werden zu:

$$\mathbf{r}_{j,k} = \tilde{\mathbf{y}}_k - \mathbf{h}(\hat{\mathbf{x}}^0_{j,k}, \mathbf{0}) \quad , \tag{2.89}$$

$$\mathsf{S}_{j,k} = \mathbf{H}_{j,\mathbf{x}}\mathsf{P}^-_{j,k}\mathbf{H}^T_{j,\mathbf{x}} + \mathbf{H}_{j,\mathbf{e}}\mathsf{R}_{j,k}\mathbf{H}^T_{j,\mathbf{e}} \quad . \tag{2.90}$$

Hieraus lässt sich die Kalman-Verstärkungs-Matrix

$$\mathbf{K}_{j,k} = \mathsf{P}^-_{j,k}\mathbf{H}^T_{j,\mathbf{x}}\mathsf{S}^-_{j,k} \tag{2.91}$$

berechnen sowie in einem anschließenden Schritt die aposterioriSystemzustände $\hat{\mathbf{x}}_{j,k}$ und deren korrespondierende Fehlerkovarianzmatrix $\mathsf{P}_{j,k}$:

$$\hat{\mathbf{x}}_{j,k} = \hat{\mathbf{x}}_{j,k}^{-} + \mathbf{K}_{j,k} \cdot \mathbf{r}_{j,k} \quad , \tag{2.92}$$

$$\mathsf{P}_{j,k} = \left[\mathbf{I} - \mathbf{K}_{j,k}\mathbf{H}_{j,\mathbf{x}}\right]\mathsf{P}_{j,k}^{-} \quad . \tag{2.93}$$

Wahrscheinlichkeitsberechnung: Um die Wahrscheinlichkeit $\Lambda_{j,k}$ eines Elementarfilters bezogen auf seine diskretisierte Objektgrößenhypothese berechnen zu können, wird zunächst die sogen. » Skale[24] « eines dedizierten Objektes für eine gegebene Entfernung betrachtet. Hierbei steht H_j für die zu Grunde gelegten konstanten Objektgrößen des Elementarfilters M_i, $\hat{X}_j$ für die geschätzte Entfernung des Objektes sowie f für die Brennweite des Kamerasystems. Damit folgt nach [Bronstein et al., 2005] über den Zusammenhang $\frac{H_j}{\hat{X}_j} = \frac{h_j}{f}$ die Größe h_j des Objektes in Bildkoordinaten. Bei einer Relativbewegung des Objektes $\Delta_{k \longrightarrow l}$ von Bild k zu Bild l kann somit die zugehörige Skale im Zusammenhang $h_{j,k} \cdot \hat{X}_{j,k} = h_{j,l} \cdot \hat{X}_{l,k}$ wie folgt errechnet werden:

$$\hat{s}_{j,k \longrightarrow l} = \frac{h_{j,l}}{h_{j,k}} = \frac{\hat{X}_{j,k}}{\hat{X}_{j,l}} = \frac{\hat{X}_{j,k}}{\hat{X}_{j,l} - \Delta_{k \longrightarrow l}} \quad . \tag{2.94}$$

Darauf aufbauend kann nun die Wahrscheinlichkeit dieses Elementarfilters bezogen auf seine diskretisierte Objektgrößenhypothese über eine Gaußverteilungsdichte mit

$$\Lambda_{j,k \longrightarrow l} = \frac{1}{\sqrt{2\pi}\sigma} \exp\left(-\frac{\hat{s}_{j,k \longrightarrow l} - \hat{s}^{0}_{j,k \longrightarrow l}}{2\sigma^2}\right) \tag{2.95}$$

bestimmt werden, wobei σ für die Varianzsumme aus Entfernungsermittlung und Größenbestimmung sowie $\hat{s}^{0}_{j,k \longrightarrow l}$ für die durch die Bildverarbeitung ermittelte, tatsächliche Skale des Objektes steht. Für die Kombination der Systemzustände ist noch für jedes Elementarfilter die Modellwahrscheinlichkeit wie folgt zu errechnen:

[24] Alternative Bezeichnung: Erste Ableitung der Objektgröße über der Zeit.

$$\mu_{j,k} = \frac{\Lambda_{j,k \longrightarrow l} \bar{\eta}_j}{\sum_{i=1}^{n} \Lambda_{i,k \longrightarrow l} \bar{\eta}_i} \quad . \tag{2.96}$$

Kombination: Die geschätzten Einzelergebnisse jedes Elementarfilters werden im finalen Kombinationsschritt entsprechend der skizzierten Modellwahrscheinlichkeit zu einem globalen Gesamtergebnis kombiniert. Die geschätzten Zustände und korrespondierenden Kovarianzen des IMM-Filters ergeben sich zu

$$\hat{\mathbf{x}}_k = \sum_{j=1}^{n} \mu_{j,k} \hat{\mathbf{x}}_{j,k} \quad \textit{und} \tag{2.97}$$

$$\mathsf{P}_k = \sum_{j=1}^{n} \mu_{j,k} \left[\mathsf{P}_{j,k} + \left(\hat{\mathbf{x}}_{j,k} - \hat{\mathbf{x}}_k \right) \left(\hat{\mathbf{x}}_{j,k} - \hat{\mathbf{x}}_k \right)^T \right] \quad . \tag{2.98}$$

2.6 Support Vector Machine

Dieses Unterkapitel bietet eine kurze Einführung in ein Verfahren zur maschinellen Mustererkennung, welches in der vorliegenden Arbeit Anwendung findet. Im Speziellen wird ein Klassifikationsverfahren mit der Bezeichnung » Support Vector Machine (SVM) « beschrieben, welches maßgeblich von Wladimir N. Wapnik[25] [Vapnik, 1998, 2000] entwickelt wurde. Die Grundidee eines Klassifikators liegt darin, eine Menge von Daten, welche in endlich viele Klassen (hier: zwei) eingeteilt sind, mittels einer optimalen Trennebene (hier: *Hyperebene*) zu separieren. Sind die gegebenen Daten linear voneinander trennbar, ist dies ein triviales Problem. Sind die Daten jedoch ineinander verschränkt, so ist eine unmittelbare lineare Trennung nicht mehr möglich. Eine mittelbare lineare Trennung kann dann nur unter der Annahme erreicht werden, dass in einem höherdimensionalen Raum eine lineare Trennebene existiert.

Der sich im Anhang befindliche erste Abschnitt A.2.1 zeigt einen mathematische Einstieg in das Thema unter Annahme linear separierbarer Daten. Hierbei wird das Problem der *maximalen Margin* als Optimierungsproblem formuliert, gefolgt vom

[25] Wladimir Naumowitsch Wapnik (* 6. Dezember 1936 in der Sowjetunion) ist ein sowjetisch-amerikanischer Mathematiker und Hauptentwickler der Wapnik-Tscherwonenkis-Theorie sowie der *Support Vector Machine*.

Übergang zum *Lagrange Dualproblem*, bei welchem die Entscheidungsfunktion als Linearkombination von den sogen. *Support Vektoren* entwickelt wird. Durch die Einführung von Kernen wird im zweiten Abschnitt A.2.2 dann der lineare Ansatz auf nichtlinear separierbare Daten übertragen.

[Cristianini and Taylor, 2000] und [Scholkopfand et al., 2002] bieten unter anderem eine ausführliche Diskussion dieses Klassifikationsverfahrens.

2.7 Weitere mathematische Grundlagen

2.7.1 Nichtlineare Optimierung

Für die Kamerakalibrierung (siehe Kapitel 4.4) ist es u.a. nötig, eine nichtlineare Fehlerfunktion zu minimieren, was mit der Lösung eines nichtlineares Optimierungsproblems gleichzusetzen ist:

Gegeben: $D \subset \mathbb{R}^n$, $f : D \longrightarrow \mathbb{R}$ stetig differenzierbar, nach unten beschränkt und nicht linear

Gesucht: $x^* := \underset{x \in D}{\operatorname{argmin}} f(x)$

Eine notwendige Bedingung nach [Spellucci, 1993] ist hierfür, dass der Gradient von f an der Stelle x^* mit $grad(f)(x^*) = 0$ definiert ist.

Als Spezialfall eines nichtlinearen Optimierungsproblems kann die Methode der kleinsten Fehlerquadrate angesehen werden. Dabei sind die Parameter $x \in D$ so zu wählen, dass daraus berechnete Werte zu beobachteten bzw. gemessenen Werten $y_i (i \in \{1, \ldots, m\})$ möglichst kleinen Abstand besitzen.

Gegeben: $D \subset \mathbb{R}^n$, $f(x) := \|F(x)\|^2$ für alle $x \in D$ stetig differenzierbar mit $F : D \longrightarrow \mathbb{R}^m$ nicht linear, wobei $F := (F_1, \ldots, F_m)^t$ und für $i \in \{1, \ldots, m\}$

- Messwert $y_i \in \mathbb{R}^k$
- $g_i : D \longrightarrow \mathbb{R}^k$
- $F_i : D \longrightarrow \mathbb{R}$ mit $F_i(x) := \|g_i(x) - y_i\|$

Gesucht: $x^* := \underset{x \in D}{\operatorname{argmin}} f(x), \quad$ wobei $f(x) = \sum_{i=1}^{m} F_i(x)^2 = \sum_{i=1}^{m} \|g_i(x) - y_i\|^2$

Hierbei ist nach [Alt, 2002] die Anzahl der Messwerte deutlich größer zu wählen, als die Anzahl der gesuchten Parameter. Exemplarisch sind hier das *Levenberg-Marquardt-* sowie das *Gauss-Newton*-Verfahren zu nennen, welche diese spezielle Form der Fehlerfunktion unterstützen und mit der Funktion F anstelle von f operieren.

Ein nichtlineares Optimierungsproblem ist i.A. nicht analytisch lösbar – deshalb werden hier numerische Verfahren zur Lösung herangezogen. Ausgehend von einem Startwertparametersatz x_0 werden iterativ weitere Parametersätze x_i generiert, die geringere Fehlerwerte produzieren. Die iterative Berechnung findet ein Ende, sobald sich der Fehlerterm nur noch marginal ändert, der Gradient (nahe) Null ist oder wenn eine vorgegebene Maximalzahl an Iterationen durchlaufen wurde. Da solche Verfahren i.d.R. versuchen, die notwendigen Bedingungen einer Minimalstelle (» Der Gradient wird Null! «) zu erreichen, existiert jedoch keine Garantie, dass ein global gültiges Minimum aufgefunden wurde. Das bedeutet, dass solche Lösungsansätze oft auch nur lokale Minima auffinden, was in einer geeigneten Wahl des Startwertparametersatzes zu berücksichtigen ist.

KAPITEL 3

Visuelle Wahrnehmung im nächtlichen Straßenverkehr

In diesem Kapitel wird die visuelle Wahrnehmung des Fahrzeugführers im nächtlichen Straßenverkehr näher untersucht. Es soll hieraus deduziert werden, in welcher Form und Weise eine lichtbasierte Markierung von Objekten im vorwärtigen Verkehrsraum den Fahrer bei seiner originären Fahraufgabe beeinflussen könnte. Hierzu wird, auf Basis der Physiologie des Sehens sowie der Objektwahrnehmung während verminderten Umfeldleuchtdichten, die Erarbeitung einer Grundlage für die folgende technische Realisierung des markierenden Lichtsystems angestrebt.

3.1 Fahrverhalten und Fahraufgabe

3.1.1 Tätigkeit eine Fahrzeugführers

Die Tätigkeit eines Fahrzeugführers wird in [Diem, 2005] wie folgt zusammengefasst:

> „Der Fahrer überwacht die Bewegung des Fahrzeuges und korrigiert diese bei Bedarf. Sobald eine Abweichung zwischen dem Ist- und dem Soll- Wert erkannt wird, wird eine Korrektur vorgenommen.“

Bei diesem Regelprozess ist der Soll-Wert keinesfalls eine Konstante, sondern vielmehr eine permanent variierende Regelgröße. Diese Größe wird durch den Fahrer, basierend auf seiner individuellen Fahrerfahrung sowie auf den aktuell vorherrschenden Verkehrs-, Straßen- sowie Witterungsbedingungen, festgelegt. Der Fahrzeugführer strebt hierbei jederzeit nach der subjektiv optimalen Fahrweise – als Informationsaufnahme dienen ihm hierzu seine ihm zur Verfügung stehenden Sinnesorgane. Die optische Wahrnehmung ist in diesem Prozess als signifikant herauszustellen, da nach [Cohen, 1994] mit ihr über 90 % der Informationen erfasst werden. Zusätzlich, so [Diem, 2005] weiter, sei das Auge als einziges Sinnesorgan in der Lage, räumliche Informationen von Objekten (wie z.B. Kraftfahrzeugen, Fahrradfahrern oder Fußgängern) präzise zu erfassen und somit deren Bewegungsverlauf zu antizipieren.

Nach [Cohen, 1986] können in erster Linie zwei Informationsklassen bei der Findung des oben aufgeführten Soll-Wertes gruppiert werden:

Primäre Informationen: Als primäre Informationen können Gegebenheiten aus der Straßenart, der Verkehrsdichte, der Umgebung, der Witterung sowie der Tageszeit gesehen werden. Zusammengefasst sind all dies Einflüsse, welche von realen Objekten herrühren oder der Umwelt entspringen. Hier sind ebenfalls alle erkennbaren Gefahren, ausgehend von Voraus- oder Gegenverkehr, Fußgängern, Fahrradfahrern, Wildwechsel, Glatteis oder auch Nebel (etc.) enthalten. Mit all diesen akuten Informationen sowie durch das Heranziehen von etwaig vorhandenen Erfahrungswerten ist der Fahrzeugführer in der Lage, eine Prädiktion für zu erwartende Konstellationen entlang des weiterführenden Streckenverlaufes zu erstellen und so den zitierten Soll-Wert dementsprechend anzupassen.

Sekundäre Informationen: Unter die Gruppierung der sekundären Informationen sind alle durch Menschenhand erschaffene Zeichen und Markierungen im Verkehrsraum zu fassen, welche den Verkehrsfluss regeln, den Fahrzeugführer vor potentiellen Gefahren warnen sowie Hinweise geben sollen (etc.). Die Übermittlung dieser Informationsklasse wird in der Regel durch Piktogramme oder Schrift auf Schildern (vertikale Installationen) sowie durch die Fahrstreifenmarkierung (horizontale Installationen) sicher gestellt.

Die originäre Fahraufgabe des Fahrzeugführers, sich effizient und sicher von einem Ort zu einem anderen zu befördern, kann nach [Cohen, 1987] in fünf Unterklassen eingeordnet werden, welche in der Regel durch den Fahrer parallel auszuüben sind:

Antizipation: Basierend auf der angeeigneten Fahrerfahrung des Fahrzeugführers analysiert dieser die Entwicklung sowie prädiziert den weiteren Verlauf von vor ihm befindlichen Verkehrssituationen. Hierbei wird die Informationsaufnahme gezielt gesteuert, was den Unterschied zur Überwachungsaufgabe darstellt.

Führung: Dem Fahrzeugführer obliegt in dieser Unterklasse die Festlegung der Fahrweise, die Wahl des aktuellen Fahrstreifens sowie die entsprechend adaptierte Fahrzeuggeschwindigkeit.

Navigation: Bereits vor Antritt der Beförderung ist dem Fahrzeugführer in der Regel das Ziel bekannt. Der Fahrer wählt hierzu passend eine lokale Fahrroute. Hierzu wird insbesondere die visuelle Orientierung, sprich das Auffinden und Wiedererkennen von Abzweigungen und Hinweisschildern herangezogen. Ferner können technische Hilfssysteme wie Navigationseinheiten visuell sowie akustisch unterstützen. Bei bekannter Fahrstrecke verlagert sich die Navigationsaufgabe mehr und mehr in das Unterbewusstsein.

Stabilisierung und Spurhaltung: Der Fahrer kontrolliert in einem kontinuierlichen Soll-Ist-Abgleich die Regeldifferenz der aktuellen Fahrzeugposition von der geplanten Fahrweise und korrigiert gegebenenfalls. Die Stabilisierung ist in diesem Kontext die wichtigste Fahraufgabe und Basis für alle weiteren Fahraufgaben.

Überwachung: Der Fahrzeugführer kontrolliert permanent das zu ihm relative Verkehrsumfeld, um auf auftretende Gegebenheiten entsprechend reagieren zu können.

Da der Fahrzeugführer nach [Ewerhart, 2002] willentliche Entscheidungen nur bei fovealer Fixierung[26] und damit einhergehender Erkennung der akuten Verkehrssituation trifft, muss seine Aufmerksamkeit zeitlich verteilt werden und seine Blickführung auf möglichst relevante Stellen gerichtet sein. [Eckert, 1993] schreibt in diesem Zusammenhang, dass in jedem Zeitpunkt ein detaillierter Informationsfluss ausschließlich von fixierten und erkannten Objekten ausgehen kann. Somit kann hieraus deduziert werden, dass ein adaptives Lichtsystem, welches die Blickführung des Fahrzeugführers bedingt durch optische Reize (vgl. Kontrastsprung, lokale Unterschiede der Beleuchtungsstärke, etc.) innerhalb des Verkehrsraumes temporär beeinflussen und somit richten kann, die Wahrscheinlichkeit zur Fixation und einhergehender Objekterkennung von potentiell gefährdeten Objekte erhöht. Diese Anforderung könnte mit einer markierenden Lichtinstanz erfüllt werden.

[26] Vgl. Kapitel 3.2.1.

3.1.2 Prozess einer Gefahrenbremsung

Bei der näheren Betrachtung einer Gefahrenbremsung, sowohl unter Tageslichtbedingungen als auch bei Dämmerung und in der Nacht, wird nach [Wördenweber et al., 2007] deutlich, dass die erste Phase des Reaktionsprozesses, die so genannte psychophysikalische Reaktion, den größten Anteil der gesamten Reaktionszeit ausmacht. Zusätzlich muss jedoch unterschieden werden, welche Art von Reiz eine Reaktion hervorruft. So verursacht ein helles Bremslicht in nächtlicher Umgebung einen deutlich stärkeren psychophysikalischen Effekt als z.B. ein dunkel gekleideter Fußgänger. Dies liegt darin begründet, dass das Bremslicht viel augenscheinlicher ist und einen deutlichen Leuchtdichteunterschied aufweist.

Um den relativ langen Zeitabschnitt nachvollziehen zu können, welcher verstreicht, bevor eine physische Reaktion zu beobachten ist, müssen die verschiedenen Phasen der Blickführung im Detail betrachtet werden. Folgende aufeinander abgestimmte Schritte sind zu erkennen:

Periphere Wahrnehmung: Die meisten Objekte werden im peripheren Bereich zuerst wahrgenommen und erkannt.

Saccaden: Das Auge ändert seine Orientierung mit einer hohen Winkelgeschwindigkeit in Richtung des wahrgenommenen Objektes, um es foveal zu untersuchen.

Identifikation: Das wahrgenommene Objekt wurde „scharf“ gestellt und wird zugeordnet.

Entscheidungsfindung: Basierend auf der Objektidentifikation sowie zuvor angeeigneten Erfahrungswerten.

Physische Reaktion: Der Fahrer wirkt auf die Stellglieder des Fahrzeuges ein.

Die zeitliche Abfolge dieser Einzelereignisse einer Gefahrenbremsung ist im Anhang unter Abbildung A.48 illustriert.

Die hier aufgeführten Zeiten stehen exemplarisch für eine gut strukturierte Verkehrsszene unter Tageslichtbedingungen und können je nach Komplexität sowie Umgebungsleuchtdichte stark variieren. Deutlich wird, dass sich die psychophysikalische Reaktionszeit auf rund $0,86\,s$ beläuft, was einen zurückgelegten Fahrweg bei gleichförmigen $50\,Km/h$ von $14\,m$ überspannt.

Der Grund für diese relativ lange Zeit ohne physikalische Reaktion ist in der Verarbeitungskette der menschlichen Wahrnehmung zu finden. Dort wird Zeit benötigt, um die potentielle Gefahrenstelle auf der Retina „scharf“ abzubilden. Weitere Untersuchungen nach [Schmidt-Clausen, 1979] haben ergeben, dass speziell diese Zeit signifikant ansteigen kann, wenn sich der Fahrzeugführer in einem widrigen Verkehrsumfeld bewegt (z.B. Dämmerung/ Nacht, komplex strukturierte Verkehrspfade, etc.). Ist diese relativ ausgedehnte Zeitspanne durch eine technische Assistenz zu verringern, beispielsweise durch eine lichtbasierte Markierung und somit durch eine künstlich herbeigeführten Neupriorisierung in einem komplex-strukturierten Verkehrsumfeld, könnte zu mehr Sicherheit und Komfort im Kraftfahrzeug erreicht werden.

3.2 Die Physiologie des Sehens

Das menschliche Auge ist das wichtigste Sinnesorgan beim Führen eines Kraftfahrzeuges und wird daher folgend näher betrachtet. Nach Schätzungen zu der Verarbeitungskapazität des zentralen, menschlichen Nervensystems werden mehr als 90 % aller Informationen, welche ein Mensch bei seiner Fahraufgabe benötigt, durch die Augen sensiert, so[Schmidt and Thews, 1993; Hamm, 1997]. Dabei ist die visuelle Wahrnehmung ein komplexer Prozess, dessen Ergebnis als Sehleistung charakterisiert werden kann. Die Sehleistung wird nach [Völker, 2000] als Fähigkeit des Sehorgans zur Erfassung und Wahrnehmung der Helligkeits-, Farb- und Formstruktur der umgebenden Umwelt bezeichnet und ist nach [Jeschke and Ebert, 1987] stets darauf ausgerichtet, hierbei möglichst viele Informationen zu gewinnen und hieraus unsere Interaktionen mit der Umwelt zu steuern.

Die Sehleistung hängt nach [Roslak, 2005] zu einem hohen Grad von den jeweiligen Wahrnehmungsverhältnissen ab. Am Tag kommt es in der Regel zu einem Überangebot an visuellen Informationen, sodass eine Informationsfilterung angewendet werden muss. Bei Nacht (und somit auch im nächtlichen Verkehrsumfeld) hingegen ist der Mensch einem visuellen Informationsdefizit ausgesetzt. Dies ist darauf zurückzuführen, dass nachts die Sehleistung hauptsächlich auf der so genannten Unterschiedsempfindlichkeit basiert und nicht auf der Auflösung kontrastreicher Details, wie es bei Tageslicht durch die Sehschärfe bewerkstelligt wird. Hierbei ist der Begriff Unterschiedsempfindlichkeit definiert als die Fähigkeit des Auges zur Wahrnehmung von gerade noch erkennbaren Leuchtdichteunterschieden zwischen z.B. Objekten und deren Umfeld. Eine minder angepasste Lichtverteilung im Kraftfahrzeug und somit einhergehend eine suboptimale Ausleuchtung des nächtlichen Straßenverkehrs verursacht jedoch eine deutliche Verminderung dieser Leuchtdichtunterschiede und ist somit technisch zu optimieren.

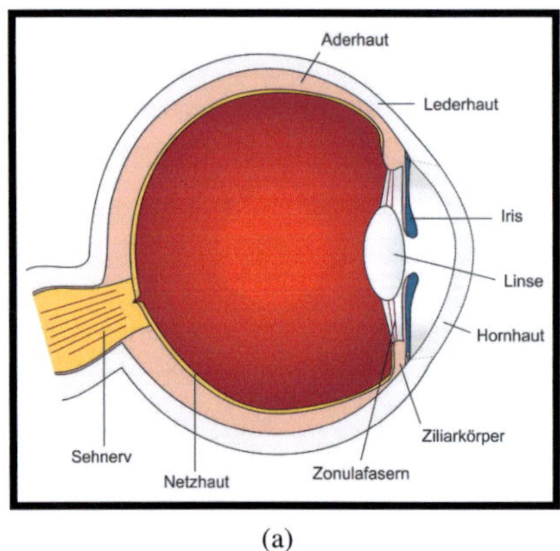

(a)

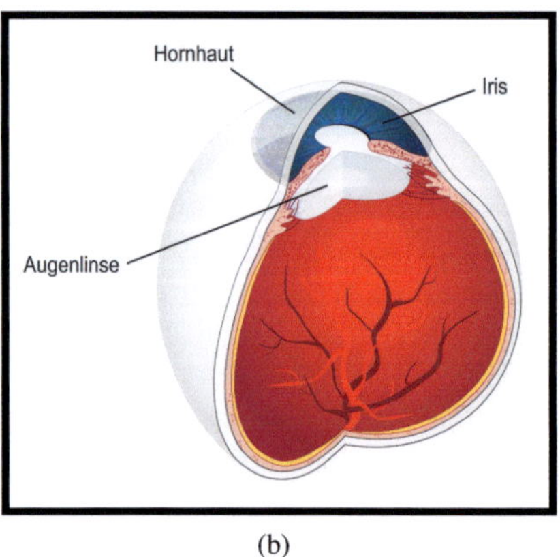

(b)

Abbildung 3.11: Aufbau des menschlichen Auges. Links: Horizontaler Schnitt. Rechts: 3D-Ansicht (Bildquellen: [Stadtdatenbank, 2012]).

3.2.1 Aufbau und Struktur des Auges

Das menschliche Auge besteht neben Hilfseinrichtungen, die der Bewegung (Muskel) sowie dem Schutz des Auges (Drüsen, Lider) dienen, hauptsächlich aus dem Augapfel, welcher die wichtigsten Strukturteile enthält (siehe Abbildung 3.11), so [Diem, 2005].

Die vordere Augenkammer ist durch die ringförmige Iris (Regenbogenhaut) begrenzt. Die Regenbogenhaut hat die Funktion, einfallendes Licht außerhalb der Sehöffnung zu absorbieren. Hierbei ist sie direkt vor der Augenlinse angeordnet und umgrenzt die Pupille, die die Sehöffnung darstellt, entsprechend, so [Davson, 1990]. Der Durchmesser der Pupille hingegen kann in Abhängigkeit des einfallenden Lichtstroms in einem Durchmesserbereich von 3 bis 8 mm variieren werden sodass die Menge des einfallenden Lichts entsprechend reguliert werden kann.

Hinter der Pupille ist die Linse angeordnet, welche aus Schichten unterschiedlicher Brechzahlen aufgebaut ist. Diese Schichten bilden zusammen mit der Hornhaut und der oben skizzierten vorderen Augenkammer den bildgebenden (dioptrischen) Apparat des Auges. Die Formgebung der Pupille sowie die resultierende Brennweite dieses dioptrischen Apparats bestimmen die Weite des menschlichen Sehfeldes. Somit können je nach Umfeldbedingungen horizontale Sehwinkel von 150 – 200 ° erreicht werden. In Abhängigkeit von der Größe eines Blicksprungs können nach [Jendrusch and Heck, 1998] maximale Winkelgeschwindigkeiten von 600 – 700 °/s erzielt werden. Diesem maximalen Wertebereich mit unvermeidlicher Wahrnehmungseinschränkung (*Suppression*) steht jedoch die gezielte Verfolgung sich bewegender Objekte durch den menschlichen Sehapparat entgegen, bei welcher das Objekt mit Hilfe von Augenfolgebewegungen „einzufangen“ versucht wird. Augenfolgebewegungen ermöglichen eine kontinuierliche Verfolgung des Objektes bei Winkelgeschwindigkeiten von bis zu 100 °/s.

Nach [Schmidt et al., 1994] stellt die Netzhaut den Ort des physikalischen Empfangs des Lichtreizes dar. Auf ihr wird das Bild, welches durch den vorgelagerten dioptrischen Apparat (Hornhaut, Kammerwasser, Linse und Glaskörper) entworfen wurde, abgebildet und in Form von elektrischen Impulsen an das Gehirn weitergeleitet. Das bildgebende System des Menschen sieht vier Typen von lichtempfindlichen Rezeptoren auf der Retina vor, welche jeweils verschiedene Farbpigmente besitzen und somit auf spezifische spektrale Wellenlängenbereiche sensitiv sind. Diese vier Typen werden üblicherweise in zwei Klassen eingeteilt:

Zapfen: Zapfen sind maßgeblich bei hoher Umgebungsleuchtdichte aktiv und für die Farbwahrnehmung zuständig.

Stäbchen: Stäbchen besitzen eine höhere Empfindlichkeit, geben jedoch nur Hell- / Dunkelinformationen ab und sind maßgeblich für das Sehen bei Nacht zuständig.

Dabei ist die Verteilung von Zapfen und Stäbchen nach [Schober, 1960] über die Netzhaut nicht gleich – im Bereich des » Fovea Centralis (schärfstes Sehen) « sind hauptsächlich Zapfen vorzufinden, wohin gegen axial die Dichte der Zapfen sehr stark ab- und die Dichte der Stäbchen zunimmt (siehe Abbildung 3.12(a)). Alle Stäbchen sind gleich, beinhalten also das gleiche Farbpigment in sich und sind auf dem gleichen spektralen Bereich empfindlich. Die übrigen drei Rezeptortypen, zusammengefasst als Zapfen, unterscheiden sind jedoch voneinander dahingehend, dass ihr sensitiver Bereich unterschiedlich ist (siehe Abbildung 3.12(b)).

3.2.2 Adaption des Auges

Das menschliche Auge passt sich an die jeweils vorherrschende Umgebungsleuchtdichte an. Hierbei werden nach [Diem, 2005] drei Zustände für diese so genannte Adaptation unterschieden (vgl. Tabelle 3.1)::

- photopisch (Helladaptation)
- mesopisch

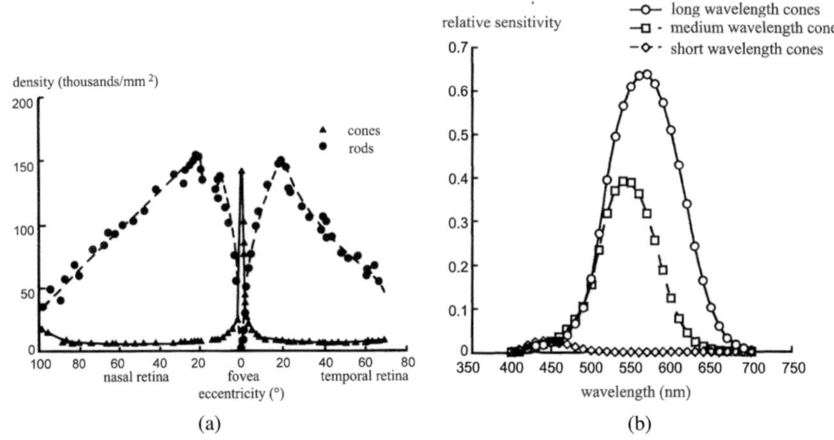

Abbildung 3.12: Links: Die Verteilung von » Zapfen « und » Stäbchen « über die Retina. Bei einem Winkel von 0 ° ist die Position der » Fovea Centralis « indiziert, so [Wördenweber et al., 2007]. Rechts: Die relative spektrale Empfindlichkeit der drei Rezeptortypen » Zapfen « geordnet nach langer (L), mittlerer (M) und kurzer (S) Wellenlänge (Bildquellen: [Kaiser and Boynton, 1996]).

Bezeichnung des Adaptationszustandes	photopisch	mesopisch	skotopisch
Umgebungsleuchtdichte $cd \cdot m^{-2}$	$> 10^2$	10^2 bis 10^{-3}	$< 10^{-3}$
Rezeptoren	Zapfen	Stäbchen, Zapfen	Stäbchen

Tabelle 3.1: Adaptationszustände des menschlichen Auges nach [Schmidt et al., 1994; DIN, 1982]

- skotopisch (Dunkeladaptation)

Der zeitliche Verlauf eines Adaptationsprozesses kann unterschiedlich lange dauern. So verläuft die Adaptation in eine helle Umgebungsleuchtdichte eher binnen Sekunden, wohingegen eine Dunkeladaptation je nach Niveau von wenigen Minuten bis zu mehreren Stunden betragen kann. Temporäre Schwankungen der Umfeldleuchtdichte werden, soweit möglich, durch eine Änderung des Durchmessers der Pupille reguliert, so *Diem* weiter. Um den sehr weiten Leuchtdichtebereich – von 0,000001 $cd \cdot m^{-2}$ in sehr dunklen Nächten bis zu 100.000 $cd \cdot m^{-2}$ an einem sonnenbeschienenen Strand – abdecken zu können, bedient sich der menschliche Sehapparat nach [Wördenweber et al., 2007], neben der Änderung des Pupillendurchmessers, in der Summe dreier unabhängiger Instrumente:

Änderung des Pupillendurchmessers: Die Iris engt und weitet sich in Abhängigkeit des auf die Retina einfallenden Lichts. Für junge Menschen können Durchmesser von 2 bis 8 mm erreicht werden. Da das visuelle System über einen Leuchtdichtebereich von ungefähr 1.000.000.000.000:1 arbeitet, spielt somit die Pupille eine klar untergeordnete Rolle im Adaptationsprozesses.

Neuronale Anpassung: Die neuronale Anpassung kann sehr schnell vollzogen werden ($< 200\,ms$) und basiert auf Wechselwirkungen in den Synapsen der Netzhaut. Diese Adaptation ist über zwei bis drei logarithmische Einheiten wirksam, was somit einen Großteil des gesamten Adaptationsbereiches stützt.

Photochemische Anpassung: Wie in Kapitel 3.2.1 skizziert, besitzen die vier Rezeptortypen vier unterschiedliche Farbpigmente. Sobald Licht durch diese Rezeptoren eingefangen wird, wird das jeweilige Farbpigment gebleicht. Unter einem konstanten Beleuchtungszustand der Netzhaut stellt sich über die Zeit ein Gleichgewicht an gebleichten und sensitiven – da gegebenenfalls bereits wieder regenerierten – Rezeptoren ein.

Durch das komplexe Zusammenspiel dieser Mechanismen bleibt das menschliche Auge in einem großen Leuchtdichtebereich funktionsfähig. Eine zu niedrige Leuchtdichte (L) kann außerhalb des menschlichen Wahrnehmungsbereiches liegen, eine zu hohe hingegen eine Blendung verursachen. Beide Extremfälle können im nächtlichen Straßenverkehr auftreten und sind deshalb im Entwicklungskontext eines lichtbasierten FAS zu berücksichtigen, so [Schwab, 2003].

Neben der Adaptionszeit ist ebenfalls die Readaptationszeit von besonderem Interesse. Hier wird die Zeitspanne definiert, in welcher nach einer kurzzeitigen Störung der Adaptation (» transiente Adaptation «) die ursprüngliche Sehleistung wiederhergestellt werden kann. Diese Zeitspanne ist besonders bei nächtlichen Fahrten im Verkehrsraum hinsichtlich eines Sicherheits- und Komfortaspekts signifikant und sollte nach [Diem et al., 1996] technisch minimiert sein.

3.2.3 Blendung

Blendung ist ein optisches Phänomen, welches gerade im nächtlichen Straßenverkehr zu einer ungewollten Beeinträchtigung der Sehleistung führt und Unbehagen beim Fahrzeugführer auslösen kann. In der Literatur sind generell zwei Arten von Blendung aufgeführt, die physiologische und die psychologische Blendung, welche jedoch in der Regel gleichzeitig auftreten. Nach [Reidenbach et al., 2008] wird speziell die psychologische Blendung als etwas Unangenehmes empfunden, gerade, wenn sich zwei Fahrzeuge nachts auf der Straße begegnen. Ihre Messung erfolgt in der Regel durch eine psychometrische Skala, wie sie beispielsweise in [Perel et al., 1983] oder [de Boer et al., 1959] verwendet wurde. Die Sehfähigkeit hingegen wird durch die physiologische Blendung bestimmt, denn nur diese ist mit der Fähigkeit verknüpft, Objekte mehr oder minder gut zu erkennen. Einfallendes Licht wird an Verunreinigungen in den Augenmedien (wie beispielsweise Augenlinse, Glaskörper, Hornhaut, Kammerwasser) gestreut und mit dem sich auf der Netzhaut abzeichnenden Bild überlagert, was zu einer Abschwächung der Kontraste führt, so [Ewerhart, 2002]. So können bereits relativ geringe Leuchtdichten zu einer Beeinträchtigung der Sehleistung führen, ein unbehagliches Empfinden muss dann jedoch noch nicht vorliegen. Die physiologische Blendung reduziert also die objektiv messbare Sehleistung.

Das Auge ist bei einer nächtlichen Autofahrt stets in Bewegung und befindet sich im Wechselspiel zwischen Fixationen und Sakkaden. Kommt es dabei zu einer Begegnung mit einer entgegenkommenden Lichtquelle, so kommt es unweigerlich ebenfalls zu einer vorübergehenden Änderung der das Auge erreichenden Leuchtdichten. Infolgedessen ist ein Wechsel der Hell- und Dunkeladaptation der Netzhaut zu beobachten, was zu einer vorübergehenden Einschränkung der Sehleistung führen kann. Nach Verschwinden der Blendbeleuchtung klingt diese Einschränkung jedoch expotentiell ab, bis nach dem vollständigen Durchlaufen des so gennanten Readaptationsprozess die volle Sehleistung wieder erreicht wird.

3.2.4 Blickverhalten

Blickverhalten ist definiert als die zeitliche Abfolge von Saccaden und Fixationen, wohingegen optische Information lediglich während einer Fixierung auf einen Gegenstand und somit während dessen Abbildung auf der » Fovea centralis « aufgenommen werden kann (siehe Abbildung 3.13). Nach Abschluss einer Fixierung findet stets eine äußerst schnelle Rotationsbewegung des Augapfels statt, welche nach [Schwab, 2003] als Sakkade bezeichnet wird. Dabei kommt der Sakkade die Aufgabe zu, den Blick von einer Fixationsstelle zur nächsten zu verlagern. Hierbei ist eine massive Erhöhung der Wahrnehmbarkeitsschwelle zu verzeichnen, die subjektiv jedoch nicht bemerkt wird. Die Entscheidung für die Durchführung einer Blickbewegung unter Zuhilfenahme des peripheren Sehens wird hier getroffen und hat großen Einfluss auf die Lokalisierung bestimmter Sehobjekte. Nach [CIE, 1992] limitiert eine unzureichend ausgeleuchtete Straßenszene das periphere Sehen, was zu einer Fehlinterpretation der eigenen Fahrzeuggeschwindigkeit sowie zu einem Übersehen potentieller Gefahrenquellen führen kann.

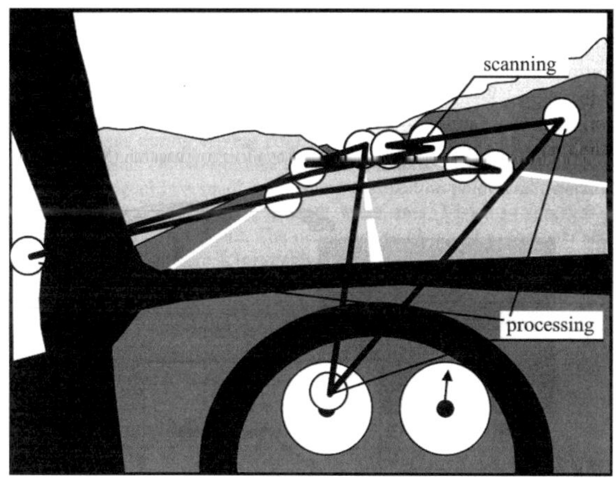

Abbildung 3.13: Blickführung eines Fahrzeugführers im Wechselspiel zwischen Saccaden und Fixationen (Bildquelle: [Wördenweber et al., 2007]).

Heutzutage bieten technische Messinstrumente, wie z.B. » Eye Tracking Systeme «, die direkte Möglichkeit zur Ermittlung der Informationsaufnahme während einer Fahrt. In der Literatur sind zahlreiche Untersuchungen diesbezüglich zu finden ([Graf and Krebs, 1976; Friedinger, 1980; Wada et al., 1989; Zwahlen et al., 1989; Cohen et al., 1992; Gerhaher et al., 1999; Kayser et al., 1999; Chmielarz et al., 2000], etc.). Ein Großteil der verfügbaren Forschungsarbeiten beschränken sich auf das Fahren am Tage. Eine der ersten Untersuchungen zum Blickverhalten in einem nächtlichen Umfeld wurde von [Mortimer and Jorgeson, 1974] durchgeführt. Hierbei wurde festgestellt, dass die Fixationsdistanz bei Nachtfahrten abnimmt. Dies wird darauf zurückgeführt, dass sich der laterale Sichtbereich, aus welchem unterschwellig Informationen entnommen werden, einengt. [Cohen, 1987] stellte zudem in seinem Forschungsbericht eine Abhängigkeit des Blickverhaltens von einer variierten Scheinwerferkonfiguration fest. Somit wird vermutet, dass der Fahrzeugführer sein Blickverhalten nur auf diejenigen Stellen im Verkehrsraum richtet, welche in einem ausreichenden Maße beleuchtet oder auch markiert werden und somit eine Informationsaufnahme zu ermöglichen.

[Ewerhart, 2002] resümiert zur Objektwahrnehmung im Wechselspiel von Saccaden und Fixationen, dass Folgendes zu beachten sei:

1. Aus der Tatsache, dass ein Objekt nicht fixiert wird, kann mittelbar nicht geschlossen werden, dass es nicht wahrgenommen wurde. Denn neben der

fovealen Wahrnehmung findet gleichzeitig auch eine periphere Wahrnehmung statt.

2. Aus der Tatsache, dass ein Objekt fixiert wird, kann nicht geschlossen werden, dass es auch erkannt wurde.

Weiter wird festgehalten, dass das Blickverhalten sowie die Informationsaufnahme des Fahrzeugführers abhängig von den Merkmalen der Straße, von der Verkehrsdichte, vom körperlichen Zustand des Fahrzeugführers, von seiner Fahrerfahrung sowie von der Ausleuchtung des Verkehrsraumes bei Nachtfahrten abhängig ist. Während einer Nachtfahrt, bei welcher die Straße ausschließlich durch die fahrzeugeigene Scheinwerferanlage beleuchtet wird, erfährt das Blickverhalten selbst von routinierten Fahrern eine deutliche Änderung. Da die Scheinwerfer nur einen relativ kleinen Bereich vor dem Fahrzeug ausleuchten, beschränkt sich diesbezüglich auch die Blickzuwendung im Wesentlichen auf diese illuminierte Fläche. Ferner nimmt die mittlere Fixationsdistanz im Vergleich zu Tagfahrten ab, die mittlere Fixationsdauer ist hingegen ansteigend. Dies deutet auf eine reduzierte Informationsaufnahme hin. [Cohen, 1987] deduziert in diesem Zusammenhang:

> „Was der Lenker im Laufe von mehreren Jahren lernt, die Informationen rasch zu extrahieren, einen großen räumlichen Bereich im Vorfeld zu berücksichtigen und die Umgebung zu beobachten, scheint während der Nachtfahrt verloren zu gehen.“

Selbst ein erfahrener Fahrer scheint sein trainiertes Blickverhalten bei Nacht zu verlieren und fällt somit auf das Niveau eines wenig erfahrenen Fahrzeugführers zurück. [Diem, 2005] untersuchte in seiner Forschungsarbeit ausführlich die Fixationsverteilung von Fahrzeugführern auf verschiedenen Straßentypen und Straßengeometrien. In Abbildung 3.14 sind die Fixationsverteilungen für einen geraden Streckenabschnitt einer Landstraße bei einer Nutzung am Tag und in der Nacht skizziert. Zu erkennen ist, dass die oben bereits erwähnte mittlere Blickentfernung in einer Entfernung von $d \approx 120\,m$ vor dem Fahrzeug liegt. Bei Nacht hingegen reduziert sich die Blickentfernung auf $d \approx 100\,m$ und verlagert sich mehr auf die Fahrstreifenmitte.

3.3 Objektwahrnehmung

Der Wahrnehmungsprozess eines Menschen lässt sich grob in zwei Teilprozesse untergliedern: Die Wahrnehmung und die Erkennung. Bei der Wahrnehmung erfolgt

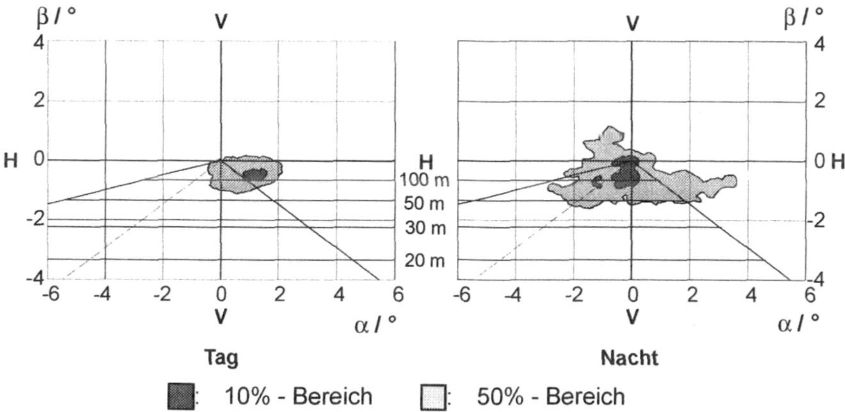

Abbildung 3.14: Graphische Darstellung der Fixationsverteilung auf geraden Streckenabschnitten von Landstraßen (Bildquelle: [Diem, 2005]).

zunächst die Registrierung eines Reizes im Gesichtsfeld des Beobachters. In diesem Stadium liegt noch keine Information vor, welches Objekt den Reiz ausgelöst hat. Erst nach der Blickzuwendung wird das Objekt fokussiert und scharf auf der *Fovea* abgebildet, so [Ewerhart, 2002]. Erst jetzt kann der stärker kognitiv geprägte Prozess der Erkennung stattfinden.

In diesem Kontext wird folgend die Auffälligkeit von Objekten näher betrachtet. Die psychophysiologische Größe der Leuchtdichteunterschiedsempfindlichkeit definiert hingegen, ob ein Objekt (hier: im Verkehrsraum) überhaupt wahrgenommen wird oder nicht. Beides sind Kriterien, welche mittels einer markierenden Lichtinstanz beeinflussbar sind.

3.3.1 Definition von Auffälligkeit von Objekten zur Wahrnehmung

Der Fahrzeugführer ist während seiner Fahraufgabe einer Vielzahl von Sinneseindrücken ausgesetzt. Wie in Kapitel 3.1.1 ausgearbeitet, spielt hier der visuelle Reiz eine zentrale Rolle. Würde hierbei das visuelle System keine Auswahl über die eintreffenden Informationen treffen, wäre eine Reizüberflutung unvermeidbar. Untersuchungen nach [Diem, 2005] zeigen auf, dass Objekte, welche » gesehen « werden, nicht immer auch wahrgenommen werden. Und von den wahrgenommenen Objekten wird wiederum nur ein geringer Bruchteil entsprechend erkannt.

[Diem, 2005] deduziert hierzu weiter:

> „Ein Kraftfahrer muss aus den in das Auge einfallenden Informationen diejenigen herausfiltern, die für das Fahren wichtig sind. Soll ein Kraftfahrer eine bestimmte Informationsquelle unbedingt erkennen, z.B. ein bestimmtes Verkehrszeichen [oder auch eine Gefahrenquelle], so ist die Information so zu gestalten [oder auch zu markieren], dass sie sicher beziehungsweise ungefiltert in das Gehirn übermittelt und dort erkannt werden kann."

In verschiedenen lichttechnischen Forschungsarbeiten wurde der Teilprozess der Wahrnehmung von Objekten detailreich untersucht. In [Lachenmayr, 1995] wurden in diesem Zusammenhang drei Prämissen für die Objektwahrnehmung ausgearbeitet:

Sichtbarkeit: Ein Objekt wird durch den Fahrzeugführer sichtbar, sobald es innerhalb seines binokularen Gesichtsfelds liegt und nicht durch andere Objekte verdeckt wird. Der Fahrzeugführer hat die Möglichkeit, sein Blickfeld durch Blickbewegungen sowie Kopfdrehungen zu vergrößern.

Überschwelligkeit: Ein optischer Reiz wird als überschwellig bezeichnet, sobald er in seiner relevanten Empfindung durch beispielsweise Leuchtdichte- oder Farbkontraste über dem individuellen, physiologischen Schwellwert liegt. Im nächtlichen Verkehrsumfeld sind in der Regel vermehrt Leuchtdichtekontraste zu beobachten.

Auffälligkeit: In der Literatur wird häufig der Begriff » Auffälligkeit « verwendet, um die Wahrscheinlichkeit zu beschreiben, ein Objekt (hier: im Verkehrsumfeld) zu sehen, wahrzunehmen, sowie abschließend auch zu erkennen. [Getzberger, 1976] definiert die Auffälligkeit von Objekten mit der Höhe der Wahrscheinlichkeit, dass diese Objekte im Bereich der Fovea Centralis abgebildet und identifiziert werden. Zudem setzt er die Auffälligkeit von Objekten gleich mit der Auslösung von Saccaden in Richtung des wahrgenommenen Objektes. Ferner wird die Auffälligkeit an Objekteigenschaften, wie dessen Farbe oder Helligkeit, gekoppelt.

[Cole and Hughes, 1984] arbeiteten in ihrem Forschungsbericht heraus, dass mindestens zwei Formen der Auffälligkeit von Objekten existieren:

Form 1: Das Objekt erzeugt durch beispielsweise verschiedene Objekteigenschaften von sich aus Aufmerksamkeit.

Form 2: Das Objekt ist aufgrund seiner räumlichen Anordnung auffällig.

» Form 1 « der Auffälligkeit, so [Reinsch, 2010], macht deutlich, dass ein Objekt aufgrund seiner Eigenschaft (beispielsweise Reflexionsgrad, Leuchtdichtekontrast, Fläche, etc.) in einem eher gut strukturierten Umfeld wahrscheinlich eher wahrgenommen wird, als das selbe Objekt in einem sehr komplexen Szenario. Bei » Form 2 « liegt das Augenmerk auf der räumlichen Position des Objektes. Befindet sich beispielsweise ein Objekt an gewohnter Position im Verkehrsraum, so wird es wahrscheinlicher wahrgenommen, als das identische Objekt an einem ungewohnten Standort im Verkehrsraum.

3.3.2 Leuchtdichteunterschiedsempfindlichkeit

Die Fähigkeit des Menschen, Leuchtdichten in einem nächtlichen Umfeld zu unterscheiden, zählt zu seiner elementaren Sehfunktion. Die Wahrnehmung von Leuchtdichteunterschieden ist mit allen anderen Teilfunktionen des menschlichen Sehvorgangs eng verbunden, so [Eckert, 1993].

Ein Unterschied in der Leuchtdichte $\triangle L$ eines Objektes (Objektleuchtdichte L_0) zu seiner unmittelbaren Umgebung (Umgebungsleuchtdichte L_u) kann spezifisch wie folgt beschrieben werden:

Relativer Leuchtdichteunterschied oder Kontrast: [27]

$$C = \frac{L_0 - L_u}{L_u} = \frac{\triangle L}{L_u} \tag{3.99}$$

Unterschiedsempfindlichkeit:

$$UE = \frac{L_u}{\triangle L} \tag{3.100}$$

Ob ein Objekt durch den Betrachter überhaupt wahrgenommen und anschließend auch erkannt werden kann, hängt davon ab, ob der relative Leuchtdichteunterschied C größer als der aktuell vorherrschende Schwellenkontrast C_s ist. Abbildung 3.15(a)) illustriert hierzu verschiedene, relative Leuchtdichteunterschiede eines Testobjektes zur Verdeutlichung.

Der Schwellenkontrast C_s ist hierbei beschrieben als ein Leuchtdichtekontrast, welcher vom Betrachter gerade noch wahrnehmbar ist. Die gleiche Forderung gilt ebenfalls für den Leuchtdichteunterschied $\triangle L$ und den Schwellenleuchtdichteunterschied

[27] Je nachdem, ob die Gleichung [3.99] im positiven oder negativen Bereich liegt, wird von einem Positivkontrast (Objekt mit höherer Leuchtdichte als Umgebung) oder von einem Negativkontrast (Objekt mit niedrigerer Leuchtdichte als Umgebung) gesprochen (siehe AbbildungA.47).

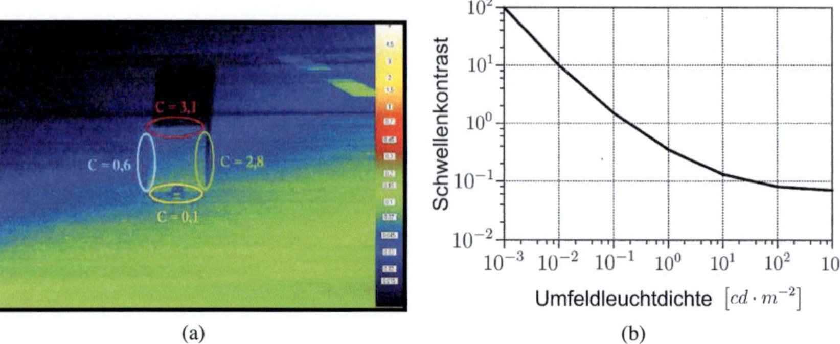

(a) (b)

Abbildung 3.15: Links: Unterschiedliche, relative Leuchtdichteunterschiede einer grauen Tafel, die mit Scheinwerfern angeleuchtet wird; Farbskala: Leuchtdichte in cd/m^2 (Bildquelle: [Neumann et al., 2011]). Rechts: Prinzipielle Abhängigkeit des Schwellenkontrastes von der Umfeldleuchtdichte mit einer Sehobjektgröße: 4 und einer Darbietungszeit von $0,2\,s$ (Bildquelle: [Baer, 1996]).

$\triangle L_s$, so [Eckert, 1993] weiter. Es muss also für ein Objektprädikat » sichtbar « gelten:

$$C > C_s \qquad \text{bzw.} \qquad \triangle L > \triangle L_s$$

Der Schwellenkontrast C_s sowie der korrespondierende Schwellenleuchtdichteunterschied $\triangle L_s$ hängen nach [Ewerhart, 2002] vornehmlich von der Sehobjektgröße, der Umfeldleuchtdichte sowie der Darbietungszeit ab. Für die im nächtlichen Verkehrsumfeld vorkommenden Bedingungen gilt, dass der Schwellenkontrast umso kleiner wird, je größer die Sehobjektgröße, die Umfeldleuchtdichte sowie die Darbietungszeit werden. Abbildung 3.15(b) illustriert nach [Baer, 1996] die prinzipielle Abhängigkeit des Schwellenwertkontrastes von der Umfeldleuchtdichte (ohne Bezug auf die Darbietungszeit). [Adrian, 1969] stellte die mathematische Berechnung des Schwellenleuchtdichteunterschieds $\triangle L_s$ in diesem Zusammenhang wie folgt dar (ebenfalls ohne Bezug auf die Darbietungszeit):

$$\triangle L_s = K \left(\frac{A}{\alpha} + B \right)^2 \tag{3.101}$$

Die Konstanten A, B und K lassen sich für die korrespondierende Umfeldleuchtdichte aus [Adrian, 1969] entnehmen, α gibt den Sehwinkel auf das Objekt in Winkelminuten an. Bei einer Auslegung einer markierenden Lichtinstanz sind die Sehobjektgrößen (beispielsweise die Körpergröße einer Person im Verkehrsraum) und somit der entsprechende Sehwinkel[28] sowie die Umfeldleuchtdichte als gegeben hinzunehmen. Die Darbietungszeit, also die Dauer der lichtbasierten Markierung eines detektierten und klassifizierten Objektes, hat, wie bereits beschrieben, ebenfalls Einfluss auf den Schwellenleuchtdichteunterschied und kann im hier vorgestellten Gesamtsystem hingegen parametrisiert werden.

[Graham and Margaria, 1935] untersuchte in diesem Kontext innerhalb einer wissenschaftlichen Studie den Zusammenhang zwischen verschiedenen Darbietungszeiten [29] und der Auswirkung auf den Schwellenleuchtdichteunterschied im peripheren Sichtbereich des Menschen. Resümiert wurde, dass beispielsweise bei einem Objekt mit einem Sehwinkel von $60'$ oberhalb einer Darbietungszeit von $0,128\,s$ keine zeitliche Abhängigkeit des Schwellenleuchtdichteunterschieds mehr zu erkennen ist.

Um eine quantitative Aussage treffen zu können, wie hoch der Leuchtdichteunterschied zwischen einem Objekt und dem umgebenden Hintergrund sein muss, um ein Objekt mit einer hohen Wahrscheinlichkeit erkennen zu können, untersuchte [Damasky, 1995] in seiner Forschungsarbeit die Unterschiedsempfindlichkeit für das nächtliche Sichtfeld eines Kraftfahrzeugfahrers in einem homogenen Adaptationsfeld. Auf einem Projektionsschirm wurden Testzeichens mit diskret veränderlichem Sehwinkel bei zuvor definierten Umgebungsleuchtdichten gezeigt. Die Aufgabe des Probanden war es, diejenige Leuchtdichte des Testzeichens einzustellen, bei welcher es durch den entstehenden Kontrast gerade wahrgenommen werden konnte. Abbildung 3.16(a) illustriert das Resultat der Erhebung inklusive berechneter Nährungsfunktionen für die mit dem Leuchtdichteunterschied $\triangle L$ zusammenhängende Unterschiedsempfindlichkeit UE in Abhängigkeit zu verschiedenen Sichtwinkeln α_i.

Ferner ergibt sich für ein Objekt mit der Objektgröße $\alpha = 1^\circ = 60'$ sowie einer Umfeldleuchtdichte $L_u = 0,01\,cd \cdot m^{-2}$[30] einen ermittelten Unterschiedsfaktor von ≈ 10 zwischen der Umfeld- und Objektleuchtdichte. Hierzu zeigt Abbildung 3.16(b) auf, wie hoch der notwendige Leuchtdichteunterschied $\triangle L$ zwischen Objekt und seinem umgebenden Hintergrund mindestens sein muss, damit eine sichere Wahrnehmbarkeit des Objektes mit letztgenanntem Sichtwinkel anzunehmen ist:

$$\triangle L_{L_u=0.01\,cd\cdot m^{-2}}(\alpha = 60') \approx 0.001\,cd \cdot m^{-2} \quad .$$

[28] Zum Beispiel erzeugt ein Objekt in $100\,m$ Entfernung mit einer vertikalen Objektausdehnung von $1,75\,m$ einen Sehwinkel α von $1,0^\circ$, was $60'$ entspricht.

[29] Zeitlicher Untersuchungsbereich: $0,00031$ bis $0,64\,s$.

[30] Entspricht Umfeldleuchtdichte für eine unbeleuchtete Straße außerhalb geschlossener Ortschaften, so [Damasky, 1995].

Im weiteren Verlauf seiner Forschungsarbeit unterscheidet [Damasky, 1995] jedoch zwischen der Wahrnehmbarkeit eines Lichtreizes auf der Retina und der Erkennbarkeit eines Objektes durch den Menschen. Die in Abbildung 3.16(a) dargestellte Unterschiedempfindlichkeit UE sowie die in Abbildung 3.16(a) illustrierte Leuchtdichtedifferenz $\triangle L$ werden daher im weiteren Verlauf nur als Mindestgrößen herangezogen – für die sichere Erkennbarkeit von Objekten im Verkehrsraum sind wesentlich höhere Werte notwendig. Im Kontext der Auslegung einer markierenden Lichtinstanz sollte hierzu die erzeugende Leuchtdichte im Verkehrsraum maximiert werden. Jedoch ist gleichzeitig sicherzustellen, dass eine unsachgemäße Blendung der markierten Objekte minimal gehalten wird.

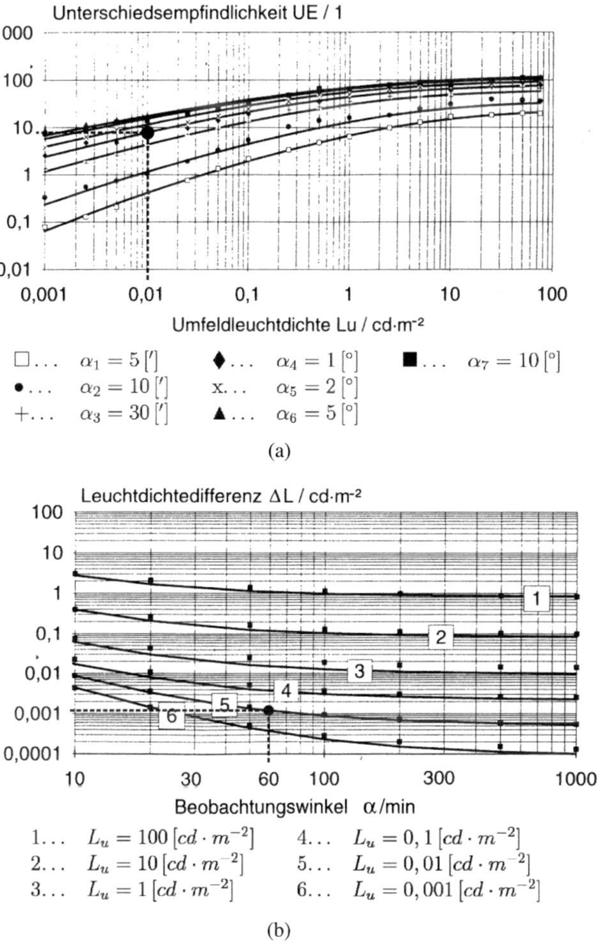

Abbildung 3.16: Oben: Unterschiedsempfindlichkeit UE bei homogener Umfeldleuchtdichte L_u, positivem Objektkontrast C_O sowie verschiedenen Sichtwinkeln α nach [Damasky, 1995]. Unten: Differenzleuchtdichte $\triangle L$, dargestellt über dem korrespondierenden Beobachtungswinkel für unterschiedliche Umfeldleichtdichten L_u (Bildquellen: [Damasky, 1995]).

KAPITEL 4

Aufbau eines Markierungslichtsystems

Um die Eigenschaften einer markierenden Lichtinstanz in realen Fahrsituationen evaluieren zu können, wurde im Rahmen dieser Forschungsarbeit ein Gesamtsystem realisiert, welches als prädiktiven Sensor eine FIR-Wärmebildkamera sowie ein prototypisches Lichtsystem für die Markierung von potentiellen Gefahrenquellen im Verkehrsraum in einem Versuchsfahrzeug auf Basis eines Serienfahrzeuges (AUDI Q7, Bhj. 2007, 3.0 TDI) integriert. Hierfür waren diverse Ein- und Umbauten erforderlich. Die für ein Markierendes Licht benötigten Recheneinheiten, Sensoren, Aktoren sowie die Systemstruktur werden in diesem Kapitel beschrieben. Abbildung 4.17 illustriert hierzu schematisch die Integration des prototypischen Gesamtsystems in den Versuchsträger.

4.1 Informationsverarbeitungseinheiten

4.1.1 Linuxbasierte Mehr-Kern-Recheneinheit

Diese Recheneinheit vereint im hier vorgestellten dezentralen Rechennetzwerk mit zwei Prozessoren vom Typ » Opteron Dual Core 2218 HE « des Herstellers » AMD « und einer Taktrate von $2,6\,GHz$ bei $4\,GB$ Hauptspeicher die höchste technologische Wertigkeit hinsichtlich der implementierten Algorithmen und wird unter dem

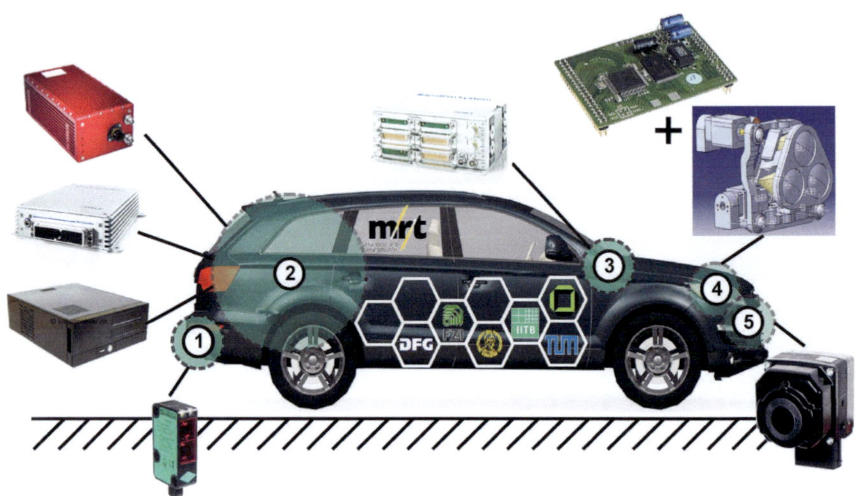

Abbildung 4.17: [1]: Pepperl & Fuchs Reflexionslichtschranke K31-15M; [2]: Linux-basierte Multi-Kern-Recheneinheit; dSPACE MicroAutoBox; OXTS INS RT3003; [3]: dSPACE RapidPro; [4]: prototypische Lichteinheit plus dediziertes Steuergerät; [5]: FLIR PathFindIR FIR-Kamera (Bildquelle in Anlehnung an [Hörter et al., 2010b]).

Betriebssystem » Linux « mit der Distribution » Ubuntu « betrieben. Neben den bereitgestellten Ethernet-Schnittstellen für die elektronische Anbindung der INS sowie der FIR-Kamera, wurden zudem zwei CAN-Schnittstellen für den Zugriff auf den immanenten Fahrzeug-CAN-Bus sowie zur Interaktion mit der in Abschnitt 4.1.2 beschriebenen *MicroAutoBox* integriert. Ferner wurde auf bewährte und wettbewerbserprobte Algorithmen zur Synchronisation sowie Aufzeichnung aller im Fahrzeug anfallender relevanter Daten zurückgegriffen, indem die in [Hörter et al., 2009] näher spezifizierte Echtzeitdatenbank (RTDB) Anwendung fand. Ausgehend von dieser RTDB interagiert eine Vielzahl von Prozessen basierend auf meist in der Hochsprache $C/C++$ implementierte Klassen und Bibliotheken unter einer Echtzeitanforderung miteinander. Diese Echtzeitanforderung resultiert in der Bildrate ausgehend von der FIR-Kamera, welche mit $25Hz$ oder auch alle $40ms$ ein neues Einzelbild in den Verarbeitungsprozess einspeist. Unter Verwendung eines intelligenten *Multi-Threading*-Ansatzes[31] konnten klar separierbare Verarbeitungsschritte in einzelne *Threads* ausgelagert werden und somit eine modular aufgebaute und

[31] Ein Thread wird in der Informatik als Ausführungsstrang in der Abarbeitung eines Programms bezeichnet und ist somit Teil eines Prozessen, so [Ziesche, 2004].

skalierbare Systemarchitektur erreicht werden.

4.1.2 dSPACE MicroAutoBox

Die » MicroAutoBox (MAB, hier: 1401/ 1505/ 1507) « der Firma » dSPACE « dient zum *Rapid Control Prototyping* von modellbasierten Softwareständen in Echtzeit. Die MAB verfügt in der aktuellen Version über ein leistungsfähiges Rechenwerk mit einem Prozessor vom Typ » IBM PPC 750CL « bei 900 *MHz* und 16 *MB* Hauptspeicher und ist dadurch in der Lage, Funktionalitäten eines automotiven Steuergerätes auf Basis der im Automobilbereich üblichen Schnittstellen (TTL, CAN, LIN, FlexRay, etc.) abzubilden. Neue Datenstände können, sobald diese in den nichtflüchtigen Speicher abgelegt wurden, autonom abgearbeitet werden, so [dSPACE, 2011].

4.1.3 dSPACE RapidPro

Die von der Firma » dSPACE « bereitgestellte » RapidPro «-Einheit vereint zwei Module innerhalb einer Systemkomponente und bildet unterdes im Verbund mit der in Abschnitt 4.1.2 aufgeführten MAB ein verteiltes System. Zum einen sorgt das sogen. » Signal Conditioning «-Modul dafür, dass Sensorsignale, welche von externen Komponenten aufgenommen werden, den richtigen elektrischen Pegel zur weiteren Verarbeitung innerhalb der MAB aufweisen, so [dSPACE, 2011] weiter. Das zweite Modul, das sogen. » Power Stage «-Modul, agiert in der elektrisch entgegen gerichteten Richtung: Hier werden die von der MAB ausgehenden, auf TTL-Level konditioniert, Signale verstärkt, sodass gekoppelte Aktuatoren entsprechend mit elektrischer Leistung betrieben werden können.

4.1.4 CONRAD C-Control II

Eine weitere Systemkomponente im dezentral aufgebauten Rechennetzwerk stellt das dedizierte Steuergerät für jeweils einen prototypischen Lichtaktuator auf Basis des 16 *bit*-Mikrocontrollers vom Typ » C164CI « der Firma » Infineon Technologies « dar. Der aufgeführte Mikrocontroller wurde von der Firma » CONRAD Electronic « als Evaluierungsboard vom Typ » C-Control II « vertrieben und eignete sich aufgrund seiner umfangreichen Hardwareressourcen sowie seiner dabei überschaubaren Geometrie für eine Integration innerhalb des Scheinwerfergehäuses. Hierbei kamen diesem Chip, welcher nach [Kainka and Helbig, 2003] mit einer internen

	Near-Infrared (NIR)		Far-Infrared (FIR)	
Vorteile	Intuitive Darstellung	0	Sehr hohe Reichweite	++
	Alle illuminierten Objekte werden erfasst	+		
Nachteile	Geringe Reichweite	- -	Geringe Bildauflösung	-
	Darstellung als Gefahrenpotential »Steuern nach Bild, nicht nach Sicht«	0	Kontrast und Objektdarstellung abhängig von Witterung/ Abstrahlkoeffizient	0
Summe		-		+

Tabelle 4.2: Entscheidungsmatrix zur vergleichenden Darstellung zweier bildgebender Sensorsysteme im Kontext der Relevanz zu einer markierenden Lichtinstanz (mit Verzicht auf eine Darstellung auf einem Display im Innenraum des Fahrzeuges) basierend auf Forschungsergebnissen von [Mahlke et al., 2005].

Taktfrequenz von $20MHz$ operiert und über $512kB$ Flash-ROM verfügt, die Ansteuerung der Treiberstufen der Schrittmotoren, das Einlesen der Encoder sowie Hall-Sensoren für eine Positionsregelung der Schrittmotoren sowie die Kommunikation via CAN-Schnittstelle zu. Eine Programmierung erfolgte unter der Hochsprache C.

4.2 Sensoren

Für die technische Realisierung eines Markierenden Lichts ist das zuverlässige Erkennen von potentiellen Gefahrenquellen (hier: Fußgänger, Fahrradfahrer, Wild) essentiell. Hierfür wurden in der Konzeptphase zwei bildgebende Sensortypen (NIR versus FIR) miteinander verglichen. Für die hier vorgestellte Systemarchitektur findet konform der Auswertung einer Entscheidungsmatrix nach Tabelle 4.2 das FIR-System weiter Verwendung.

Mit ausschlaggebend für die Entscheidung war letztlich die größere Detektionsreichweite, welche von FIR-Systemen ausgeht. Hierfür musste im Rahmen dieser Arbeit das Problem einer genauen intrinsischen sowie extrinsischen Kalibrierung gelöst werden, was in einer Erfindungsmeldung [Hörter, 2010] mündete.

Für eine zuverlässige Sensierung der Fahrzeugbewegung standen gleich mehrere Möglichkeiten zur Verfügung. Über den immanenten CAN-Bus konnten u.a. die Geschwindigkeit (via Raddrehzahlsensor), die Beschleunigungen, die Drehraten, der Lenkwinkel u.v.m. abgefragt werden. Zudem stand ein inertiales Navigationssystem (INS) hoher Güte und Genauigkeit zur absoluten Lokalisierung des Versuchsfahrzeuges zur Verfügung.

4.2.1 Ferninfrarotsensor

Als Videosensor wurde ein Mono-System bestehend aus einer FIR-Kamera vom Typ » PathFindIR « der Firma » FLIR «verwendet. Es handelt sich hier um einen » Focal Plane Array(FPA) «-Sensor, welcher 324×246 ungekühlte Microbolometer als bildgebende Einheiten besitzt und ferner mit einer Bildrate von $25\,Hz$ das langwellige Spektrum von $8 - 15\,\mu m$ mit einer maximalen Auflösung von $14\,bit$ sensiert. Da Lebewesen in diesem Spektrum Wärmestrahlung emittieren, werden FIR-Sensoren auch als thermische Detektoren bezeichnet, und sind dank ihrer Eigenschaften dazu prädestiniert, warme Objekte zu erkennen. Das $19\,mm$-Objektiv hat einen Öffnungswinkel von $36\,^{\circ}$ horizontal und $27\,^{\circ}$ vertikal. Das hier verwendete Modell ist für einen automotiven Einsatz ausgelegt (vgl. Spannungs- und Temperaturbereich) und besitzt zudem eine beheizbare Schutzscheibe vor dem Objektiv, so [FLIR, 2008]. Aufgrund der geringen Ausmaße konnte das Modul im Motorraum des Fahrzeuges mechanisch integriert werden. Die elektronische Integration erfolgt mittels eines dedizierten Ethernet-Netzwerkes. Eine Betrachtung der Güte der Entfernungsmessung, basierend auf den durch diesen Sensor bereitgestellten Bildinformationen, erfolgt in Abschnitt 5.7.4.

Kalibrierung Ferninfrarotsensor

Ein Verfahren zur Kalibrierung bildgebender Sensoren wirkt, wie im Grundlagenkapitel 2.3 aufgezeigt, einer Verzeichnung der resultierenden Kamerabilder entgegen und ist somit für die automatisierte Objekterkennung und anschließende Referenzierung des Markierenden Lichts unabdingbar. Eine entsprechend thematisch ausgerichtete Literaturrecherche hinsichtlich des aktuellen Forschungs- und Entwicklungsstands zur Kalibrierung von bildgebenden Sensoren (hier im Fokus: FIR-Kamera) resultierte in der Erkenntnis, dass bis dato properitär verfügbaren Softwarelösungen zur Schätzung der intrinsischen und extrinsischen Kameraparameter nicht unmittelbar auf FIR-Sensoren anzuwenden waren. Der technische Grund hierfür war, dass das generelle Vorgehen zur Schätzung von Kameraparametern bei bildgebenden Sensoren im sichtbaren Wellenlängenbereich i.d.R. darauf beruht, dass künstlich erzeugte Muster (meist in Form eines Schachbrettmusters, da gut durch Eckendetektoren in der nachgelagerten Bildverarbeitung zu verarbeiten) in verschiedenen Posen aufgezeichnet und später zur Auswertung in Einzelbildern herangezogen werden. Dieses Verfahren konnte jedoch ohne Adaption nicht ohne Weiteres für FIR-Sensoren übernommen werden, da hier nur Temperaturunterschiede technisch erfasst werden. Somit stellte sich in der vorliegenden Forschungsarbeit

Brennpunkt	Hauptpunkt	Verzeichnung
$f_c = \begin{pmatrix} 502.93184 \\ 503.05668 \end{pmatrix}$	$cc = \begin{pmatrix} 157.46869 \\ 128.25278 \end{pmatrix}$	$k_c = \begin{pmatrix} 0.01900 \\ 0.15039 \\ 0.00145 \\ 0.00178 \\ 0.00000 \end{pmatrix}$

Tabelle 4.3: Intrinsische Parameter nach Kalibrierung des FIR-Sensors. Alle Einheiten in *Pixel*.

u.a. die Aufgabe, ein Verfahren zur Kalibrierung von FIR-Sensoren zu erarbeitet, dass in ([Hörter, 2010]) zusammenfassend wie folgt beschrieben ist:

> „Die vorliegende Erfindung betrifft eine Testvorrichtung zur Überprüfung thermografischer Sensoren eines Fahrassistenzsystems in einem Kraftfahrzeug mit zumindest einem von den thermografischen Sensoren des Fahrassistenzsystems erfassbaren und beheizbaren Sichtobjekt. [...]“

Es wurde als technische Innovation eine Apparatur konzipiert, welche basierend auf elektrisch beheizbaren Quadraten aus Aluminiumblech ein Kalibrierungsmuster erzeugt, was so durch den Hauptsensor zu erkennen ist (s. Abbildung 4.18) und mit verfügbaren Softwaremodulen hinsichtlich der intrinsischen und extrinsischen Kalibrierung verarbeitet werden konnte. Tabelle 4.3 illustriert die somit gewonnenen intrinsischen Parameter des in dieser Arbeit verwendeten FIR-Sensors.

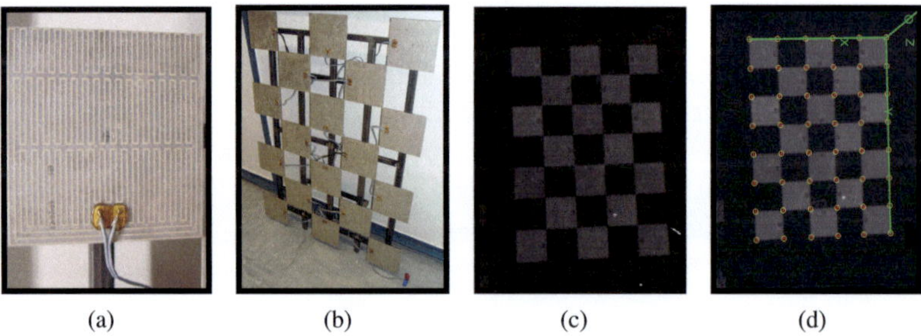

(a) (b) (c) (d)

Abbildung 4.18: (a): Elektrisches Heizelement auf Quadrat aus Aluminiumblech mit Kantenlänge $a = 160\,mm$; (b): Apparatur zur geometrisch definierten Anordnung der einzelnen Quadrate; (c): Einzelbild der Apparatur mittels FIR-Kamera; (d): Technisch verarbeitetes Einzelbild eines Eckendetektors im Kalibrierungsprozess.

4.2.2 Inertiales Navigationssystem

Ein inertiales Navigationssystem (INS) besteht aus drei Drehratensensoren und drei Beschleunigungsmessern, die jeweils zueinander orthogonal angeordnet sind. Durch Integration kann aus den gemessenen Drehraten und Beschleunigungen die Position, Geschwindigkeit und Lagewinkel der Einheit im Raum bestimmt werden. Im hier vorgestellten Gesamtsystem wurde der Typ » RT3003 « der Firma » Oxford Technical Solutions « verwendet. Neben den Lageinformationen ist ebenfalls die synchronisierte GPS-Zeit durch die verbauten $L1 / L2\ RTK$ GPS-Receiver verfügbar. Gegenüber einem rein GPS-basierten System ergibt sich dadurch der Vorteil einer geringeren Latenzzeit und der Kompensation von Signallücken bei einer maximalen Signalrate von $100 Hz$, so [OXTS, 2008]. Die INS-Einheit wird ebenfalls mittels eines separaten Ethernet-Netzwerkes elektronisch integriert. Weiterführende Informationen zu der hier verwendeten Einheit können in [Böhringer, 2008] eingesehen werden.

Das hier beschriebene intertiale Navigationssystem wird im weiteren Verlauf dieser Arbeit u.a. als hochgenaues Referenzmesssystem bei der qualitativen Bewertung der Systemperformanz genutzt.

4.2.3 Zusätzliche Sensoren

Lichtschranke

Für eine präzise und verlässliche Zeitmessung bei der in Kapitel 5.7.5 näher beschriebenen Fahreraufgabe zur psychophysiologischen Bewertung des Gesamtkonzeptes war es nötig, eine präzise und verlässliche Messeinheit im technischen System zu integrieren, welche auf externe Ereignisse (hier: Positionsmarken entlang einer Versuchsstrecke) während der Fahrt reagiert. Somit konnte eine Referenzierung auf aufgezeichnete Fahrzeug- sowie Fahrerdaten durchgeführt werden. Für diesen Zweck wurde eine Reflexionslichtschranke vom Typ » K31-15M « der Firma » Pepperl & Fuchs « am Fond des Versuchsfahrzeuges installiert. Elektrisch ausgewertet wurde das Signal durch die MAB.

Abbildung 4.19: Technische Realisierung der markierenden Lichtinstanz als integrative Einheit im Versuchsfahrzeug AUDI Q7 - zu erkennen sind drei autonome Lichtmodule: **(a)** Xenon-Projektionsmodul für die Grundlichtverteilung; **(b)** Markierendes Licht; **(c)** Tagfahrlicht; (Bildquelle: Breig/ KIT).

4.3 Markierendes Lichtmodul

4.3.1 Aufbau

Für die technische Realisierung der markierenden Lichtinstanz werden im Versuchsfahrzeug horizontal und vertikal schwenkbare prototypische Scheinwerfermodule verwendet – Abbildung 4.19 illustriert hierzu die technische Realisierung. Zu erkennen ist, dass drei voneinander autonom betriebene Lichtmodule innerhalb eines OEM-Scheinwerfergehäuses integriert wurden:

Abblend-/ Fernlicht (LB/ HB): Für die Grundlichtverteilung wurde ein serienmäßiges Projektionsmodul vom Typ » VarioX « der Firma » HELLA KGaA Hueck & Co. « verwendet, welches über eine CAN-Schnittstelle in das Gesamtsystem integriert werden konnte. Als Leuchtmittel stand hierfür eine Xenon-Hochdruck-Gasentladungslampe mit einer Farbtemperatur von etwa $6000\,K$ zur Verfügung. Die Gier- und Nickbewegung des Moduls sowie das stufenlose Alternieren zwischen LB und HB wurden von Seiten des Herstellers mit Schrittmotoren realisiert.

Markierendes Licht (ML): Für das lichtbasierte Markieren von Objekten im Verkehrsraum wurde ein prototypisches Lichtmodul auf LED-Basis in CAD kon-

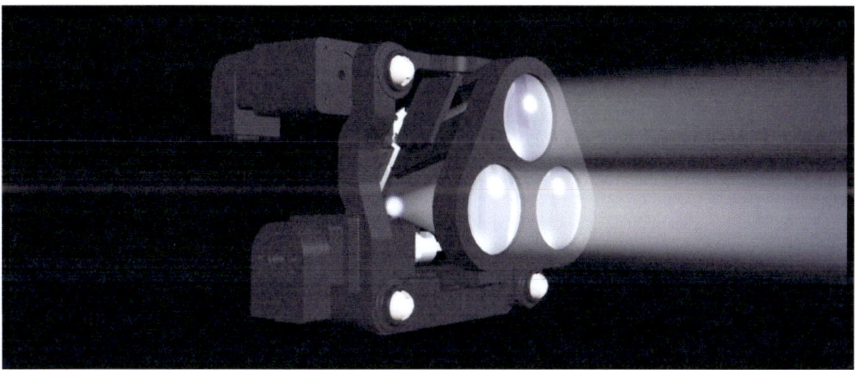

Abbildung 4.20: Resultat einer Bildsynthese (» 3D-Rendering «) aus CAD-Daten als virtuelles räumliches Modell des markierenden Lichtmoduls mit entsprechenden Materialeigenschaften (Bildquelle: Grupe/ KIT)

struiert und mittels *3D-Rapid-Protyping*[32]-Technik am KIT gefertigt (s. Abbildung 4.20).

Es wurden insgesamt zwei Module für die lichtbasierte Markierung integriert, eines auf jeder Fahrzeugseite. Die Module, bestehend aus jeweils drei *High-Power*-LEDs vom Typ » XP-G « des Herstellers » Cree « emittieren jeweils 340 *lm* Lichtstrom bei einem maximalen Betriebsstrom von 1000 *mA*. Der originäre Abstrahlwinkel von 125 ° der LEDs wird mittels drei bikonvexen Linsen fokussiert. Jedes Modul ist an seiner horizontalen und vertikalen Achse drehbar gelagert und wird mit Schrittmotoren sowie entsprechenden Encodern auf seine Winkelposition geregelt. Betrieben werden diese Schrittmotoren über entsprechende Treiberstufen, welche ihrerseits wiederum durch den in Abschnitt 4.1.4 beschriebenen Mikrocontroller angesteuert werden. Jeder Aktor wird somit individuell über ein eigenes Steuergerät pro Fahrzeugseite angesteuert, sodass in horizontaler und vertikaler Richtung ein unterschiedlicher Schwenkwinkel eingestellt werden kann.

Tagfahr- und Positionslicht (DRL): Als DRL fungierte ein prototypisches Lichtmodul auf LED-Basis.

[32] *Rapid-Protyping* (engl., *schneller Modellbau*) ist ein Überbegriff zu diversen Verfahren zur schnellen Herstellung von Musterbauteilen basierend auf Konstruktionsdaten. Rapid-Prototyping-Verfahren können somit als Fertigungsverfahren bezeichnet werden, welche das Ziel haben, vorhandeneCAD-Daten möglichst ohne manuelle Eingriffe oder Formen direkt und unmittelbar in Werkstücke umzusetzen, so [Pham and Dimov, 2001].

4.3.2 Lichttechnische Anforderungen

In diesem Abschnitt werden die für eine lichtbasierte Markierung notwendigen lichttechnischen Anforderungen erörtert. Wie bereits in der Motivation dieser Arbeit in Kapitel 1.1 herausgearbeitet wurde, ereignen sich einerseits gerade nachts auf Straßen außerhalb geschlossener Ortschaften die meisten Unfälle mit hoher Sterblichkeitsrate. Dies liegt darin begründet, dass dort die Aufprallgeschwindigkeit gegenüber Kollisionen innerorts höher ist und die Kontrastunterschiede, resultierend aus der vorherrschenden Umgebungsleuchtdichte, sowie die damit korrelierende Objekterkennbarkeit durch eine meist inadäquate Ausleuchtung des Verkehrsraumes vermindert sind. Andererseits entfaltet dort ein Markierendes Licht sein größtes Potential, wo durch einen künstlich erzeugten Leuchtdichteunterschied die Aufmerksamkeit sowie die Objekterkennbarkeit des Fahrzeugführers beeinflusst werden kann. Es ist hierzu technisch sicherzustellen, dass die Lichtstärke der lichtbasierten Markierung hoch genug ist, sodass diese noch von der Grundlichtverteilung und vor einer etwaig vorhandenen Straßenbeleuchtung durch den Fahrzeugführer zu erkennen ist. Basierend auf den Untersuchungen von [Wood et al., 2005] wird ein mittlerer Objektreflexionsgrad deutlich unterhalb von 10 % sowie eine Umfeldleuchtdichte basierend auf den Untersuchungen von [Damasky, 1995] für unbeleuchtete Straße außerhalb geschlossener Ortschaften von $0,01\, cd \cdot m^{-2}$ angenommen.

Für eine etwaige Homologation eines markierenden Lichtsystems sind die derzeit vorherrschenden gesetzlichen Rahmenbedingungen zu berücksichtigen. Ein aktueller Stand der [*ECE; R123; L222/16; Abschnitt 6.3; [UNECE, 2010b]* für adaptive Frontbeleuchtungssysteme definiert für das Fernlicht, welches hier als Referenz herangezogen wird, eine maximale Beleuchtungsstärke von $E_{max|d_{25}} = 240\, lx$ bei einer vorgeschriebenen Messentfernung von $d_{25} = 25\, m$. Hieraus lässt sich eine maximale Lichtstärke pro Einbaueinheit nach der aufgeführten Formel $I_{max|d_{25}} = 0,625 \cdot E_{max|d_{25}}$ von $I_{max|d_{25}} = 150\, Kcd = 150.000\, cd$ berechnen. Dieser maximal zulässigen Lichtstärke steht die minimal benötigte Beleuchtungsstärke entgegen, welche benötigt wird, um ein Objekt im nächtlichen Straßenverkehr über den korrespondierenden Objektkontrast zu seiner unmittelbaren Umgebung wahrnehmen zu können. Als gegebene Parameter sind die Geometrie des Objektes sowie die situativ vorherrschende Umfeldhelligkeit zu nennen – variabel hingegen sind die Darbietungszeit über eine individuell parametrisierbare Markierungsfrequenz [33] sowie die Markierungsentfernung in Abhängigkeit zu der Detektionsreichweite des Hauptsensors. Der Kontrast, welcher für eine individuelle Objekterkennbarkeit benötigt wird, resultiert aus der Umgebungsleuchtdichte sowie der aktuellen Leucht-

[33] im physiopsychologisch sinnvollen Bereich von $f_{vis} = 0 - 10\, Hz$, so [Hloucal, 2010]

dichteunterschiedsempfindlichkeit, wie in Abschnitt 3.3.2 erarbeitet wurde. Für die Berechnung der minimal benötigten Beleuchtungsstärke wird nach *Damasky* eine Umfeldleuchtdichte für nächtliche Straßen außerhalb geschlossener Ortschaften von $L_{env} = 0,01\, cd \cdot m^{-2}$ angenommen und diese mit einem ermittelten Multiplikator $UE = 10$ konform Abbildung 3.16(a) berechnet. Somit ergibt sich mit

$$L_{obj} = UE \cdot L_{env} \tag{4.102}$$

eine geforderte Objektleuchtdichte von $L_{obj} = 0,1\, cd \cdot m^{-2}$. Unter Annahme einer Lambert'schen Abstrahlcharakteristik der markierten Oberfläche lässt sich nach [Kuchling, 2001] die Mindestbeleuchtungsstärke für zu markierende Objekte oberhalb der Hell-Dunkel-Grenze wie folgt berechnen:

$$E_{obj_{min}|d_{75}} = L_{obj} \cdot \frac{\pi}{\bar{R}_{obj}} \quad , \tag{4.103}$$

wobei $\bar{R}_{obj} = 5\,\%$ einen angenommenen mittleren Objektreflexionsgrad darstellt und so ein Zahlenwert von $E_{obj_{min}|d_{75}} = 6,28\, lx \approx 7\, lx$ mit $d_{75} = 75\, m$ als maximale Markierungsentfernung resultiert. Dieser Wert lässt sich in einem finalen Schritt unter Annahme einer punktartigen Lichtquelle[34] mit dem quadratischen Entfernungsgesetz

$$E = \frac{I}{d^2} \cdot \cos\varepsilon \tag{4.104}$$

mit E als Beleuchtungsstärke, I als Lichtstärke, d als Entfernung und ε als Winkel zwischen Lichteinfallsrichtung und Flächennormalen sowie einer Annahme von

$$const = E \cdot d^2 = I \cdot \cos\varepsilon$$

wie folgt errechnen:

$$E_{obj_{min}|d_{25}} = E_{obj_{min}|d_{75}} \cdot \frac{d_{75\,m}^2}{d_{25\,m}^2} \quad , \tag{4.105}$$

was in einen Zahlenwert von $E_{obj_{min}|d_{25}} = 56,52\, lx \approx 57\, lx$ resultiert.

[34]Eine punktartiger Lichtquelle kann hier nach [Manz, 2009] angenommen werden, da der Messabstand d gegenüber der Ausdehnung der Lichtquelle dA in das Verhältnis $d >> dA$ gesetzt werden kann und so das » Ten Times Law « erfüllt ist.

Ob das in Abschnitt 4.3.1 vorgestellte Lichtsystem dem hier errechneten Minimalwerten zur lichtbasierten Markierung genügt und dabei einen geforderten bildseitigen Öffnungswinkel $\omega_0 \leq 2°$ erreicht, wird nun folgend in Abschnitt 4.3.3 unter Zuhilfenahme einschlägiger Simulationswerkzeuge evaluiert.

4.3.3 Simulation

Die im vorangehenden Abschnitt 4.3.2 hergeleiteten und errechneten Minimal- und Maximalwerte bezüglich Lichtstärke und Beleuchtungsstärke für die lichtbasierten Markierungen von Objekten im Verkehrsraum gilt es nun mit Hilfe von » Computer-aided Lighting (CAL) «-Werkzeugen zu untersuchen. Hierzu wurden in dieser Arbeit die Software-Umgebungen » LucidShape « und » LucidDrive « der Firma » Brandenburg GmbH « verwendet. Als Leuchtmittel wurden in der Simulation *Rayfiles* der Firma » Cree, Inc. « verwendet, welche die Abstrahlcharakteristik der realen Halbleiter approximieren. Als Lichtstrom pro LED-Emitter wurden $\Phi_{XP-G} = 340\,lm$ spezifiziert. Die Geometrie der verwendeten bikonvexen Linsen[35] resultiert aus dem zur Verfügung stehenden Bauraum innerhalb des Hauptscheinwerfergehäuses und wurde in einer CAD-Umgebung entsprechend konstruiert. Ferner wurde ein spektraler Absorptionsgrad von $\alpha(\lambda) = 0{,}05$ in der Simulation parametrisiert, welcher von Seiten des Entwicklungslieferanten der Linsen spezifiziert wurde. Als werkstoffspezifischer Brechungsindex wurde für den verwendeten Kunststoff » Polymethylmethacrylat (PMMA) « $n_{PMMA} = 1{,}49$ gewählt.

Abbildung 4.21 illustriert die Ergebnisse der lichttechnischen Simulation. Wie speziell in Abbildung 4.21(d) zu erkennen ist, wird mit dem oben skizzierten Aufbau die geforderte minimale Lichtstärke $E_{obj_{min}|d_{25}} \approx 57\,lx$ pro Lichteinheit in einer Messentfernung von $d_{25} = 25\,m$ erreicht.

Der gesetzliche Maximalwert von $E_{sim|d_{25}|max} = 240\,lx$ wird ebenfalls im gültigen Toleranzfeld eingehalten. Ein resultierender, bildseitiger Öffnungswinkel von $\bar{\omega}_0 \approx 1{,}6°$ legt den Grundstein für eine präzise und in Abbildung 4.22 virtuell dargestellte lichtbasierte Markierung eines (hier: Fussgänger) Objektes.

4.3.4 Goniometermessung

Im Rahmen einer am LTI durchgeführten Messung hinsichtlich der Beleuchtungsstärkenverteilung des protoypischen Lichtsystems konnten die im vorangegangenen

[35] Das optische Design sowie eine Auflistung aller charakteristischen Größen der bikonvexen Linsen sind im Anhang unter A.5 aufgeführt.

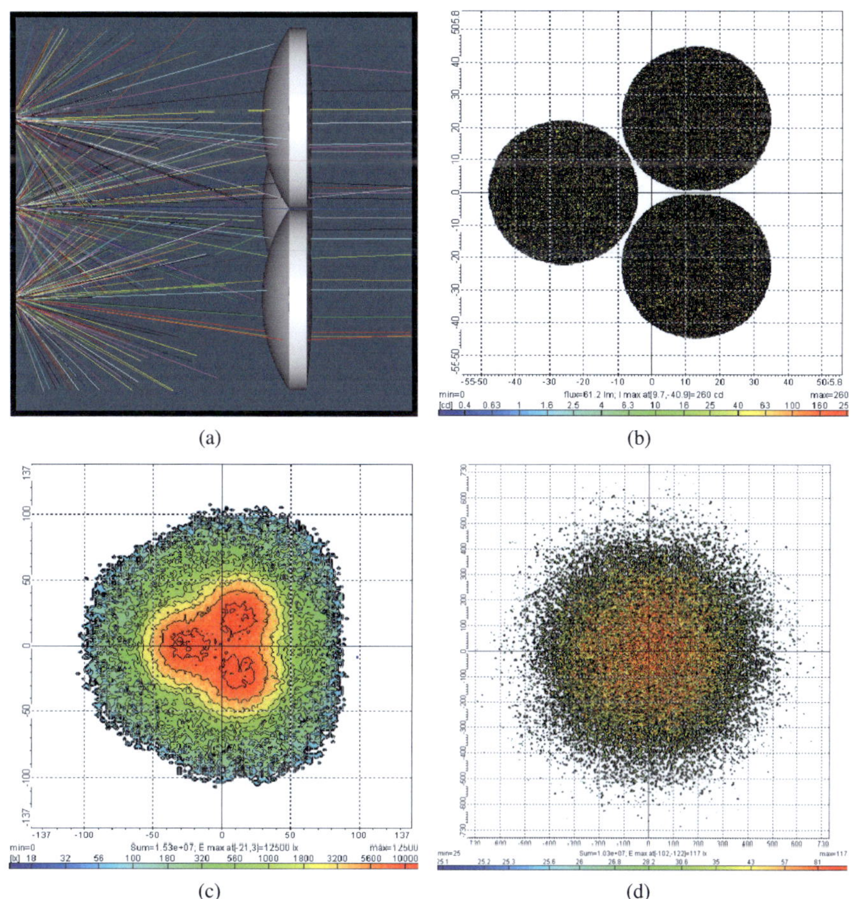

(a) (b) (c) (d)

Abbildung 4.21: (a): 2D-Ansicht des Multi-Linsensystems mit drei bikonvexen Linsen (Durchmesser $D = 45\,mm$, werkstoffspezifischer Brechnungsindex $n_{PMMA} = 1,49$) sowie drei Leuchtmitteln vom Typ » Cree XP-G « mit einem Lichtstrom von je $\Phi_{XP-G} = 340\,lm$. (b): Virtueller Lichtstärkesensor mit einem maximalen Wert von $I_{sim|max} = 260\,cd$ bei einem im Raumwinkel eintreffenden, spezifischen Lichtstrom von $\Phi_{sim|spez} = 61.2\,lm$. (c): Virtueller Beleuchtungsstärkesensor in einer Messentfernung von $d_1 = 1\,m$ und einem Maximalwert von $E_{sim|max|d_1} = 15.500\,lx$. (d): Virtueller Beleuchtungsstärkesensor in einer Messentfernung von $d_{25} = 25\,m$ und einem Maximalwert von $E_{sim|max|d_{25}} = 177\,lx$. Alle Skalen in mm.

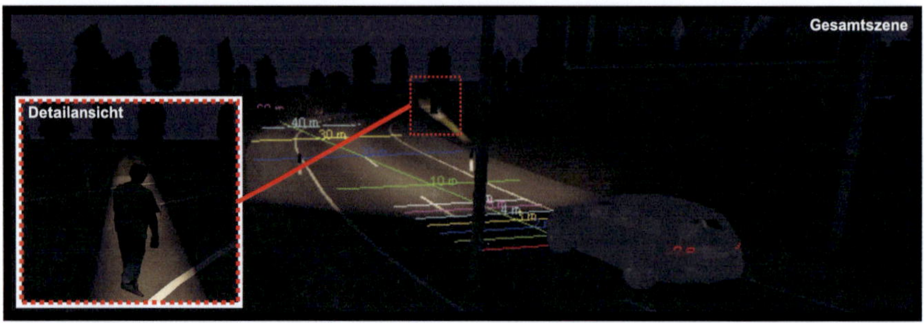

Abbildung 4.22: Virtueller nächtlicher Verkehrsraum unter Verwendung einer Grundlichtverteilung sowie des konstruierten Multi-Linsensystems als Simulationsergebnis der Softwareumgebung » LucidDrive « der Firma » Brandenburg GmbH «.

Abschnitt 4.3.3 aufgeführten simulierten Lichtwerte mit realen Kennwerten verglichen werden. Bei einer Messentfernung von $d_{25} = 25\,m$ wurde das Multi-Linsen-Lichtsystem auf einem » Goniophotometer GO-H 1300 « der Firma » LMT Lichtmesstechnik GmbH Berlin « nach einer ausreichenden Einbrenndauer in diskreten Rastern vermessen. Abbildung 4.23 illustriert das Ergebnisdiagramm.

Zu erkennen ist eine maximalen Beleuchtungsstärke von $\hat{E}_{Gon|max|d_{25}} = 80,5\,lx$, welche noch innerhalb des in Abschnitt 4.3.2 ausgearbeiteten Wertebereichs einer minimal zur Objekterkennbarkeit geforderten und einer maximal gesetzlich zulässigen Beleuchtungsstärke liegt. Um höhere Beleuchtungsstärken zu erzielen, sind bei einem kurzzeitigen Betrieb der LED-Emitter gesteigerte Stromstärken bei geeigneter thermischer Auslegung der hier verwendeten passiven Kühlung zu prüfen. Des Weiteren könnte die Verwendung eines Reflektors im Lichtdesign eine Steigerung der Lichtintensität im genutzten Raumwinkel herbeiführen.

4.3.5 Kalibrierung der Lichtaktuatoren

Der Kalibrierung der Lichtaktuatoren spielt in der Kausalkette » Informationsakquise – Informationsverarbeitung – Informationszuführung « eine wichtige Rolle. Nachdem in der erstgenannten Phase Informationen über den vorderen Verkehrsraum durch die Sensierung der Wärmebildkamera gewonnen wurden, folgt im zweiten Schritt die Analyse der Bilddaten sowie die darauf basierende Entscheidungsfindung, ob ein Objekt im Verkehrsraum mittels der markierenden Lichtinstanzen beleuchtet werden soll oder nicht. Falls positiv für eine Markierung entschieden wurde, steht der letzte Schritt, die Zuführung der ausgewerteten Informationen in Form

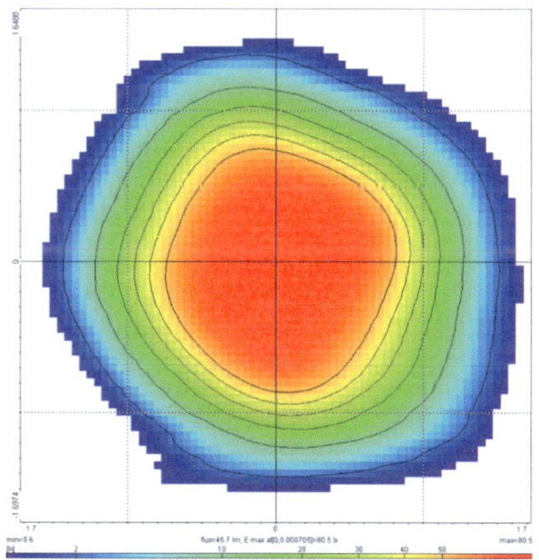

Abbildung 4.23: Ergebnisdiagramm einer am LTI durchgeführten Messung zur Beleuchtungsstärkenverteilung bei einer Messentfernung von $d_{25} = 25\,m$ des realisierten Multi-Linsen-Lichtsystems mittels eines » Goniophotometer GO-H 1300 « der Firma » LMT Lichtmesstechnik GmbH Berlin «. Zu erkennen ist eine maximale Beleuchtungsstärke von $\hat{E}_{Gon|max|d_{25}} = 80,5\,lx$. Skala V/H°.

einer lichtbasierten Markierung des potentiellen Gefahrenherdes für den Fahrzeugführer, an. Bis dato wurde in Abschnitt 4.2.1 die Kalibrierung des bildgebenden Sensors mittels einer Test- und Kalibrierungsapparatur vorgestellt. Als Resultat liegen nun die intrinsischen und extrinsischen Parameter der Wärmebildkamera vor. Was zur technischen Informationszuführung noch benötigt wird, ist eine mathematische Transformation $\mathbf{W} \in \mathscr{G}$ konform Gleichung 2.10, welche $\mathbf{R}_w \in \mathbb{R}^{3\times3}$ als Rotationsmatrix und $\mathbf{T}_{w,i} \in \mathbb{R}^3$ als Translationsvektor mit $i \in 1,2$ aggregiert und die den Übergang von Kamera- zu Aktuatorkoordinatensystem beschreibt.

Zur Bestimmung dieser Transformation soll der im Grundlagenkapitel 2.4 bereits allgemein beschriebene Ansatz zur Lösung des » Hand-zu-Auge «-Kalibrierungsproblems adaptiert werden. Abbildung 4.24 illustriert hierzu den evolutionären Verlauf der Adaption des originären Ansatzes.

In einem ersten Vereinfachungsschritt wird die Transformation $\mathbf{X}$ vom Werkzeug- ins Greiferkoordinatensystem zur Identitätmatrix $\mathbf{I}$ substituiert, da im hier aufgeführten Fall kein Werkzeug existiert. Dies reduziert die Anzahl der zu optimierenden Variablen nach [Kiwitt, 2010] auf 12. Aus Gleichung 2.46 – 2.49 folgt mit $\mathbf{X} = \mathbf{I}$:

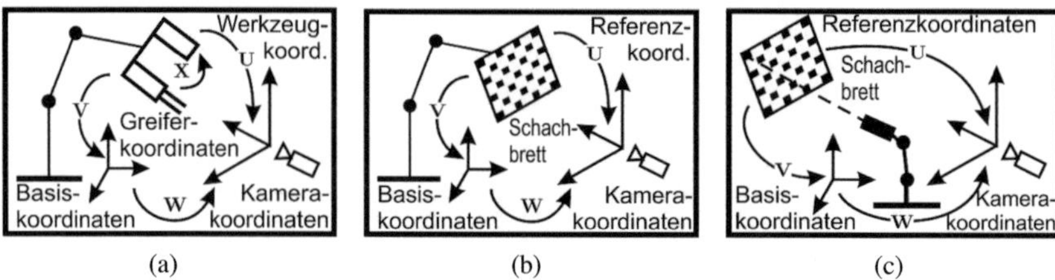

(a) (b) (c)

Abbildung 4.24: Links: Originärer Ansatz zur Lösung des »Hand-zu-Auge«-Kalibierungsproblems nach [Dornaika and Horaud, 1998]. Mitte: Erste Stufe der Adaption des Ansatzes durch Substitution der Transformation **X** mittels der Identitätsmatrix **I**. Rechts: Finale Stufe der Adaption durch stationäres Referenzkoordinatensystem sowie zielgenaue Ausrichtung des Aktuatorkoordinatensystems mittels Laserstrahl (Bildquellen: 4.24(a) in Anlehnung an *Dornaika*).

$$\begin{aligned} f(\mathbf{R}_W, \mathbf{T}_W) \quad = \quad & \underbrace{+\mu_1 \sum_{i=1}^{n} (\| - \mathbf{R}_{V_i}\mathbf{R}_W\|^2)}_{\Upsilon_1} \\ & \underbrace{+\mu_2 \sum_{i=1}^{n} (\|\mathbf{R}_{U_i} + \mathbf{T}_{U_i} - \mathbf{R}_W\mathbf{T}_{V_i} - \mathbf{T}_W\|^2)}_{\Upsilon_2} \\ & \underbrace{+\mu_3 \|\mathbf{R}_W\mathbf{R}_W^T - \mathbf{I}\|^2}_{\Upsilon_3} \quad . \end{aligned} \tag{4.106}$$

Das vereinfachte Kriterium, welches es dann zu minimieren gilt, lautet dementsprechend

$$\mathbf{x} := \underset{\mathbf{x} \in \mathbb{R}^{12}}{\operatorname{argmin}} f(\mathbf{x}), \quad \text{mit } f(\mathbf{x}) = \frac{1}{2} \sum_{j=1}^{m} \Upsilon_j^2(\mathbf{x}) \quad , \tag{4.107}$$

wobei hier $m = 3$ ist, sowie die aufgeführten Gewichtungsparameter reale, positive Zahlen mit $\mu_1, \ldots, \mu_3 \in \mathbb{R}_+^*$ darstellen.

Die Optimierung erfolgt nun für n verschiedene Positionen des Referenzkoordinatensystems, hier in Form eines Schachbrettmusters[36]. Unter Zuhilfenahme der in

[36]Anmerkung: Für Kalibrierungszwecke wird sichergestellt, dass die Referenz, das Fahrzeug- sowie die beiden Aktuatorkoordinatensysteme achsparallel ausgerichtet sind.

Abschnitt 4.2.1 genannten Softwaretools lassen sich zu jeder einzelnen Position die entsprechenden extrinsischen Parameter der Kamera bestimmen (hier: Transformation $\mathbf{U}$). Ferner werden zu jeder einzelnen Position des Schachbrettmusters die initialisierten markierenden Lichtaktuatoren elektrisch so ausgerichtet, dass die jeweilige optische Achse (hier: mittels Laserstrahl sichtbar gemacht) auf den Ursprung des Referenzkoordinatensystems zeigt. Bedingt durch das Kugelkoordinatensystem der Aktuatoren kann somit nach laser-basierter Längenermittlung des Vektors (hier: Länge der optischen Achse bis zum Auftreffen im Ursprung des Referenzkoordinatensystems) sowie durch Ermittlung des jeweiligen Azimut- und Elevationswinkels durch die Schrittmotorregelung die Transformation $\mathbf{V}_i$ für beide Fahrzeugseiten bestimmt werden. Somit sind alle notwendigen Größen bekannt und die Optimierungsfunktion Υ kann für die n Messungen aufgestellt werden. Unter Zuhilfenahme des bereits in Abschnitt 2.7.1 aufgeführten *Levenberg-Marquardt*-Algorithmus kann eine optimale Lösung für $\mathbf{R}_W$ und $\mathbf{T}_{W,i}$ gefunden werden.

4.3.6 Schwenkwinkel und Dynamik

Die Auslegung der Winkelgeschwindigkeiten der markierenden Lichtmodule in horizontaler (» Gieren «) und vertikaler Richtung (» Nicken «) orientierte sich an zwei logischen Grenzwerten: Für die obere Grenze wurden biologische Richtwerte des menschlichen Sehapparates, wie im Unterkapitel 3.2.1 bereits diskutiert, herangezogen. Es wurde dort aufgeführt, dass bei schnellen Objektverfolgungen horizontale Sehwinkel von bis zu $100\,^{\circ}/s$ erreicht werden können. Für die untere Grenze gaben Schwenkwinkelgeschwindigkeiten für die Realisierung von Kurvenlichtsystemen nach [Damasky, 1995; Ewerhart, 2002] Aufschluss für das weitere Vorgehen. Hier wurden Werte im Bereich $\leq 10\,^{\circ}/s$ dargelegt.

Die am MRT realisierten Scheinwerfer-Prototypen können in horizontaler Richtung im Winkelbereich von $\left[+22,5 \leq \psi^{L,l} \leq -12,5\,^{\circ}\right]$[37] sowie in vertikaler Richtung im Winkelbereich von $\left[-5,0 \leq \varphi^{L,l} \leq +15,0\,^{\circ}\right]$[38] überstreichen. In Abbildung 4.25 ist exemplarisch der Schwenkwinkelverlauf in horizontaler Richtung als Sprungantwort nach Vorgabe einer Führungsgröße von 20 $^{\circ}$ aufgeführt.

Zu erkennen ist eine Signallaufzeit im verteilten Netzwerk von $\approx 15\,ms$ zwischen Initiierung des Sprungs und erster Reaktion des Aktuators. Der Verlauf der Regelgröße repräsentiert im Übrigen einen geschlossenen Regelkreis um eine Strecke

[37] Hinweis: Dieser Winkelbereich bezieht sich auf das linke markierende Leuchtmodul sowie eine nach oben gerichtete Drehachse.

[38] Hinweis: Dieser Winkelbereich bezieht sich auf beide markierenden Leuchtmodule mit einer in Fahrtrichtung nach links gerichteten Drehachse.

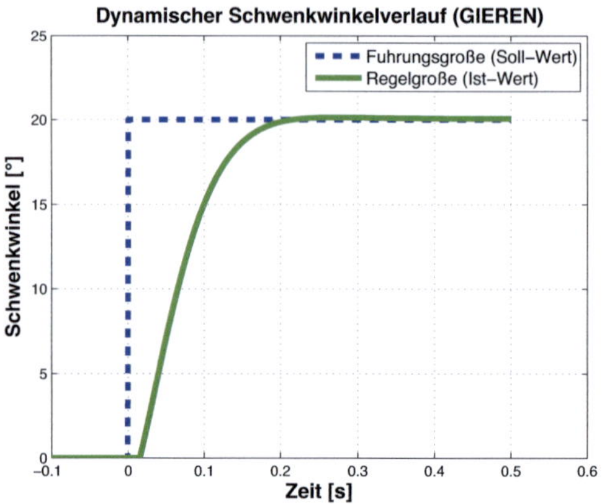

Abbildung 4.25: Dynamischer Schwenkwinkelverlauf der markierenden Lichtinstanz (hier: horizontaler Verlauf/ » Gieren «) als Sprungantwort nach Vorgabe einer Führungsgröße von 20 °.

mit *PT1*-Verhalten mit Totzeit unter Verwendung eines *PID*-Reglers, welcher auf dem im Abschnitt 4.1.4 beschriebenen Mikrocontroller implementiert wurde. Ferner ist im Verlauf zu erkennen, dass nach weiteren $\approx 315ms$ die Regeldifferenz zwischen Führungs- und Regelgröße vernachlässigbar klein wird und somit das Schwenkwinkelziel erreicht wurde. Das lässt auf eine Winkelgeschwindigkeit von $\approx 63,75\,^{\circ}/s$ schließen, was sich in Fahrversuchen als ausreichend dynamisch abgezeichnet hat.

4.4 Informationsfluss und Fahrzeugvernetzung

Die Struktur des markierenden Lichtsystems lässt sich, wie in Abbildung 4.26 illustriert, in drei Sektionen gliedern: Sensorik, Datenverarbeitung und Aktuatorik.

Die Sensoren liefern hierbei über die bereitgestellten technischen Schnittstellen Daten über den Fahrzeugzustand sowie über den Zustand des Verkehrsraumes an die zweite Instanz, die Datenverarbeitung. Dort werden einerseits alle relevanten Daten mittels der RTDB zeitlich synchronisiert und für eine spätere Auswertung aufgezeichnet. Andererseits wertet dort die implementierte Verarbeitungskette bestehend aus Detektion, Klassifikation und Objektverfolgung alle Eingangsdaten in Echtzeit aus und berechnet situativ bedingt die horizontalen und vertikalen Schwenkwinkel

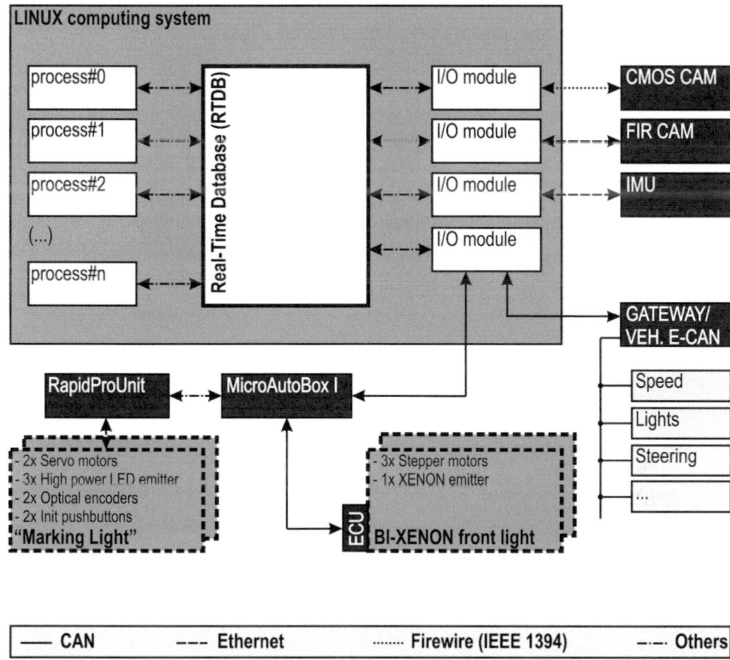

Abbildung 4.26: Schematische Darstellung der verteilten Struktur des Gesamtsystems » Markierendes Licht « in den Sektionen Sensorik, Datenverarbeitung und Aktuatorik.

der jeweiligen Lichtaktuatoren sowie verfügt über die elektrische Aktivierung der integrierten LEDs.

Im verwendeten Versuchsfahrzeug wurde, wie es der derzeitige *Stand der Technik* bedingt, ein verteiltes Netzwerk zur Realisierung der hier beschriebenen technischen Aufgabenstellung implementiert, um die Sensoren, prototypische Steuergeräte und Aktoren miteinander zu vernetzen. Hierbei kamen unterschiedlichste Fahrzeugvernetzungstechnologien zum Einsatz, wie ebenfalls aus Abbildung 4.26 hervorgeht.

KAPITEL 5

Entwicklung einer Markierungslichtsteuerung

5.1 Einführung

Ein solider Algorithmus zur Detektion, Klassifikation und Verfolgung von potentiell kollisionsgefährdeten Objekten im Verkehrsraum stellt das Kernstück für die funktionale Realisierung eines Markierenden Lichts dar. Es wird mit unter hier entschieden, ob der Fahrzeugführer die lichtbasierte Unterstützung im nächtlichen Verkehrsraum akzeptiert, da die Funktionalität sowie das gezeigte Verhalten für ihn nachvollziehbar und somit sinnvoll erscheint.

Verschiedenste Sensorsysteme, wie Ultraschallsensoren, LASER- oder RADAR-gestützte Sensoren oder auch verschiedene Kamerasysteme wurden bereits für die Sensierung von Personen und Wildtieren im Verkehrsraum untersucht. Aktive Sensoren, wie LASER- oder RADAR-gestützte Einheiten, liefern zwar eine meist sehr genaue Tiefeninformation, aber ihnen ist es nicht möglich, Lebewesen bedingt durch deren physikalische Beschaffenheit in einem ausreichenden Maße zu detektieren. So verbleiben Kamerasysteme als adäquate Sensoren – sie ähneln zudem dem menschlichen Sehapparat und stellen eine Vielzahl von Informationen zur maschinellen Auswertung zur Verfügung.

Die robuste und effiziente maschinelle Erkennung von Objekten im hochvariablen Verkehrsraum auf Basis von Bildinformationen stellt jedoch eine nichttriviale Herausforderung dar. Eine Herausforderung deswegen, weil die Kamera stets in Bewegung und die Beleuchtungssituation stets variabel ist, die zu erkennenden Objekte in einer Vielzahl von Posen und Erscheinungen vorkommen sowie eine strikte Vorgabe bezüglich der Performanz für eine angestrebte Echtzeitanwendung existiert.

In den letzten Jahren sind viele interessante Lösungsansätze für die bildbasierte Erkennung von Objekten in der Fachliteratur diskutiert worden. Die meisten tendieren dazu, FIR-Kamerasysteme oder auch stereoskopische Ansätze für die Extraktion von » Region of Interests (ROI)[39] « einzusetzen, da übliche » Background Subtraction[40] «-Verfahren bei selbst bewegten Kameras nicht applizierbar und » Sliding Window[41] « -Verfahren nicht mit einer Echtzeitimplementierung vereinbar sind. Der Anzahl und Qualität der Beiträge zufolge scheint jedoch der monetäre Vorteil des monokularen Ansatzes die vermeintlich technischen Vorteile eines stereoskopischen Ansatzes aufzuwiegen, sodass die Mehrheit der Untersuchungen sich für die ROI-Generierung auf signifikante Merkmale bei der Darstellung (vgl. Symmetrie, Intensität und Textur) von Objekten konzentriert.

In diesem Kapitel erfolgt die detaillierte Beschreibung einer Objekterkennung sowie deren Verfolgung über eine Sequenz von Einzelbildern hinweg, basierend auf einem monokularen FIR-Kamerasystem unter einer Echtzeitanforderung. Das hier skizzierte System ist ein sogen. passives System, d.h., dass es ohne zusätzliche Ausleuchtung im Infrarotbereich auskommt. Je nach Topologie und Ausgestaltung der Fahrbahn sind Erkennbarkeitsentfernungen des Systems von bis zu $120\,m$ bei einer Sensorfläche von $320 \times 240\,Pixel$ zu erwarten.

Folgende Hauptbestandteile werden in diesem Kapitel vereint:

1. Eine effiziente dual-adaptive Bildsegmentierungsmethode für die Generierung von ROIs unter der Annahme, dass Lebewesen in der Notation einer Wärmebildkamera stets mit einem höheren Grauwert im Bild dargestellt werden als ihre direkte Umgebung.

2. Eine merkmalbasierte Reduzierung der potentiellen ROIs durch den Einsatz einer kaskadierten Filterbank.

[39] Engl., zu interessierender Bildausschnitt

[40] Das *Background Subtraction*-Verfahren ist eine Bildsegmentierungsmethode, bei welcher Objekte im Vordergrund vom Hintergrund „subtrahiert“, also getrennt werden. Dabei erfolgt in jedem Einzelbild der Vergleich zwischen der aktuellen Darstellung und einem Referenzbild. Unterschiede hieraus sind dann als sich bewegende Objekte zu interpretieren. *Background Subtraction* findet meist Anwendung bei der Verkehrsüberwachung oder bei Sicherheitssystemen, so [Jähne, 2005].

[41] Das *Sliding Window*-Verfahren bezeichnet das systematische Unterteilen eines zu untersuchenden Bildes in kleinere Bildausschnitte. Diese Bildausschnitte stehen dann zur weiteren Auswertung zur Verfügung, so [Jähne, 2005].

3. Die technische Beschreibung der verbliebenen ROIs auf Basis der sogen. » Histogram of Oriented Gradients (HOG) «-*Features* als Vorbereitung für die maschinelle Klassifikation.

4. Die maschinelle Klassifikation der technisch beschriebenen ROIs mittels einer » Support Vector Maschine (SVM) «.

5. Eine Verfolgung der positiv klassifizierten Objekte auf Basis eines » Interacting Multiple Models (IMM) «.

5.2 Stand der Forschung

Im Allgemeinen kann eine Objekterkennung in drei Teile unterteilt werden: (1) Auffindung von ROIs, (2) Objektklassifikation sowie (3) Objektverfolgung. Die *ROI*-Generierung stellt hierbei den ersten Teilprozess dar, auf welchen aufbauend potentielle Bildausschnitte für die folgende sequenzielle Verarbeitungskette gefunden werden und somit direkt die Performanz des Gesamtsystems beeinflusst. Somit ist hier sowohl Effizienz als auch Effektivität unabdingbar.

Nach einer durchgeführten Literaturrecherche zum Stand der Forschung kann konstatiert werden, dass eine Objekterkennung unter den in dieser Arbeit geltenden Prämissen (systemseitige Erkennbarkeitsentfernungen $\geq 100\,m$; Echtzeitfähigkeit) vermehrt auf Basis von FIR-Sensordaten durchgeführt wird. Im Folgenden wird ein Auszug aus der Literatur zu den wichtigsten Beiträgen bezüglich einer Objekterkennung dargestellt.

Für die Verwendung einer monokularen FIR-Kamera stellt beispielsweise [Xu et al., 2005] einen Lösungsansatz vor, welcher Intensitätsmaxima (sogen. » Hot Spots «) in der Grauwertdarstellung der Bilddaten sucht, in Annahme einer spezifischen Repräsentation von menschlichen oder tierischen Körperteilen. Eine Heuristik gruppiert dann Einzelobjekte zu einem entsprechenden Gesamtobjekt. [Dai et al., 2006] hingegen diskutiert in seinem Aufsatz die Erkennung von Objekten im Verkehrsraum auf Basis ihrer Form und Erscheinung, indem Referenzbilder in verschiedenen Skalen für einen Abgleich herangezogen werden. [Bertozzi et al., 2007] zeigt in seiner Forschungsarbeit den Einsatz eines stereoskopischen FIR-Sensorsystems zur Generierung von *ROIs* auf. Hierbei werden ebenfalls *Hot Spots* im Grauwertbild gesucht – diese werden jedoch mit der berechneten Disparitätenkarte referenziert, um Fehldetektionen zu minimieren.

Brog00 diskutiert in seinem Beitrag die Vor- und Nachteile eines monokularen NIR-Sensorsystems für die nächtliche Objektdetektion. Es werden einerseits die verminderten Kosten, ein besseres *Signal-zu-Rausch*-Verhältnis sowie eine höhere Auflösung in Referenz zu einem monokularen FIR-System aufgeführt. Weiter werden für die ROI-Generierung vertikale Symmetrien von lokalen Intensitätsniveaus im Bild sowie korrespondierende gerichtete Vektorbeträge aus erzeugten Gradientenbildern referenziert. [Shashua et al., 2004] hingegen erzeugt im Mittel 75 ROIs pro ausgewertetem Einzelbild durch die Anwendung eines sogen. » Sliding-Window[42] «-Verfahrens und untersucht diese auf spezifische Strukturen.

Sind die vereinzelten ROIs aus dem vorliegenden Einzelbild lokalisiert worden, gilt es unter Anwendung technischer Methoden diese Bildausschnitte so zu beschreiben, dass eine anschließende maschinelle Klassifikation möglich ist. Hierzu repräsentieren die Gestalt, die Textur sowie das Bewegungsmuster die wichtigsten » Features[43] « für eine erfolgreiche Objektdetektion. Die Arbeit von [Papageorgiou et al., 2000] basiert beispielweise auf der technischen Beschreibung dieser ROIs durch » Haar wavelets[44] « sowie die von [Dalal and Triggs, 2005] auf der Beschreibung mittels HOG-*Features*.

Für die effiziente maschinelle Klassifikation der ROIs finden nach der Literatur beispielsweise » Artificial Neural Networks (ANNs) « in [Zhao and Thorpe, 2000], SVMs in [Bertozzi et al., 2007] oder auch » AdaBoost « in [Viola et al., 2005], wiederum als Referenzbeiträge, Anwendung. [Ge et al., 2009] resümiert in seiner vergleichenden Bewertung, dass eine SVM auf Basis der gezeigten Klassifikationsrate eine adäquate Klassifiktionsmethode für diese Anwendung darstellt.

Eine Objektverfolgung der positiv klassifizierten Objekte minimiert zudem die *False-Positive*-Rate des Gesamtsystems signifikant. [Gavrila and Munder, 2006] stellt hierzu einen auf einem *Kalman*-Filter basierenden Ansatz vor, welcher falsch klassifizierte Objekte verwirft sowie die Trajektorie der einzelnen Objekte relativ zum eigenen Fahrzeug berechnet. In [Alonso et al., 2007] wird ein einfacher $\alpha - \beta$-*Tracking*-Ansatz vorgestellt, welcher 2.5 *D-Bounding-Boxen* um die Objekte berechnet, um so die Ergebnisse der Objekterkennung zu verifizieren.

Die innerhalb der durchgeführten Literaturrecherche gesichteten und hier in Auszügen vorgestellten Arbeiten sind größtenteils vielversprechend und resultieren in akzeptabler Performanz hinsichtlich der Erkennung von Objekten im nächtlichen Verkehrsraum. Einzig störend daran sind die systemseitigen Erkennbarkeits-

[42] Engl., sich verschiebendes Fenster.

[43] Engl., Merkmal.

[44] Die *Haar Wavelet*-Methode ist in der Lage, verschiedene Richtungen in digitalen Bildern zu erkennen. Die dabei verwendeten *Haarwavelets* sind stückweise konstante Funktionen im Zeitbereich, so [Krommweh, 2010].

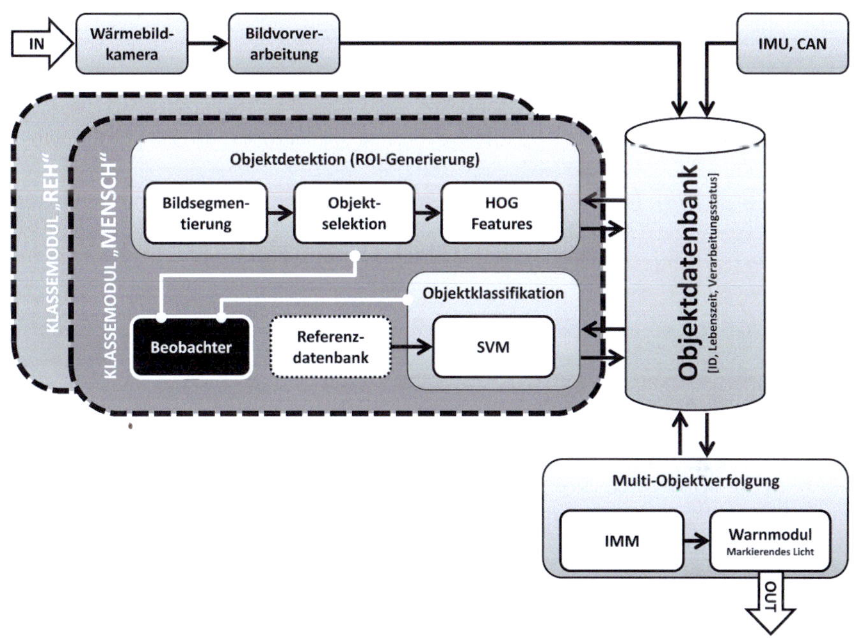

Abbildung 5.27: Übersicht der systemischen Hauptbestandteile zur Objekterkennung sowie deren Interaktion untereinander.

entfernungen, welche allesamt unter $25\,m$ notierten und dadurch für ein markierendes Lichtsystem nicht anwendbar sind.

5.3 Systemübersicht

Das in Abschnitt 5.1 bereits kurz vorgestellte System zur Objekterkennung besteht aus drei Hauptbestandteilen: Objektdetektion, Objektklassifikation und Objektverfolgung. Abbildung 5.27 illustriert schematisch den Systemaufbau sowie die Interaktion der Module untereinander.

Die in den Aufbau integrierte Wärmebildkamera (FIR) liefert einen Datenstrom von $25\,fps$ mit einer *12-Bit*-Grauwertauflösung, welcher innerhalb der nachgelagerten »Bildvorverarbeitung« mittels eines 3×3-Gauß-Filters geglättet wird, um hochfrequente Bildanteile (vgl. kleine Bildstrukturen) zu eliminieren. Spektral kommt diese Operation einer Tiefpass-Filterung gleich und optimiert hierdurch die anschließende Auffindung von ROIs im Einzelbild.

Innerhalb des Moduls »Objektdetektion« steht nun die Auffindung von zu interessierenden Bereichen (ROIs) im Einzelbild an, welche auf Basis ihrer Formgebung ein potentielles Objekt (hier: Mensch oder Wildtier) darstellen könnten. Hierbei wird weiter in drei Submodule wie folgt untergliedert: Die eigentliche Bildsegmentierung, die Objektselektion sowie (C) die abschließende technische Beschreibung der segmentierten Bildbereiche. Die Bildsegmentierung basierte hierbei auf einem dual-adaptiven Grenzwertfilter, welcher das Bild in die beiden Klassen »Vordergrund« und »Hintergrund« unterteilt. Eine Herausforderung stellt unterdessen die adäquate Parametrisierung des verwendeten dual-adaptiven Grenzwertfilters in Abhängigkeit zu den vorherrschenden Witterungsbedingungen dar, welche im folgenden Unterkapitel näher diskutiert wird. Bei der Objektselektion hingegen werden alle Bildausschnitte, welche in die Klasse »Vordergrund« segmentiert worden sind, auf spezifische geometrische Kriterien hin untersucht und weiter gefiltert. So kann beispielsweise über die Objektfläche (zusammenhängende Anzahl von Pixel pro Objekt) sowie über die Position im Bild ein Ausschlussverfahren angewendet werden.

Im letzten Submodul, der technischen Beschreibung der final resultierenden ROIs, steht nun die Erstellung eines Beschreibungsvektors pro zu interessierendem Bildbereich für die folgende Klassifikation an, welche ebenfalls in Abschnitt 5.4 detailliert beschrieben wird.

Die Objektklassifikation der segmentierten und gefilterten Bildbereiche basiert auf einem numerischen Vergleich des bereitgestellten Beschreibungsvektors pro ROI zu einer zuvor trainierten Referenzdatenbank. Hierbei besteht die Herausforderung hauptsächlich darin, bei einer gegebenen hohen Variabilität der Erscheinung durch Formgebung und Textur der zu interessierenden Bildbereiche, die hohen Anforderungen einer Echtzeitfähigkeit einzuhalten. Um dieser Anforderung gerecht zu werden, wurde eine modulare Architektur des Auswertealgorithmus zur Objektdetektion und Objektklassifikation implementiert, sodass die (hier: zwei) Klassen »Mensch« und »Reh« in zwei parallel laufenden *Threads*[45] gleicher Basis evaluiert werden können. Die technische Beschreibung der ROIs erfolgte mittels HOG-*Features*, der eigentliche Klassifikator wurde mittels einer SVM pro Klasse realisiert. Die optimale Parametrisierung des Klassifikators ist u.a. Beschreibungsgegenstand im Unterkapitel 5.5.

[45] Ein *Thread* wird in der Informatik als ein separater Ausführungsstrang oder auch als ein Teil eines Prozesses bezeichnet, so [Ziesche, 2004]. Ferner teilen sich mehrere Threads innerhalb eines Prozesses Hardwareressourcen, wie beispielsweise Prozessoren, Speicher und andere betriebssystemabhängige Ressourcen wie Dateien oder Netzwerkverbindungen.

Der hier vorgestellte Objektverfolgungsansatz ist in der Lage, mehrere Objekte gleichzeitig zu verfolgen und hierbei deren räumliche Position, relative Geschwindigkeit zum eigenen Fahrzeug sowie Kovarianz zu schätzen. Für die Assoziation gleicher Objekte in aufeinander folgenden Einzelbildern wurden mögliche Kandidaten durch eine geometrische Transformation zur Deckung gebracht, welche im Nachgang mittels eines Fehlerterms verglichen werden konnten. Hierbei wird zudem eine sogen. *Skale* pro Objekt berechnet oder auch ein Größenveränderungsfaktor von zwei Objektausdehnungen, welche zur Auswahl eines geeigneten Einzelfilters (hier: EKF) innerhalb eines » Interacting Multiple Models (IMM) « dient. Die Objektverfolgung findet in Abschnitt 5.6 detaillierte Diskussion.

5.4 Objektdetektion

Dem Modul der Objektdetektion kommt die Aufgabe zu, solche potentiellen Bildbereiche im gesamten Ursprungsbild aufzufinden, welche Objekte beinhalten, die für eine weitere Auswertung von Interesse sein könnten. Es fungiert somit als grobe Vorabklassifikation. Die strikte Echtzeitanforderung erlaubt hierzu nur Methoden, welche effektiv und effizient numerisch zu berechnen sind.

Hierzu gliedert sich das Unterkapitel Objektdetektion in zwei Sektionen: Die Bildsegmentierung mittels eines dual-adaptiven Grenzwertfilters sowie die Reduzierung der potenziellen Objekte anhand geometrischer Eigenschaften als Vorbereitung für die anschließende Klassifikation.

5.4.1 Bildsegmentierung

Für die Segmentierung der Bildinformationen wird ein dual-adaptiver Grenzwertfilter, welcher ursprünglich von [Dong et al., 2007] vorgestellt wurde, verwendet. Dieser Algorithmus reduziert das vorliegende Bild des FIR-Kamerasystems für die Detektion von einer *12-Bit*-Grauwertauflösung in eine *1-Bit*-Monochromauflösung mit den zwei Klassen » Vordergrund ($\mathfrak{F} := 1$) « und » Hintergrund ($\mathfrak{B} := 0$) «, ohne dabei für diese Operation relevante Bildinformationen zu verlieren. Ziel ist es, potentiell kritische Objekte (hier: Menschen, Wildtiere) auf Basis ihres relativen Intensitätsniveaus in die Klasse » Vordergrund « zu gruppieren, sowie den Rest der Bildfläche der Klasse » Hintergrund « zuzuteilen. Dieser Reduzierungsprozess wirkt sich unmittelbar positiv auf die Detektionsrate, also auf die Laufzeit des Detektors und somit auch auf die Laufzeit des Gesamtsystems aus.

Der Algorithmus selbst beinhaltet zwei adaptive Grenzwerte, welche mit $\Xi_{Low}(i,j) < \Xi_{High}(i,j)$ wie folgt berechnet werden:

$$\Xi_{Low}(i,j) = \frac{\sum_{x=i-N}^{i+N} I_{FIR}(x,j)}{2N+1} \quad , \tag{5.108}$$

$$\Xi_{High}(i,j) = \Xi_{Low}(i,j) + \upsilon \quad , \tag{5.109}$$

wobei I für das *12-Bit*-Grauwertbild steht und $N, \upsilon \in \mathbb{N}\backslash 0$ mit $N >> \upsilon$ zu parametrisieren sind. Der dual-adaptive Bildsegmentierungsalgorithmus wird dann wie folgt formuliert:

$$\rho(i,j) = \begin{cases} \in \mathfrak{F} \text{ für} & \Big(I_{FIR}(i,j) > \Xi_{High}(i,j)\Big) \quad \vee \\ & \Big((\Xi_{Low}(i,j) \leq I_{FIR}(i,j) \leq \Xi_{High}(i,j)) \wedge \rho(i-1,j)\Big) \\ \in \mathfrak{B} \text{ für} & \Big(I_{FIR}(i,j) < \Xi_{Low}(i,j)\Big) \quad \vee \\ & \Big((\Xi_{Low}(i,j) \leq I_{FIR}(i,j) \leq \Xi_{High}(i,j)) \wedge \rho(i-1,j)\Big) \end{cases} .$$

Abbildung 5.28 illustriert hierzu eine exemplarische Reduzierung der Bildinformationen unter Anwendung des hier beschriebenen Algorithmus.

Der hier vorgestellte Algorithmus nach *Dong* berechnet die zwei Grenzwerte $\Xi_{Low}(i,j)$ und $\Xi_{High}(i,j)$ individuell pro Pixel in Abhängigkeit von den Pixelwerten der unmittelbaren Nachbarschaft. Dieser Ansatz führt einerseits bei konstanten Rahmenbedingungen zu vielversprechenden Ergebnisse und ist zudem effizient zu berechnen. Andererseits treten in komplexen Szenen oder bei wechselnden Umgebungsbedingungen (hier: Temperatur, Luftfeuchtigkeit) fehlerhafte Segmentierungsergebnisse auf, bei welchen Bildbereiche fehlerhaft getrennt werden. Als Resultat könnte im schlimmsten Fall die Auftrennung eines gültigen Objektes in zwei oder mehrere Objekte vollzogen werden, was sich negativ in einer Erhöhung der False-Negative-Rate (FNR) bemerkbar machen würde.

Um dieser fehlerhaften Segmentierung entgegen zu wirken, wurde ein autark arbeitendes Beobachter-Modul innerhalb des Systementwurfs integriert, welches sowohl Zugriff auf die Ressourcen der Objektdetektion, als auch auf die der Objektklassifikation besitzt. In zyklischen Abständen ($t_{zykl} = 10\,s$) werden zur optimierten

(a)

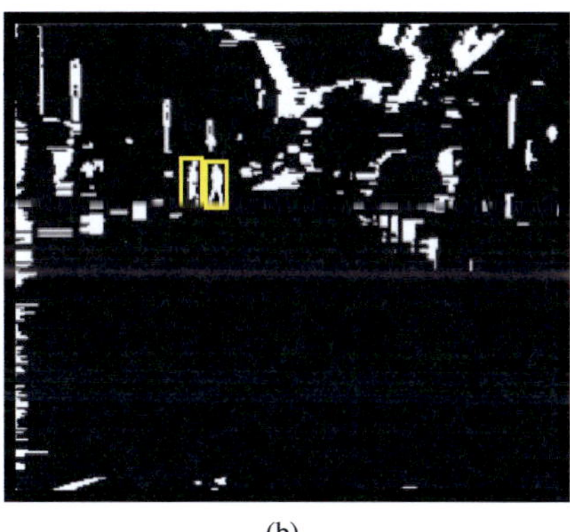
(b)

Abbildung 5.28: Links: Originäres *12-Bit*-Grauwertbild inklusive Hervorhebung zweier Personen als ROIs. Rechts: Resultat der dual- adaptiven Bildsegmentierung inklusive Reduzierung der Bildinformationen in eine *1-Bit*-Monochromauflösung – zu erkennen ist die korrekte Zuteilung der entsprechend markierten ROIs in die Klasse » Vordergrund « (hier: weiß) als Vorabklassifikation.

Segmentierung der Parameter υ und ein Kontrastbeiwert K_{FIR} in einem zuvor definierten Bereich[46] einer Permutation unterzogen und die letzten zehn positiv klassifizierten Objekte erneut aus dem ursprünglichen Bild segmentiert. Nach erfolgter Klassifikation kann durch das Auffinden eines globalen Maximums eines numerischen Beiwertes des Klassifikators die beste Kombination der Segmentierungsparameter υ^0, K_{FIR}^0 für die aktuell vorherrschenden Umgebungsbedingungen gefunden werden. Die Objektbreite N wurde statisch parametrisiert und wird in Abschnitt 5.7.2 optimiert. Abbildung 5.29 illustriert hierzu ein schlecht angepasstes und eines durch den Beobachter angepasstes Segmentierungsergebnis.

5.4.2 Merkmalbasierte Reduzierung der potentiellen ROIs

Wenn auch der in Abschnitt 5.4.1 vorgestellte dual-adaptive Bildsegmentierungsalgorithmus inklusive Beobachtermodul sehr zufriedenstellende Ergebnisse bei der Auffindung von zu interessierenden Bildausschnitten liefert, befinden sich unter der Menge aller gefundener ROIs immer noch eine hohe Anzahl von Objekten, welche keine Lebewesen (hier: Mensch, Wildtier) sind. Im Einzelnen können dies Pixel oder Pixelgruppen sein, die sonstige erwärmte Objekte im Verkehrsraum, wie

[46] $\upsilon = \{\in \mathbb{Z}^* \text{ mit } (5,6,\ldots,15)\}$; $K_{FIR} = \{\in \mathbb{Z}^* \text{ mit } (1,3,\ldots,33)\}$.

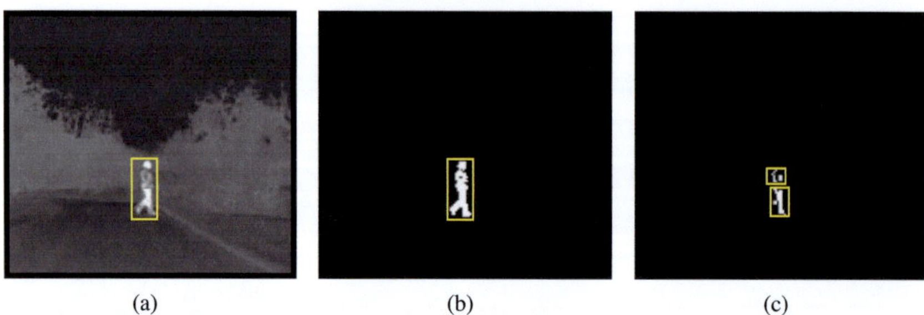

(a) (b) (c)

Abbildung 5.29: Links: Bildausschnitt eines Fußgängers auf einer nächtlichen Landstraße. Mitte: Optimales Segmentierungsergebnis als Resultat der Permutation der Parameter durch das Beobachtermodul mit $K_{FIR} = 25$ und $\upsilon = 10$. Rechts: Sub-optimales Segmentierungsergebnis als Beispiel für eine schlecht adaptierter Parametrisierung mit $K_{FIR} = 25$ und $\upsilon = 3$.

beispielsweise Motor-, Licht- oder Abgasanlagen, darstellen. Ziel der merkmalbasierten Reduzierung von potentiellen ROIs ist es, diese Bereiche anhand von effizient numerisch zu berechnenden Kriterien zu eliminieren, bevor die Objektliste mit allen verbleibenden Bildbereichen an den Klassifikator zur Auswertung weitergereicht wird.

Zur Reduzierung der Objektliste werden drei kaskadierte Filterschritte angewandt, welche u.a. in Abbildung 5.30 schematisch dargestellt sind:

Spezifische Anzahl zusammenhängender Pixel: Die erste Filterstufe zur merkmalbasierten Reduzierung der potentiellen ROIs erfolgt über deren klassenspezifische (hier: »Mensch« und »Reh«) Anzahl zusammenhängender Pixel. Objekte in einer Erkennungsentfernung von $\sim 20 \leq d_{recog} \leq 130\,m$ haben eine minimale und eine maximale Anzahl zusammenhängender Pixel im Bild, welche hier Anwendung finden. Abbildung 5.30.2 illustriert hierfür ein beispielhaftes Ergebnis.

Spezifische Position im Bild: Unter Verwendung der aus Abschnitt 4.2.1 bekannten intrinsischen und extrinsischen Kameraparameter ist es möglich, Objekte oberhalb des Horizonts sowie in unmittelbarer Fahrzeugnähe auszuschließen. Abbildung 5.30.3 stellt hierfür ein beispielhaftes Ergebnis dar.

Spezifisches Seitenverhältnis: Die einer Normalverteilung ähnelnden Verteilungen der klassenspezifischen Seitenverhältnisse ist in Abbildung 5.31(a) für die Klasse »Mensch« und in Abbildung 5.31(b) für die Klasse »Reh« einzusehen. Hieraus resultierte der Filterbereich für die erst genannte Klasse im

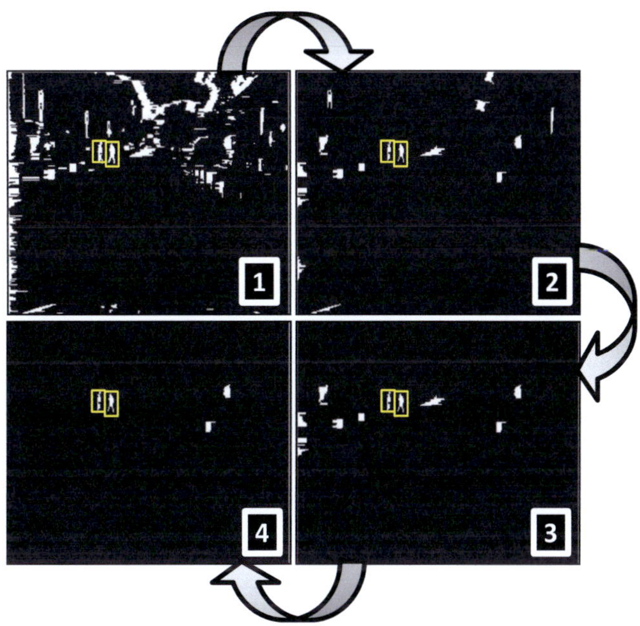

Abbildung 5.30: Ergebnissequenz der merkmalbasierten Reduzierung von potentiellen Bildbereichen in drei Stufen: (1): Reduzierung über die spezifische Anzahl zusammenhängender Pixel pro Objekt. (2): Reduzierung über die spezifische Position im Bild pro Objekt. (3): Reduzierung über das spezifische Verhältnis zwischen Objekthöhe und Objektbreite.

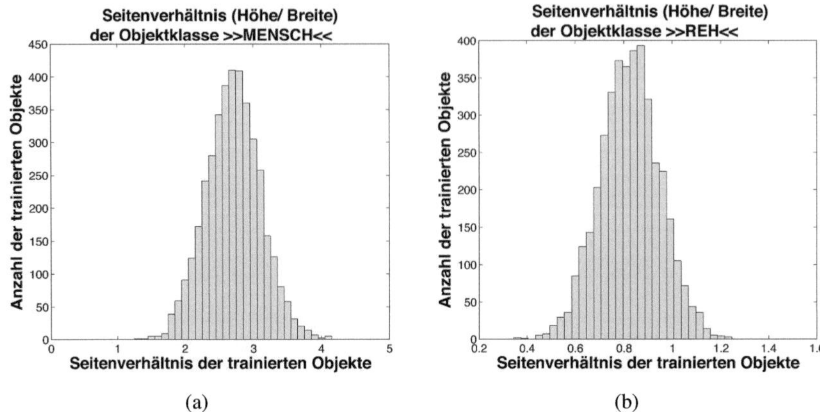

Abbildung 5.31: Illustration von einer Normalverteilung ähnelnden Verteilungen der klassenspezifischen Seitenverhältnisse bei einer *Sampelmenge* von jeweils 4000 ROIs. Links: Histogramm für die Klasse » Mensch « mit $\mu_{Mensch} = 2,71$, $\sigma_{Mensch} = 0,4$ sowie der daraus resultierende Filterbereich von $1,35 \sim 3.75$. Rechts: Histogramm für die Klasse » Reh « mit $\mu_{Reh} = 0.83$, $\sigma_{Reh} = 0,13$ sowie der daraus resultierende Filterbereich von $0,4 \sim 1,15$.

Bereich $1,35 \sim 3.75$ und für die zweitgenannte Klasse im Bereich $0,4 \sim 1,15$. In Abbildung 5.30.4 ist hierzu beispielhaft ein Ergebnisbild einsehbar.

5.5 Objektklassifikation

Die Objektklassifikation ist das wichtigste Modul in der gesamten Objekterkennungskette. Hier muss eine hohe *True-Positive-Rate* mit einer hohen Effizienz bei der numerischen Evaluierung der in der Objektliste befindlichen ROIs in Einklang gebracht werden. Hierfür haben sich nach den Erkenntnissen aus Abschnitt 5.2 besonders trainierbare Klassifikatoren, wie beispielsweise eine SVM, als besonders geeignet herausgestellt. Diese Art von Klassifikatoren modellieren die Objektpräsentanz anhand einer Verteilungsfunktion oder einer Diskriminante, welche eine Aussage über die Zugehörigkeit zu einer Klasse ausdrücken. Bevor jedoch ein Bildausschnitt numerisch untersucht werden kann, ist dieser technisch so zu beschreiben, dass eine maschinelle Mustererkennung hierauf Anwendung finden kann.

Dieses Unterkapitel beschreibt die in dieser Arbeit verwendeten Methoden zur technischen Beschreibung von Bildausschnitten mittels den sogen. HOG-*Features* sowie der anschließenden Klassifikation mittels einer trainierten SVM pro Objektklasse.

5.5.1 Extrahierung von Features

Die Performanz des Klassifikators hängt stark von der technischen Beschreibung (Engl.: *Features*.) der gefundenen Bildbereiche ab. In den letzten Jahren sind eine Vielzahl von *Features* für die Objekterkennung vorgestellt worden, wie z.B. zur Intensität der einzelnen Bildpunkte, zum Betrag der resultierenden Vektoren aus Gradientenbildern, zu *Haar-Features* oder eben zu den HOG-Features. Im Folgenden wird nun eine kurze Vorstellung der in dieser Arbeit gewählten *Features* gegeben.

Das simpelste *Feature* für die Klassifikation von Objekten auf Basis eines Grauwertbildes ist die Intensität pro Pixel, welche hier mit der emittierten Wärmestrahlung des Objektes und dessen spezifischen Wärmeabstrahlkoeffizienten korreliert. Dieses *Feature* weist jedoch eine hohe Wiederholbarkeit sowie eine große Variabilität in der Objektklasse auf und verliert somit seine Beschreibungskraft.

Andere, effizient zu extrahierende, *Features* stellen das Binärbild sowie das Gradientenbild dar. Diese zwei Beschreibungsmethoden repräsentieren sehr gut die Formgebung eines Objektes, sind jedoch auf der anderen Seite anfällig gegenüber Rauschen im Bild sowie gegenüber einer suboptimal ausgerichteten *Bounding-Box* des Detektors. Die in Abschnitt 5.2 vorgestellte *Haar-Wavelet*-Methode wurde anfänglich als erfolgversprechend zur technischen Beschreibung von Bildausschnitten deklariert, blieb aber in der Anwendung auf statische Bilder nach [Viola et al., 2005] gegenüber den HOG-*Features* hinter ihren Erwartungen zurück.

[Shashua et al., 2004] stellte in seinem Aufsatz die Verwendung von HOG-*Features* zur Objekterkennung vor. Hier wurde die Orientierung der resultierenden Vektoren des Gradientenbildes in überlappenden Subregionen des zu untersuchenden Bildausschnittes extrahiert und eine *Ridge-Regression* zur Reduzierung der Dimension des Beschreibungsvektors durchgeführt. [Dalal and Triggs, 2005] erweiterten in ihrer Forschungsarbeit den Ansatz von *Shasua et al.* durch eine weitere Unterteilung der zitierten Subregionen in Zellen konstanter Ausdehnung sowie einer anschließenden überlappenden Gruppierung dieser Zellen in Zellblöcke. Auf Basis der Orientierung der resultierenden Vektoren des Gradientenbildes pro Zelle folgt dann ein Histogramm mit neun gleichmäßig verteilten Intervallen, welches mittels eines sogen. *Feature*-Vektors pro Zelle sowie in aggregierter Form pro Block beschrieben wurde. Dieser *Feature*-Vektor pro Block wurde anschließend einer Normalisierung mit der *L2-Norm* unterzogen, um Intensitätsschwankungen, bedingt durch

	Klasse	
Dimensionierung	Mensch	Reh
ROI *Pixel*	36×18	18×36
Zelle *Pixel*	6×6	
Zellen pro ROI *Stck.*	6×3	3×6
Block *Zellen*	2×2	
Überlappung pro Block $Zelle(n)$	1	
Blöcke pro ROI *Stck.*	5×2	2×5
	Klasse	
Histogramm	Mensch	Reh
Anzahl Intervalle *Stck.*	8	
Wertebereich pro Intervall °	0 - 180	
Normalisierung	L2-Norm	

Tabelle 5.4: Übersicht über die klassenspezifische Parameterdimensionierung zur Extraktion der *HOG-Features* pro *ROI*.

wechselnde Umgebungsbedingungen, vorzubeugen. Ein finaler *Feature*-Vektor aggregiert dann schlussendlich alle normalisierten Vektoren als Vorbereitung zur maschinellen Mustererkennung respektive Klassifikation.

In der vorliegenden Forschungsarbeit wurden die HOG-*Features* in einer ähnlichen Art extrahiert, jedoch folgte eine Optimierung der HOG-Parameter bezüglich der hier verwendeten Klassen » Mensch « und » Reh «. Tabelle 5.4 illustriert hierzu als Vorgriff auf die Optimierungsergebnisse in Abschnitt 5.7.3 die gewählten Dimensionen der ROI-, der Zell- sowie der Blockgrößen.

Die Berechnung der HOG-*Features* erfolgt für jeden zu untersuchenden Bildausschnitt nach folgender Reihenfolge, welche ebenfalls in Abbildung 5.32 schematisch dargestellt ist:

1. Berechnung des horizontalen und vertikalen Gradientenbildes durch Anwendung des *Sobel*[47]-Operators.
2. Berechnung der Beträge sowie der Orientierung der resultierenden Vektoren im Gradientenbild.
3. Aufteilung des zu untersuchenden ROIs in Zellen konform Tabelle 5.4.
4. Berechnung eines Histogramms über die mit dem Betrag gewichtete Orientierung für jede Zelle.

[47] Der *Sobel*-Operator kann nach [Scharr, 2000] in die Gruppe der einfachen Kantendetektions-Filter eingeordnet werden. Er wird in der Bildverarbeitung häufig in Verbindung mit einer Faltung als *Sobel*-Algorithmus eingesetzt und berechnet somit die erste Ableitung der Helligkeitswerte pro Bildpunkt.

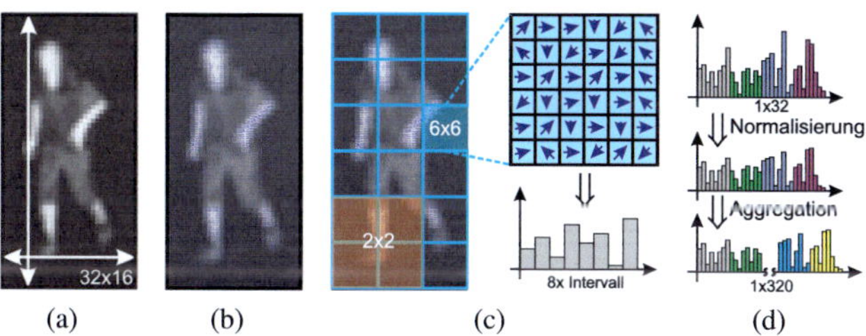

(a) (b) (c) (d)

Abbildung 5.32: Ablauf zur Extraktion der *HOG-Features*: (a): Ausgangsbild. (b): Berechnetes Gradientenbild inklusive der Orientierung und des Betrags jedes Bildpunktes, repräsentiert durch die Richtung und die Länge des resultierenden Vektors. (c): Unterteilung des Gradientenbildes (hier: Klasse »Mensch«) in 6×3 Zellen mit je 6×6 Pixel sowie einer von 5×2 Blöcken mit jeweils 2×2 Zellen. Ferner Histrogrammbildung pro Zelle mit acht Intervallen über die mit dem Betrag gewichtete Orientierung von $0 - 180\,°$. (d): Normalisierung des *Feature*-Vektors pro Block sowie anschließende Aggregation aller normalisierten Blockvektoren in einen finalen *Feature*-Vektor mit der Dimension 1×320.

5. Normalisierung der Histogramme innerhalb eines Blocks von Zellen.
6. Aggregation der normalisierten Histogramme in einem einzigen *Feature*-Vektor.

Der finale einzelne *Feature*-Vektor, welcher anschließend zur maschinellen Mustererkennung herangezogen wird, hat im vorliegenden Ansatz eine Dimension von 1×320.

5.5.2 Maschinelle Mustererkennung

Zur maschinellen Mustererkennung wurde in der vorliegenden Arbeit ein trainierbarer Klassifikator verwendet, mit welchem basierend auf einer Trainingsmenge von technisch beschriebenen Bilddaten (hier: HOG-*Features*) der Unterschied zwischen Objekten der jeweiligen Klasse (hier: Mensch, Wildtier) und anderen Objekten gelernt werden kann. Allgemein formuliert bedeutet dies, dass künstliches Wissen aus Erfahrung generiert wird. Hierbei konnte aus der genannten Trainingsmenge von Objekten einer bekannten Klasse ein implizites Modell errechnet werden, welches für die probabilistische Klassifikation von neuen Bilddaten verwendet werden kann.

Konform den Ausführungen des Grundlagenkapitels 2.6 wurde für diese technische Aufgabenstellung eine sogen. »Support Vector Machine (SVM)« pro Objektklasse

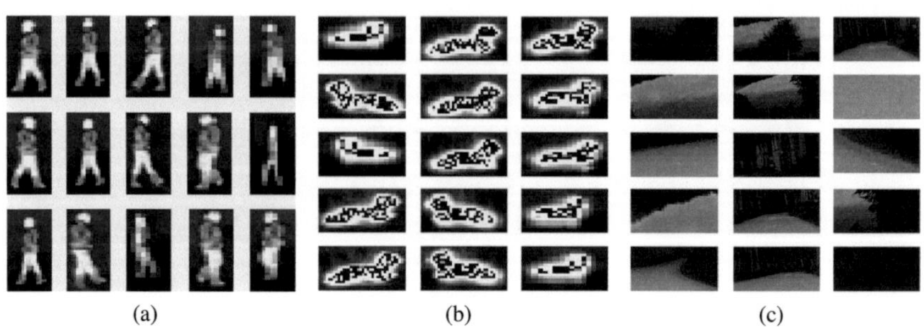

(a) (b) (c)

Abbildung 5.33: Trainingsdaten für die Klassifikation diverser Objekte (hier: zwei Klassen) im Verkehrsraum. (a): Positive Trainingsbeispiele für die Klasse »Mensch«. (b): Positive Trainingsbeispiele für die Klasse »Reh«. (c): Negative Trainingsbeispiele für beide zuvor genannte Klassen.

verwendet. Grundsätzlich könnten hier ebenfalls zahlreiche andere Klassifikationsverfahren zur Anwendung kommen, jedoch zeichnet sich u.a. nach [Pink, 2011] die SVM als *Maximum Margin Klassifikator* generell durch einen besonders niedrigen Generalisierungsfehler aus. Dies resultiert in einer relativ zu anderen Klassifiaktionsverfahren kleinen Trainingsmenge, was wiederum zu einer effizienten Klassifikation beiträgt.[Joachims, 1999] stellte in seinem Beitrag hierzu die Software-Bibliothek »SVMLight« vor, welche in dieser Arbeit unter Anwendung eines polynomialen Kernels appliziert wurde. Es kamen pro Objektklasse 1000 positive und 1000 negative Trainingsdaten zum Einsatz. Abbildung 5.33 illustriert hierzu exemplarisch einige Trainingsdaten in Form von Bildausschnitten.

Das Ergebnis der Klassifikation ist ein numerischer Ausdruck der SVMEntscheidungsfunktion, mit welcher die probabilistische Klassenzugehörigkeit pro zu untersuchtem ROI abgeleitet werden kann.

5.6 Objektverfolgung

Dem Modul der Objektverfolgung obliegt die Aufgabe, Detektions- und Klassifikationsergebnisse aus den vorangegangenen Verarbeitungsschritten zu glätten. Sollten Verdeckungen oder Überschneidungen von detektierten und positiv klassifizierten Objekten im Bild etwaige Lücken generieren, so können diese durch eine temporäre Überbrückung der Objektverfolgung egalisiert werden. Dies hilft die *False-Positive-* (FPR) sowie die *False-Negative*-Rate (FNR) zu minimieren.

Der Verfolgungsalgorithmus wird auf Basis der Detektions- und Klassifikationsergebnisse initialisiert und liefert über mehrere Einzelbilder hinweg einen technischen Schätzwert über die relative Position und Geschwindigkeit der zu verfolgenden Objekte. Die Herausforderung besteht darin, die Entfernung eines unbekannten Objektes mit unbekannter Objekthöhe auf Basis eines monospokischen Kamerasystems so genau wie möglich zu schätzen. Bisherige Lösungsansätze implizierten beispielsweise für die Klasse » Mensch « eine konstante Objekthöhe von $H_{Bert} = 165\,cm$ in [Bertozzi et al., 2004] oder $H_{Arnd} = 180\,cm$ in [Arndt et al., 2007]. Diese Annahme kann jedoch die projektierte räumliche Position des zu verfolgenden Objektes stark verfälschen, da die hier genannten statischen Objekthöhen u.a. bis zu $\pm 0,5\,m$ differieren können. Um eine höhere Positionsgenauigkeit und damit einhergehend eine qualitativ verbesserte lichtbasierte Markierung von Objekten im Verkehrsraum zu erreichen, wurde in dieser Arbeit diese Herausforderung mittels eines » Interacting-Multiple-Model-Filter (IMM) «-Ansatzes gelöst. Hier werden gleich mehrere Einzelfilter (sogen. *Single-Stage*-Filter) konform den Ausführungen des Grundlagenkapitels 2.5.3 mit einer zuvor diskretisierten Objekthöhe parametrisiert und zu einem IMM-Filter formiert.

Die nachfolgenden Unterkapitel gliedern diese Vorgehensweise in zwei Sektionen: Innerhalb der *Single-Stage*-Filter wird eine konstante Objekthöhe angenommen, für den *Multi-Stage*-Filter werden dann mehrere *Single-Stage*-Filter mit jeweils individuell konstanter Objekthöhe integriert.

5.6.1 Single-Stage-Filter

Innerhalb des *Single-Stage*-Filters wird die Höhe des zu verfolgenden Objektes (hier: Mensch, Wildtier) als bekannt und nicht veränderlich angenommen. Eine Ebenenannahme vorausgesetzt, wird die Position (X^F, Y^F) sowie die Geschwindigkeit (v_x^F, v_y^F) des Objektes konform der Koordinatensystemdefinition nach Abbildung 2.2 im sich bewegenden Fahrzeugkoordinatensystem zum Zeitpunkt t_k beschrieben. Der gewählte Systemzustand des EKF wird wie folgt definiert:

$$\mathbf{x}_k = \left[X^F, Y^F, v_x^F, x_y^F, \theta^F, \varphi^F\right]_k^T \quad , \tag{5.110}$$

wobei θ^F und φ^F für den Wank- und Nickwinkel des Fahrzeuges im Fahrzeugschwerpunkt stehen und für die Lokalisierung des Objektes in einer großen Entfernung zum Fahrzeug wichtig sind. Angenommen, dass sich das Objekt mit einer relativ zur Fahrzeuggeschwindigkeit annähernd konstanten Geschwindigkeit bewegt, kann die Objektposition durch eine Rotation (beeinflusst eben durch den Wankwinkel θ^F und Nickwinkel φ^F) und eine Translation (beeinflusst durch die Eigenbewegung des Fahrzeuges) modelliert werden. Somit ergibt sich für zwei aufeinander folgende Zeitschritte k und $k+1$ das im Grundlagenkapitel hergeleitete zeitdiskrete Systemmodell [2.53]

$$\mathbf{x}_{k+1} = A_k \mathbf{x}_k + B_k \mathbf{u}_k + \mathrm{q}_k \quad , \tag{5.111}$$

wobei $\mathbf{w}_k$ die kinematische Unsicherheit mit $q \sim \mathcal{N}(0, \mathrm{Q}_k)$ modelliert sowie $\mathbf{u}_k = (v_k, \dot{\psi}_k^F, \dot{\theta}_k^F, \dot{\varphi}_k^F)^T$ den Eingangsvektor mit der 3D-Geschwindigkeit, der Gier- und Nickrate des Fahrzeuges darstellt. Die Fahrzeuggeschwindigkeit und die Winkelraten wurden direkt aus der IMU via CAN-Bus bezogen. Sei $\Delta T = t_{k+1} - t_k$, $\psi_k = \dot{\psi}_k^F \Delta T$ und $\Omega_\psi = \sin(\psi)$ respektive $\mho_\psi = \cos(\psi)$, dann können die System- und die Beobachtungsmatrix wie folgt ausgedrückt werden:

$$A_k = \begin{bmatrix} \mho_\psi & \Omega_\psi & \Delta T \mho_\psi & \Delta T \Omega_\psi & 0 & 0 \\ -\Omega_\psi & \mho_\psi & -\Delta T \Omega_\psi & \Delta T \mho_\psi & 0 & 0 \\ 0 & 0 & \mho_\psi & \Omega_\psi & 0 & 0 \\ 0 & 0 & -\Omega_\psi & \mho_\psi & 0 & 0 \\ 0 & 0 & 0 & 0 & 1 & 0 \\ 0 & 0 & 0 & 0 & 0 & 1 \end{bmatrix} \quad , \tag{5.112}$$

$$B_k = \begin{bmatrix} -\Delta T \mho_\psi & 0 & 0 & 0 \\ \Delta T \Omega_\psi & 0 & 0 & 0 \\ 0 & 0 & 0 & 0 \\ 0 & 0 & 0 & 0 \\ 0 & 0 & \Delta T & 0 \\ 0 & 0 & 0 & \Delta T \end{bmatrix} . \tag{5.113}$$

Der Messwertvektor nach Gleichung [2.75] wird unterdessen wie folgt definiert:

$$\tilde{\mathbf{y}}_k = \left[x_{fuss}, y_{fuss}, x_{kopf}, y_{kopf}\right]^T \quad , \tag{5.114}$$

wobei (x_{fuss}, y_{fuss}) und (x_{kopf}, y_{kopf}) die Fuß- und Kopfpositionen des Objektes aus dem Bild repräsentieren. Unter der Voraussetzung, dass die intrinsischen und extrinsischen Kameraparameter vorliegen, kann der zu erwartende nicht-lineare Messwertvektor nach Abschnitt 2.5.2 wie folgt definiert werden:

$$\hat{\mathbf{y}}_k = \mathbf{h}(\hat{\mathbf{x}}_k) \triangleq \ldots$$

$$\begin{cases} h_1 &= f_x \frac{Y^F \cos\theta_k - X^F \sin(\theta_k)}{Y^F \cos(\varphi_k)\sin(\theta_k) + X^F \cos(\varphi_k)\cos(\theta_k) - Z_c^F \sin(\varphi_k)} + \frac{width_{FIR}}{2} + e_1 \\ h_2 &= f_y \frac{Y^F \sin(\varphi_k)\sin(\theta_k) + X^F \sin(\varphi_k)\cos(\theta_k) + Z_c^F \cos(\varphi_k)}{Y^F \cos(\varphi_k)\sin(\theta_k) + X^F \cos(\varphi_k)\cos(\theta_k) - Z_c^F \sin(\varphi_k)} + \frac{height_{FIR}}{2} + e_2 \\ h_3 &= f_x \frac{Y^F \cos(\theta_k) - X^F \sin(\theta_k)}{Y^F \cos(\varphi_k)\sin(\theta_k) + X^F \cos(\varphi_k)\cos(\theta_k) - (H_l + Z_c^F)\sin(\varphi_k)} + \frac{width_{FIR,w}}{2} + e_3 \\ h_4 &= f_y \frac{(H_l + Z_c^F)\cos(\varphi_k) + Y^F \sin(\varphi_k)\sin(\theta_k) + X^F \sin(\varphi_k)\cos(\theta_k)}{Y^F \cos(\varphi_k)\sin(\theta_k) + X^F \cos(\varphi_k)\cos(\theta_k) - (H_l + Z_c^F)\sin(\varphi_k)} + \frac{height_{FIR}}{2} + e_4 \end{cases}, \tag{5.115}$$

wobei H_l die konstante und reale Objektgröße bei n parallel betriebenen *Single-Stage*-Filtern beschreibt, $width_{FIR}$ und $height_{FIR}$ die Breite und Höhe des Ursprungsbildes, f_x und f_y die horizontale und vertikale Komponente der Brennweite f, Z_c^F die Einbauhöhe der FIR-Kamera und θ_k^F sowie φ_k^F den Wank- und Nickwinkel des Fahrzeuges pro Zeitschritt. Weiter steht $\mathbf{e}_k = (e_1, e_2, e_3, e_4)_k^T$ für das Messwertrauschen und wird mit $e \sim \mathcal{N}(0, \mathsf{R}_k)$ modelliert.

5.6.2 Multi-Stage-Filter

Die Zustandsschätzung des in Abschnitt 5.6.1 vorgestellten *Single-Stage*-Filters korreliert stark mit der a priori parametrisierten Objekthöhe. Simulationen in [Lutz, 2010] haben ergeben, dass eine fehlerhaft angenommene Objekthöhe mit einer Abweichung im Bereich eines Sub-Dezimeters die Positionsbestimmung des Objektes für eine lichtbasierte Markierung unzulänglich werden lassen kann. Um dieser technischen Herausforderung entgegen zu wirken, wurde hierfür ein IMM-Filter realisiert. In einem ersten Schritt wird der zulässige Bereich mit $\mathscr{H} = \{H_1, H_2, \ldots, H_l\}$ als Menge aller Objekthöhen diskretisiert und jedem *Single-Stage*-Filter eine dedizierte Objekthöhe für die Schätzung des jeweiligen Zustandes sowie die entsprechenden Kovarianz zugeteilt. Der finale Zustandswert sowie die entsprechende Varianz werden dann durch eine gewichtete Mittelung aller n Zustände und Varianzen nach den Gleichungen [2.97] und [2.98] aus dem Grundlagenkapitel 2.5.3 errechnet.

Zur technischen Implementierung des IMM-Filters wurden in dieser Arbeit nach Abbildung 5.27 zwei unabhängig voneinander wirkende IMM-Filter verwendet, einer je Objektklasse (vgl. IMM_{Mensch}, IMM_{Reh}).

5.7 Experimentelle Ergebnisse und bewertender Vergleich

Für die Evaluierung der hier vorgestellten klassenspezifischen Objekterkennung, welche jeweils ein Modul zu Objektdetektion, Objektklassifikation sowie Objektverfolgung integriert, werden in diesem Abschnitt verschiedene Methoden sowie Parameterpaarungen einem gegenseitigen Vergleich zur Bewertung unterzogen. Für die somit einhergehende Systemoptimierung wurden im Vorfeld auf der Basis von aufgezeichneten Daten diverser Messfahrten eine nicht überschneidende Menge an Trainings- und Testdaten generiert. Alle Messfahrten verliefen ausschließlich außerhalb geschlossener Ortschaften sowie auf Landstraßen. Für die synthetisierte Objektklasse » Reh « wurden zudem Fahrten auf präparierten Streckenabschnitten aufgezeichnet.

Die hieraus extrahierten positiven Trainings- und Testbeispiele umfassen eine breite Varianz an Größen, Posen, Umgebungsbedingungen und Hintergründen der Objekte. Ein manuelles *Labeling* der Bilddaten mittels sogen. *Bounding Boxes* stellt die Grundlage für die hier folgende Bewertung der Modul- und Systemperformanz dar. Eine automatisierte und zufällige Verschiebung der Schnittmasken um wenige Pixel in der 2D-Bildebene trug dazu bei, dass pro Objekt gleich mehrere Bildausschnitte extrahiert wurden. Eine Spiegelung um die Hochachse duplizierte zudem die Variabilität der Bilddaten. Die negativen Trainings- und Testbeispiele wurden unterdessen aus den verbleibenden, nicht-positiven Bildbereichen randomisiert extrahiert.

Es kann konstatiert werden, dass die Trainingsmenge pro Objektklasse jeweils definierte 3000 positive und 3000 negative Bildausschnitte umfasste – die Testmengen hingegen jeweils 1000 Einheiten. Weitere Details hierzu können aus Tabelle 5.5 entnommen werden.

5.7.1 Bewertungskriterium

Für die Bewertung und einhergehende Optimierung des Gesamtsystems empfiehlt es sich, in einem ersten Schritt die enthaltenen Einzelsysteme näher zu betrachten (vgl. » Reduktionismus « nach René Descartes[48]). Hierzu wird eingangs zwischen der Performanz der maschinellen Mustererkennung, der Objektdetektion, der

[48]René Descartes (* 31. März 1596 in La Haye en Touraine; † 11. Februar 1650 in Stockholm) war ein französischer Mathematiker, Naturwissenschaftler und Philosoph und gilt als Begründer des modernen frühzeitlichen Reationalismus und Reduktionismus.

	Typ	Objektklasse Mensch	Reh	Gesamtzahl
Trainingsmenge *Stck.*	Positive	3000	3000	6000
	Negative	3000	3000	
Testmenge *Stck.*	Positive	1000	1000	2000
	Negative	1000	1000	
	Straßentyp	**Objektklasse Mensch**	**Reh**	
Anzahl Objekte *Stck.*		42	25	
Anzahl Einzelbilder *Stck.*	Landstraße	65576		
Länge *min*		43,72		

Tabelle 5.5: Details zu den verwendeten Trainings- und Testmengen zur Evaluierung der klassen-spezifischen Objekterkennung.

Objektverfolgung sowie der finalen Performanz der gesamtheitlichen Objekterkennung unterschieden. Jedes Modul wurde vor der Optimierung ausschließlich heuristisch parametrisiert und wurde im Zuge der hier vorgestellten Optimierung sukzessive reparametrisiert. Das Modul zur Objektverfolgung verblieb indessen bis zu seiner eigenen Optimierung deaktiviert.

Die *True-Positive* (TPR)-Rate[49] zur *False-Positive* (FPR)-Rate[50], oder auch die *False-Negative* (FNR)-Rate[51] zur *False-Positive-Per-Window* (FPPW)-Rate finden oft zur Bewertung einer maschinellen Mustererkennung Anwendung, wie beispielsweise in [Dalal, 2006]. Die hier aufgeführten Kennwerte lassen sich wie folgt berechnen:

$$\mathrm{TPR} = \frac{\text{Richtig klassifizierte positive ROI (TP)}}{\text{Richtig klassifizierte positive ROI + Falsch klassifizierte negative ROI}} ,$$

$$\mathrm{FPR} = \frac{\text{Falsch klassifizierte positive ROI (FP)}}{\text{Richtig klassifizierte negative ROI + Falsch klassifizierte positive ROI}} ,$$

$$\mathrm{FPPW} = \frac{\text{FP}}{\text{Anzahl negativer ROI der Testmenge}} .$$

[49] Alternativ auch Sensivität oder *Recall*-Rate genannt.

[50] Alternativ auch Spezifität oder *Correct Rejection*-Rate genannt.

[51] Alternativ auch *Miss*-Rate genannt und mit 1-*Recall*-Rate definiert.

Zudem bildet das Verhältnis von *Recall-* zu *Precision*-Rate ein brauchbares Maß für die Bewertung einer bildbasierten Objektdetektion. Die *Precision*-Rate ist hierzu wie folgt definiert:

$$precision = \frac{\text{TP}}{\text{TP+FP}} \quad .$$

Zur Evaluierung der gesamtheitlichen Objekterkennung wird zudem die *FalsePositivePerFrames* (FPPF)-Rate eingeführt. Diese Kennzahl markiert die Fehlalarme des Systems aus und ist wie folgt definiert:

$$\text{FPPF} = \frac{\text{FP}}{\text{Anzahl Einzelbilder der Testmenge}} \quad .$$

Eine Objektdetektion wurde als gültig eingestuft, sobald die überlappende Fläche zwischen der detektierten Bildregion und der händisch markierten Bildregion größer als 50 % der mittleren Fläche beider Regionen war.

5.7.2 Evaluation der Objektdetektion

In einem ersten Optimierungsschritt soll die in Abschnitt 5.4.1 diskutierte Objektdetektion untersucht werden. Zur Evaluierung wurden schrittweise drei Submodule der Objektdetektion in der ganzheitlichen (bis dato noch nicht optimierte) Verarbeitungskette aktiviert. Als zu variierender Parameter fungierte die Objektbreite N, welche unmittelbar Auswirkung auf den Wert $\Xi_{Low}(i,j)$ des dual-adaptiven Grenzwertfilters hat. Zur Bewertung der Performanz wurden in diesem Test die TPR und der FPPF-Indikator, welcher die Fehlalarme des Gesamtsystems misst, verwendet.

Abbildung 5.34 illustriert in drei Diagrammen die Entwicklung der Performanz pro schrittweise hinzugefügtem Modul der Objektklasse »Mensch« in Abhängigkeit der variierten Objektbreite N. Auf Basis dieser Erkenntnisse wurde für das weitere Vorgehen $N^0 = 10$ gesetzt. Die Diagramme zeigen, dass die merkmalbasierte Reduzierung der potentiellen ROIs einen signifikanten Beitrag zur Minimierung der FPPF leistet. Eine zufällige Verschiebung der Schnittmaske um wenige Pixel nach Auffindung des ROI resultiert offensichtlich in einer Erhöhung der TPR.

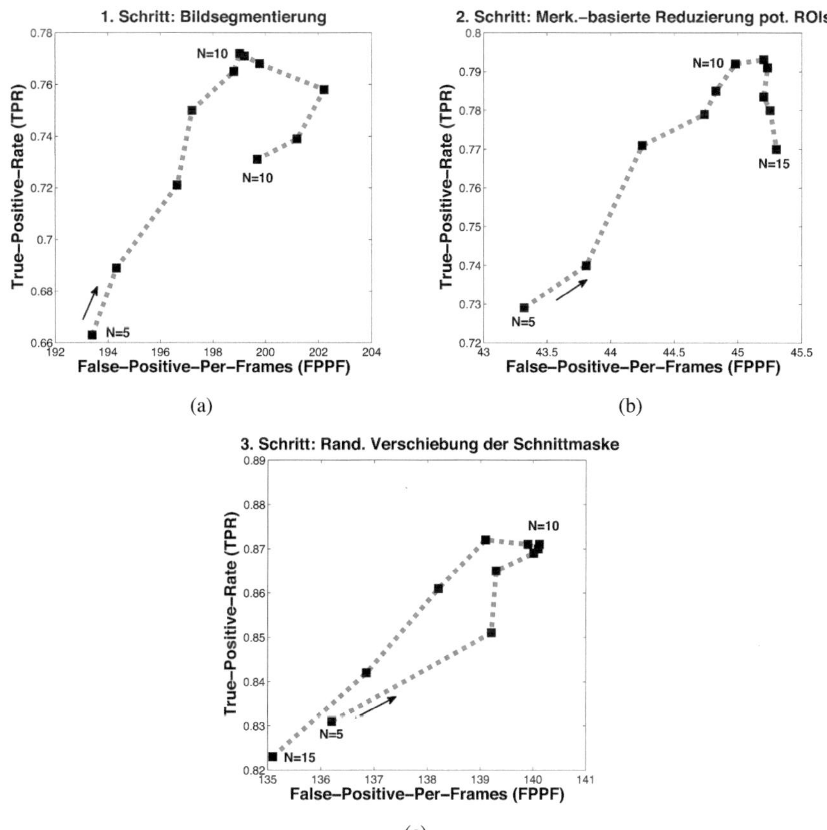

Abbildung 5.34: Performanzvergleich (TPR vers. FPPF) der Objektdetektion über dem variierten Parameter $N = \{\subset \mathbb{Z}^* \text{ mit } (5, 6, \ldots, 15)\}$ für die Objektklasse » Mensch «.

5.7.3 Performanzvergleich der maschinellen Mustererkennung

Für den Performanzvergleich der maschinellen Mustererkennung gilt es, den optimalen Parametersatz pro Objektklasse zu finden. In diesem Abschnitt wird exemplarisch an der Objektklasse » Mensch « gezeigt, wie bei der Optimierung vorgegangen wurde.

Für die Objektklassifikation ist die technische Beschreibung der zu klassifizierenden Bildausschnitte sehr wichtig und beeinflusst unmittelbar deren Performanz. Da in dieser Arbeit HOG-*Features* zur Beschreibung der Bilddaten verwendet wurden, lassen sich die zu variierenden Parameter ebenfalls hieraus entnehmen. Untersucht wurden der Einfluss der Zell- und Blockgröße, die Anzahl der Intervalle des Histrogramms sowie die Normalisierung des Vektors pro Block.

Abbildung 5.35 illustriert hierzu die so gewonnenen Erkenntnisse zur Performanz der Objektklassifikation in Form einer » Receiver Operating Characteristic ROC «-Kurvenschar, welche nach [Jähne, 2005] eine Methode zur Bewertung und Optimierung von Analyse-Strategien darstellt.

Ziel der Optimierung war es, eine möglichst hohe TPR bei einer geringen FPR zu erhalten. Tabelle 5.4 listet die durch dieses Optimierungsverfahren gewonnenen Parametersätze pro Objektklasse auf.

5.7.4 Bewertender Vergleich zur Objektverfolgung

In diesem Abschnitt wird das Vorgehen hinsichtlich eines bewertenden Vergleichs der in Abschnitt 5.6 diskutierten Methoden zur Objektverfolgung vorgestellt. Verglichen werden soll der hier vorgestellte Ansatz eines IMM-Filters mit diskretisierten Objekthöhen mit den zitierten Ansätzen von [Bertozzi et al., 2004] und [Arndt et al., 2007] mit jeweils konstanten Objekthöhen. Als Grundlage dienten drei nächtliche Versuchsfahrten auf einem präparierten Rundkurs, wodurch Messdaten unter kontrollierten Rahmenbedingungen für die in dieser Arbeit verwendet Objektklassen » Mensch « und » Reh « aufgezeichnet wurden. Die zu vergleichenden Algorithmen wurden dann im Anschluss *offline* mit den aufgezeichneten Daten getestet.

Als Versuchsstrecke diente hierbei eine Rundstrecke bestehend aus Landstraßen und Feldwegen in der Nähe von Eggenstein-Leopoldshafen im Landkreis Karlsruhe.

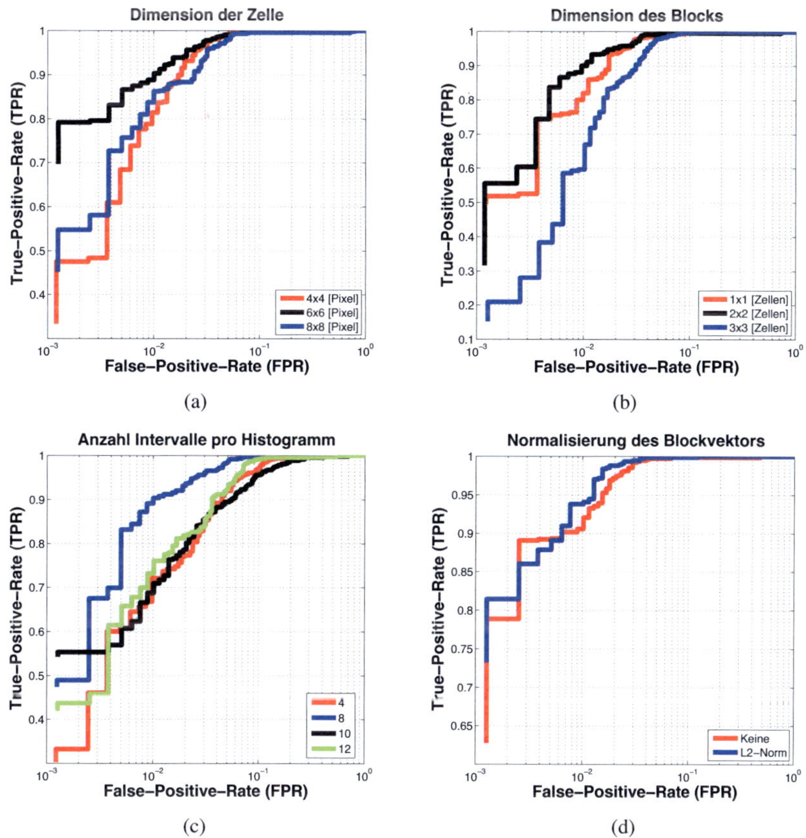

Abbildung 5.35: Performanzvergleich durch *ROC*-Kurvenschar zur Objektklassifikation über HOG-Parameter für die Objektklasse » Mensch «.

Versuchsszenario

Die ausgewählte Versuchsstrecke für den bewertenden Vergleich misst eine Gesamtlänge von $3600\,m$ und ist mit drei Objekten beider Klassen präpariert. Das erste Objekt, ein Mensch mit einer Körpergröße von $H_{Obj_{1,PED}} = 169\,cm$, ist in $d_{Obj\_1} = 500\,m$ positioniert und verharrt an seiner Position statisch. Das zweite Objekt, ein statisches Sehobjekt in der Form eines Rehs mit einer Objektgröße von $H_{Obj_{2,DEER}} = 160\,cm$, ist in $d_{Obj\_2} = 1100\,m$ positioniert. Zuletzt folgt ein sich lateral zur Fahrtrichtung bewegendes Objekt in Form eines Menschen, welcher eine Körpergröße von $H_{Obj_{3,PED}} = 178\,cm$ aufweist und in $d_{Obj\_1} = 2050\,m$ relativ zum gewählten Startort positioniert ist. Ausgewertet wird immer nur ein Messbereich, welcher $d_M = 100\,m$ vor der jeweiligen Objektposition seinen Startpunkt hat.

Für die zwei unterschiedlichen Objektklassen stehen zwei unabhängig voneinander wirkende IMM-Filter (IMM_{Mensch}[52], IMM_{Reh}[53]) zur Verfügung. Eine Zuteilung des zu verfolgenden Objektes erfolgt bereits in der Detektions- bzw. Klassifikationsphase.

Bewertungskriterium

Bei der Bewertung der hier vorgestellten Methoden zur Objektverfolgung hilft die Berechnung eines genauen Positionsfehlers in Relation zu einem Referenzsystems mit hoher Güte. Hierzu wurde ein in Abschnitt 6.38 ausführlich spezifiziertes Messprinzip verwendet, welches auf einer am Versuchsfahrzeug installierten Reflexionslichtschranke sowie (hier: zwei) reflektierenden Landmarken basiert. Die erste Landmarke wurde am relativen Anfang des jeweiligen Messbereiches installiert, die zweite Landmarke direkt am zu verfolgenden Objekt. Über einen so ausgelösten *Flag* des Messsystems sowie die integrierte Fahrzeuggeschwindigkeit (bereitgestellt via CAN-Bus) kann auf die für diese Zwecke ausreichend genaue longitudinale Distanz respektive longitudinaler Positionsfehler bis zum Objekt geschlossen werden. Auf eine Erhebung des lateralen Positionsfehlers wurde verzichtet, da selbst bei statischen Objekten der laterale Versatz des Versuchsfahrzeuges nicht ausreichend genau geregelt werden kann.

[52]Für den IMM_{Mensch}- Filter wurden folgende Größenhypothesen diskretisiert: $\mathbf{H}_{MENSCH} = \{1,4;1,6;1,7;1,8;2,0m]\}$.

[53]Für den IMM_{Reh}- Filter wurden folgende Größenhypothesen diskretisiert: $\mathbf{H}_{REH} = \{1,2;1,3;1,4;1,5;1,6m]\}$.

Nr.	Messfahrt	Typ	EKF nach [Bertozzi et al., 2004]		EKF nach [Arndt et al., 2007]		IMM_{Mensch}		IMM_{Reh}	
			LPF^a	σ^b_{LPF}	LPF	σ_{LPF}	LPF	σ_{LPF}	LPF	σ_{LPF}
1	$Obj_{1,PED}$	S^c	5,43	1,43	9,56	2,01	2,89	1,19	–	–
2	$Obj_{1,PED}$	S	5,12	1,28	8,27	1,74	3,11	1,34	–	–
3	$Obj_{1,PED}$	S	4,97	2,32	7,26	1,98	2,81	1,75	–	–
4	$Obj_{2,DEER}$	S	–	–	–	–	–	–	2,32	2,15
5	$Obj_{2,DEER}$	S	–	–	–	–	–	–	2,76	1,87
6	$Obj_{2,DEER}$	S	–	–	–	–	–	–	3,64	1,97
7	$Obj_{3,PED}$	D^d	6,88	1,80	10,26	3,75	4,41	1,46	–	–
8	$Obj_{3,PED}$	D	7,06	1,91	8,71	2,66	4,72	1,77	–	–
9	$Obj_{3,PED}$	D	5,12	3,32	7,34	3,03	3,17	2,41	–	–

[a] LPF := Durchschnittlicher longitudinaler Positionsfehler
[b] σ_{LPF} := Standardabweichung des longitudinalen Positionsfehlers
[c] S := Statisches Objekt; [d] D := Dynamisches Objekt

Tabelle 5.6: Bewertender Vergleich zwischen zwei statischen und einer hinsichtlich der Objekthöhe adaptiven Methode zur Objektverfolgung. Alle Genauigkeitsangaben in m.

Vergleichsergebnisse

Tabelle 5.6 führt die durchschnittlichen longitudinalen Positionsfehler und die entsprechenden Standardabweichungen für die drei Methoden zur Objektverfolgung auf. Insgesamt wurden neun aufgezeichnete Messfahrten der Versuchsstrecke ausgewertet. Der bewertende Vergleich der drei Methoden zeigt deutlich die Überlegenheit des IMM gegenüber einer starr angenommenen Objekthöhe durch einen geringeren longitudinalen Positionsfehler bei gleichzeitig geringerer Streuung. Die relativ höheren Werte von LPF und σ_{LPF} zwischen einem statischen und einem sich bewegenden Objekt sind mutmaßlich auf die veränderliche Pose des Objektes und einer damit einhergehenden, für die Entfernungsschätzung nachteiligen, Veränderung der *Bounding Box* zurückzuführen.

Die Objektklasse » Reh « (vgl. $Obj_{2,DEER}$) wird aufgrund fehlender Vergleichsmethoden aus der Literatur hier nicht referenziell zur Vollständigkeit aufgeführt.

Um die Systemperformanz zu verbessern, wurde der Algorithmus zur Objektverfolgung in zwei Stufen unterteilt. In die Validierungs- und in die Verfolgungsstufe. Objekte, welche die Objektklassifikation als valide zu einer Objektklasse zugehörig einstufte, wurden bei erster Sichtung umgehend in die Validierungsstufe der Objektverfolgung überführt. Einen Transit in die Verfolgungsstufe, welche letztendlich in eine lichtbasierte Markierung der verfolgten Objekte nach Erreichen definierter Kriterien münden kann, erfolgte erst, nachdem das Objekt länger als in N_{vali} Einzelbildern positiv durch die Objektklassifikation als zugehörig zu einer Objektklasse bestätigt wurde.

5.7.5 Untersuchung zur Systemperformanz

Bevor die Untersuchung zur ganzheitlichen Systemperformanz näher diskutiert wird, muss festgehalten werden, dass die hier im Folgenden präsentierten Werte der Detektionsrate (TPR) zur Falschalarmrate (FPPF) vielen Einflüssen (Trainings- und Testdaten, ermittelte Parametersätze, etc.) ausgesetzt sind und deshalb nicht unmittelbar zum Vergleich zwischen ähnelnden Systemen zur Objektdetektion herangezogen werden können.

Aus Sichtweise einer realen Anwendung des hier vorgestellten Ansatzes zur Objekterkennung, steht besonders die Anzahl der erkannten oder nicht erkannten Objekte, die Falschalarmrate sowie die Ausführungsgeschwindigkeit im speziellen Fokus.

Nach Aktivierung und Optimierung des Moduls der Objektverfolgung wurden die folgend in Tabelle 5.7 aufgeführten Werte hinsichtlich der ganzheitlichen Systemperformanz zur Objekterkennung ermittelt. Der Parameter N_{vali} wurde nach anfänglicher heuristischer Parametrisierung durch eine Optimierung bewertet. Als Bewertungskriterium wurde erneut die TPR über der FPPF herangezogen. Bei einer Parametrisierung von $N_{vali}^{0} = 4$ konnte ein Optimum zwischen der Detektionsrate und der Falschalarmrate erkannt werden. Die zudem ermittelten Laufzeiten pro Modul lassen darauf schließen, dass bei einer Bildrate des FIR-Sensors von $25\,fps$ eine Verarbeitungszeit pro Einzelbild von $40\,ms$, die Forderung nach einer Ausführbarkeit in Echtzeit also als erfüllt anzusehen ist.

Zudem konnte aus Test- und Trainingsdaten, insbesondere jedoch aus den mit Referenzwerten versehenen Messdaten aus Abschnitt 5.7.4 deduziert werden, dass ein Objekt mit einer Körpergröße von $1,80\,m$ bei nicht beeinträchtigtem Sichtfeld sowie unter Verwendung des hier vorgestellten FIR-Sensors in einer Entfernung von $\sim 125\,m$ zum ersten Mal auf den Bilddaten erkennbar wird und ab einer relativen Entfernung von $\sim 100\,m$ durch die ersten Module verarbeitet werden kann. Die systemseitige Erkennbarkeitsentfernung kann zwischen $\sim 45 - 85\,m$ beziffert werden.

Objektklasse	Resultate der Objekterkennung			
	Erkannt	Nicht erkannt	Falschalarm	Erkennungsrate
	Stck.	*Stck.*	*Stck.*	%
Mensch	39	3	1	$92,86\,\%\|(39/42)$
Reh	24	1	0	$96,00\,\%\|(24/25)$
			Durchschnitt	$94,43\,\%\|(63/67)$

Objektklasse	Mittlerer rechnerischer Zeitaufwand			
	Detektion	Klassifikation	Verfolgung	Gesamt
	ms	*ms*	*ms*	*ms*
Mensch	19,23	6,96	5,32	31,51
Reh	18,34	6,57	4,98	29,89
			Durchschnitt	30,7

Tabelle 5.7: Ergebnistafel zur bewerteten gesamtheitlichen Systemperformanz der Objekterkennung bestehend aus den Modulen Objektdetektion, Objektklassifikation und Objektverfolgung auf Basis aufgezeichneter Testdaten.

KAPITEL 6

Psychophysiologische Bewertung

Das in dieser Arbeit vorgestellte markierende Lichtsystem soll in einer vergleichenden Bewertung in Referenz zu einem konventionellen Abblendlichtsystem untersucht werden. Der spezifische Fokus liegt hierbei auf einem etwaigen Sicherheitsgewinn bei aktiviertem Markierenden Licht. Hierzu gilt es, einen Versuchsaufbau so zu gestalten und innerhalb einer Probandenstudie zu applizieren, dass die objektive Interpretation der erhobenen Versuchsdaten mit anzustrebender statistischer Signifikanz möglich ist. In diesem Kapitel werden die Vorbereitungsphase, die eigentliche Testphase sowie die Evaluierung der Testphase diskutiert. Das Testdesign für die psychophysiologische Bewertung gliedert sich unterdessen in einen statischen und einen dynamischen Abschnitt.

6.1 Vorbereitungsphase

Innerhalb der Vorbereitungsphase fand eine Vorauswahl der Probanden anhand diverser Merkmale statt. Ein globaler Filter für die Bewerber wurde über das Alter $(25 \leq a \leq 60)$, die allgemeine Fahrberechtigung für die *Klasse B* sowie die bisherige Fahrerfahrung $(\geq 20TKm)$ gelegt. Ferner wurden nach optometrischen und neurologischen Kriterien der Freiwilligenpool weiter homogenisiert. So wurden innerhalb einer augenärztlichen Untersuchung optometrische Daten der Probanden erhoben, etwa ob der Visus, die Phorie, die Steropsis, der Farbsinn sowie das Kontrastsehen (mit/ ohne Blendung) für das Führen eines Kraftfahrzeuges geeignet sind. In einem anschließenden neurologischen Test wurde auf das Reaktionsvermögen der VP geschlossen. Hierbei konnte durch die objektive Messung der Beantwortungszeit auf optische und akustische Signale, welche in unregelmäßiger Folge und zeitlichem Abstand initiiert wurden, auf die individuelle Reaktionsfähigkeit geschlossen werden. Der hier applizierte Test[54] beinhaltete 32 Reize über eine Dauer von $80\,s$ – hierbei setzt sich die gezeigte Reaktionszeit aus der Entscheidungszeit (Zeitdauer zwischen Reizwahrnehmung und erster Fingerbewegung) sowie aus der motorischen Zeit (Zeitdauer zwischen erster Fingerbewegung und Betätigung des Tasters) zusammen. Als Ausschlusskriterium für die Probandenvorauswahl wurde ein Median der Reaktionszeit im Test von $\geq 430\,ms$ gewählt. Die durchschnittliche Reaktionszeit bei getesteten $n = 35$ Probanden lag bei $425,76 \pm 62,4\,ms$. Erfreulicherweise wiesen alle bis dato ausgewählten VP die nötigen Kriterien auf, sodass mit einer Teilmenge von $n_{\subset} = 6$ Probanden die Voruntersuchung durchgeführt werden konnte, um den Versuchsablauf zu verfeinern und zu optimieren. Auf zwei Probanden musste wegen Krankheit verzichtet werden, sodass final $n^* = 27$ Probanden, im Detail 18 männliche und neun weibliche mit einem mittleren Alter von $\bar{a} = 45\,Jahren$ und einer Standardabweichung von $\sigma_a = 10,28\,Jahren$, zur Evaluierung des markierenden Lichtsystems herangezogen werden konnten.

Für alle nachfolgenden Versuchsreihen wurde von Seiten der Versuchsleitung darauf geachtet, dass eine mesopische Adaptation der VP sichergestellt war. Der erwünschte Adaptationsgrad wurde u.a. dadurch erreicht, dass die Freiwilligen zwischen Treffpunkt und Startpunkt der Versuchsstrecke bereits als Fahrzeugführer im Versuchsfahrzeug agierten ($\approx 10\,min$) sowie die Einweisung in die Versuchsreihen ($\approx 10\,min$) ebenfalls im nächtlichen Verkehrsumfeld bei aktiviertem Abblendlicht stattgefunden haben.

6.2 Statische Versuchsreihe

6.2.1 Versuchsprinzip und Versuchsablauf

In einem Standversuch sollte eine optimale Ausgestaltung der lichtbasierten Markierung untersucht werden. Hierbei kommt den Probanden die Aufgabe zu, in einem dreistufigen Auswahlprozess das von ihnen gewünschte Markierungslichtmuster (Strategie, Frequenz, Pulsiergrad) mittels einer grafischen Benutzeroberfläche frei zu parametrisieren. Der Proband befindet sich hierbei auf dem Fahrerplatz, das Versuchsfahrzeug wurde zuvor in eine definierte Ausrichtung überführt, sodass ein

[54] » Wiener Reaktionsgerät «, Parameterblock *S10*, einfache Aufmerksamkeit.

aufgestelltes Sehzeichen in einer Entfernung von $\approx 53\,m$ mittels den markierenden Lichtaktuatoren beleuchtet werden kann. Die bereits in Abschnitt 4.3.3 gezeigte (virtuelle) Abbildung 4.22 illustriert diesen Versuchsaufbau schematisch – eine horizontale Blickwinkelabwendung gegenüber der Ausgangsposition von $\approx -7{,}8\,^{\circ}$[55] wurde messtechnisch ermittelt.

Die drei Stufen im Auswahlprozess gliederten sich wie folgt:

Erste Stufe: Hier oblag es der VP, eine subjektiv optimale Markierungsstrategie für die lichtbasierte Markierung von Objekten im Verkehrsraum zu selektieren. Zur Auswahl standen die Klassen » Statisch « als statische Ausleuchtung mit der Markierungsfrequenz $\digamma = 0$, » Gepulst « mit einer kontinuierlichen Markierungsfrequenz $\digamma = \text{const}$ und » Mix « mit einer periodisch abwechselnden Markierung der beiden zuvor genannten Klassen.

Zweite Stufe: In dieser zweiten Stufe kam denjenigen VP, die in der ersten Stufe für die Klassen » Gepulst « oder » Mix « votierten, die Aufgabe zu, die Markierungsfrequenz von einem zuvor randomisiert gewählten auf einen subjektiv optimalen Wert im Wertebereich von $\left[1 \leq \digamma \leq 10\,Hz\right]$ zu überführen.

Dritte Stufe: Die finale Stufe in dieser Versuchsreihe war denjenigen VP vorenthalten, welche in der ersten Stufe die Klasse » Mix « gewählt hatten. Hier galt es nun den subjektiv optimalen Pulsiergrad ϖ als Verhältnis zwischen der gepulsten Markierung und der zuvor gewählten konstanten Periodendauer von $T = 2\,s$ im Wertebereich von $[\frac{0}{10} \leq \varpi \leq \frac{10}{10}]$ zu finden.

6.2.2 Ergebnisse

Die statistisch ausgewerteten Resultate sind in den Histogrammen der Abbildungsreihe 6.36(a) bis 6.36(c) einzusehen. Abbildung 6.36(d) illustriert in diesem Kontext das deduzierte Markierungslichtmuster basierend auf den zuvor erhobenen Daten. Zu erkennen ist, dass die statistische Mehrheit der VP eine periodische Alternierung zwischen einer pulsierenden Markierung mit einer Markierungsfrequenz von $\digamma^* = 5\,Hz$ gefolgt von einer statischen Markierung eine Objektes mit einem Pulsiergrad $\varpi^* = \frac{5}{10} = \frac{1}{2}$ im Verkehrsraum präferiert. Als statistisch nicht erfasster Beweggrund hierfür wurde meist angegeben, dass ein Pulsieren die Aufmerksamkeit des Fahrzeugführers auf eine potentielle Gefahrenstelle lenken könne. Die

[55]Hinweis: Diese Winkelangabe bezieht sich auf eine nach oben gerichtete Drehachse und ist in Referenz zur nach vorne gerichteten Fahrzeug-X-Achse zu sehen.

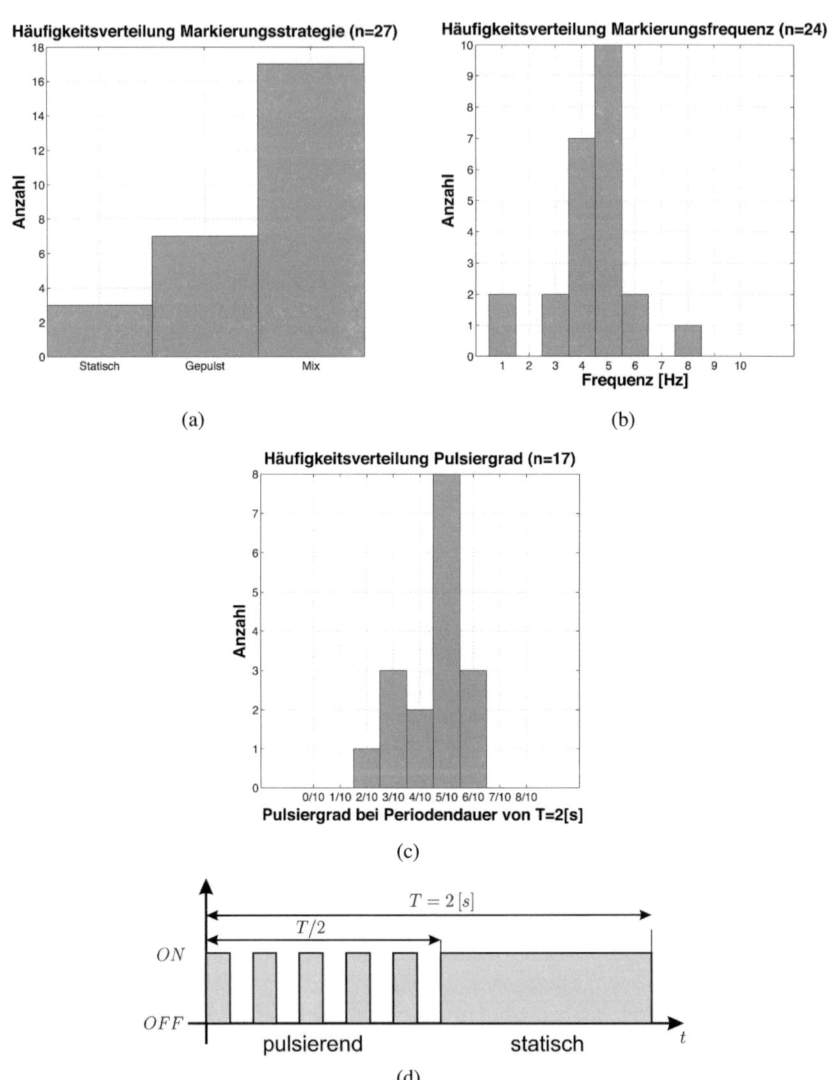

Abbildung 6.36: (a): Häufigkeitsverteilung zur Erhebung der Markierungsstrategie mit den Klassen »Statisch«, »Gepulst«, und »Mix«. (b): Häufigkeitsverteilung zur Erhebung der Markierungsfrequenz F im Wertebereich von $\left[1 \leq F \leq 10Hz\right]$. (c): Häufigkeitsverteilung zur Erhebung des Pulsiergrades ϖ im Verhältnis Pulsierdauer zu Periodendauer T im Wertebereich von $[\frac{0}{10} \leq \varpi \leq \frac{10}{10}]$. (d): Grafische Darstellung des parametrisierten Beleuchtungsfrequenzmusters.

anschließende statische Ausleuchtung des Objektes erhöhe indessen die Erkennbarkeit des Objektes signifikant.

6.3 Dynamische Versuchsreihe

6.3.1 Versuchsprinzip

Diese dynamische Versuchsreihe dient dazu, objektiv eine Aussage darüber zu treffen, wie sich die Erkennbarkeitsentfernung hinsichtlich potentieller Gefahrenquellen im nächtlichen Verkehrsraum bei unterschiedlichen Beleuchtungssituationen verhält. In [Schmidt-Clausen, 1982] wurde zur Bestimmung des Sicherheitsgewinns die Erkennbarkeit von Sehzeichen am Fahrbahnrand als signifikante Messgröße eingeführt und herangezogen. Diese Untersuchungsart liefert realitätsnahe Versuchsergebnisse, insbesondere dann, wenn die Versuche dynamisch aus einer Fahrsituation heraus durchgeführt werden. Bedingt durch die Tatsache, dass die Versuchsperson (VP) die Rolle des Fahrzeugführers inne hatte, konnte so ein natürliches Blickverhalten und eine für das Autofahren typische geteilte Aufmerksamkeit garantiert werden. Wie bereits im Abschnitt 3.2.4 dargelegt, wird hierdurch das Wahrnehmungsvermögen des Fahrzeugführers wesentlich beeinflusst.

Um eine optimal vergleichende Bewertung der beiden Lichtsysteme » Abblendlicht « und » Abblendlicht plus Markierendes Licht « sicherzustellen, wurde die im Abschnitt 6.3.2 näher beschriebene Teststrecke mit jedem Probanden zweifach befahren. Bei jeder Fahrt kam ausschließlich eines der aufgeführten Lichtsysteme zum Einsatz, die gewählte Reihenfolge wurde hierbei randomisiert gewählt, um mögliche Lerneffekte statistisch zu minimieren. Untersucht wurde in dieser Versuchsreihe die Verteilung der Erkennbarkeitsentfernungen pro Proband und Lichtsystem als Indikator für einen etwaigen Sicherheitsgewinn. Die Parametrisierung des markierenden Lichtsystems verblieb während der gesamten dynamischen Versuchsreihe unverändert auf einem heuristisch gewählten Initialzustand[56].

6.3.2 Versuchsaufbau

Die Versuche zur Bewertung der beiden Lichtsysteme fanden auf einer $7700\,m$ langen Versuchsstrecke im Pfälzer Wald in der Gemarkung » Bad Bergzabern « statt.

[56] Initialzustand := Statische lichtbasierte Markierung der Sehzeichen, Positionierung ohne vertikalen *Offset*.

Die ausgedehnte Gesamtlänge der Strecke gewährleistete unterdessen, dass Lerneffekte der VP hinsichtlich des Aufstellungsorts der Sehzeichen ebenfalls minimiert werden konnten. Es wurde bewusst eine öffentliche Landstraße (» L492 «) als Versuchsstrecke gewählt, um den VP ein möglichst realistisches Umfeld für einen präferierten Einsatz solch eines lichtbasierten FAS bieten zu können. Die Landstraße wurde für die Dauer der Versuche mit entsprechenden Warntafeln versehen, sodass eine externe Beeinträchtigung ebenfalls minimiert werden konnte. Zur Durchführung der Fahrversuche wurde an randomisierten Stellen entlang des Fahrbahnrandes einer kurvenreichen Teststrecke Sehzeichen zweier Klassen aufgestellt. Diese Sehzeichen hatten entweder die Silhouette eines Menschen oder die eines Rehs und wiesen einen Reflexionsgrad von $\approx 5\,\%$[57] auf. Da der verwendete Hauptsensor des Versuchsfahrzeugs eine Wärmebildkamera ist, die nur von der Umgebungstemperatur differente Objekte sensieren kann, wurde im Verlauf dieser Arbeit eine Apparatur entwickelt, welche das Temperaturniveau der Sehzeichen gegenüber der Umwelt mittels einer exogenen Reaktion erhöht und so eine künstliche Körpertemperatur erzeugt. Diese Apparatur ist u.a. Beschreibungsgegenstand in der Erfindungsmeldung [Hörter, 2010] und trug so dazu bei, dass der personelle Aufwand auf ein Minimum bei der Durchführung der Probandenstudie reduziert werden konnte.

Der Verlauf der Versuchsstrecke sowie die Position der Sehzeichen ist in Abbildung 6.37 bildlich und in Tabelle 6.8 textuell dargestellt.

Wie in Tabelle 6.8 zu erkennen ist, wurde nicht jede der 12 installierten Sehzeichen » aktiviert «, d.h. mit einer künstlichen Körpertemperatur versehen. Dieses Faktum soll potentielle Lerneffekte der VP aufdecken. Des Weiteren wurde eine einmalige manuelle Aktivierung des Markierenden Lichts ohne entsprechendes Sehzeichen und Vorwarnung in den Versuchsablauf integriert, was einen sogen. » False Positive[59] «-Test darstellt. Sollte eine VP signifikante Lerneffekte oder fälschlicherweise auf den » False Positive «-Test mit einer Betätigung eines Tasters am Lenkrad reagieren, wäre sie nicht bei Datenauswertung berücksichtigt worden. Eine Reduzierung des Probandenkollektivs war jedoch nicht vonnöten.

[57] Zum Einfluss des Reflexionsgrades: Nach [Ewerhart, 2002] hat der Reflexionsgrad eines Sehzeichens Einfluss auf dessen Erkennbarkeitsentfernung. Bei einem höheren Reflexionsgrad seien nach den Forschungsergebnissen von *Ewerhart* höhere Erkennbarkeitsentfernungen zu erwarten und *vice versa*. Für eine vergleichende Untersuchung sei es jedoch wichtig, dass die Reflexionsgrade der Sehzeichen zueinander nur eine unwesentliche Änderung aufweisen. So ist es ratsam, für eine Versuchsreihe nur einen einzigen Reflexionsgrad[58] zu verwenden.

[59] Hinweis: *False-positive* (engl., falsch positiv) bedeutet im Allgemeinen, dass ein vorliegendes Merkmal durch einen Klassifikator irrtümlich in die falsche Klasse eingestuft wurde. In diesem Kontext bedeutet es, dass keine Gefahrenquelle im Verkehrsraum vorliegt, doch das System eine Aktivierung der lichtbasierten Markierung (hier: durch eine manuelle Auslösung) initiiert hat.

Abbildung 6.37: Versuchsstrecke aus der Vogelperspektive inklusive der Positionen der aufgestellten Sehzeichen ohne Maßstab (Bildquelle: Darstellung in Anlehnung an [Quaß, 2011]).

Nr.	Klasse *Mensch/Reh*	Position *recht/links*	Wegstrecke *m*	Bemerkungen	Aktiviert *Ja/Nein*
-	-	-	0,0	Start	-
1	Mensch	recht	716,2	-	Nein
2	Reh	recht	1256,8	-	Ja
3	Reh	recht	2014,3	-	Ja
4	Reh	links	2436,7	-	Ja
5	Reh	recht	3408,2	-	Ja
6	Mensch	links	3895,8	-	Nein
7	Reh	recht	4610,9	-	Ja
8	Mensch	links	5024,8	-	Nein
9	Reh	links	5466,8	-	Ja
10	Reh	links	5999,0	-	Nein
11	Reh	recht	7346,0	-	Ja
12	Reh	recht	7543,3	-	Ja
-	-	-	7710,3	Ende	-

Tabelle 6.8: Klasse, Position, absolute Wegstrecke und Status der Sehzeichen zur Evaluierung der Erkennbarkeitsentfernung.

6.3.3 Versuchsablauf

Den VP kam für die Versuchsdurchführung neben der eigentlichen Fahrzeugführung eine zusätzliche Versuchsaufgabe zu: Sobald ein Sehzeichen einer Klasse am Straßenrand nicht nur erkannt, sondern auch optisch identifiziert werden konnte (Wahrnehmbarkeit $\Leftrightarrow$ Erkennbarkeit), war die entsprechende Objektklasse mündlich zu benennen sowie unmittelbar hierzu einer der beiden dedizierten Taster am Lenkrad zu betätigen. Dieser Tasterdruck initiierte in der aktivierten Datenaufzeichnung, welche neben Angaben über Zeitpunkt sowie Versuchsbedingungen ferner die komplette Versuchsfahrt mittels der in Abschnitt 4.1.1 vorgestellten RTDB aufzeichnete, via CAN-Busvernetzung einen ersten Eintrag. Einen entsprechend zweiten Eintrag löste die am Versuchsfahrzeug integrierte Lichtschranke im Wechselspiel mit der retroreflektierenden Landmarke aus, sodass auf Basis der aufgezeichneten IMU-Daten eine präzise Wegmessung für die Bestimmung der Erkennbarkeitsentfernung ermittelt werden konnte. Der Proband konnte seine Reisegeschwindigkeit anhand der anspruchsvollen Topologie und des Streckenverlaufs nach eigenem Ermessen wählen, eine Richtgeschwindigkeit von $60\,Km/h$ wurde jedoch innerhalb der Einweisung kommuniziert. Ebenfalls kommuniziert und auf Verständnis der Freiwilligen hin abgefragt, wurde das Faktum, dass die Sicherheit und Unversehrtheit aller Beteiligten, Dritter und der eingesetzten Versuchsmittel Vorrang vor den Versuchsergebnissen haben. Die entsprechend präparierte Strecke wurde zwei Mal pro Proband und pro aufgeführtem Lichtsystem befahren, ebenfalls in

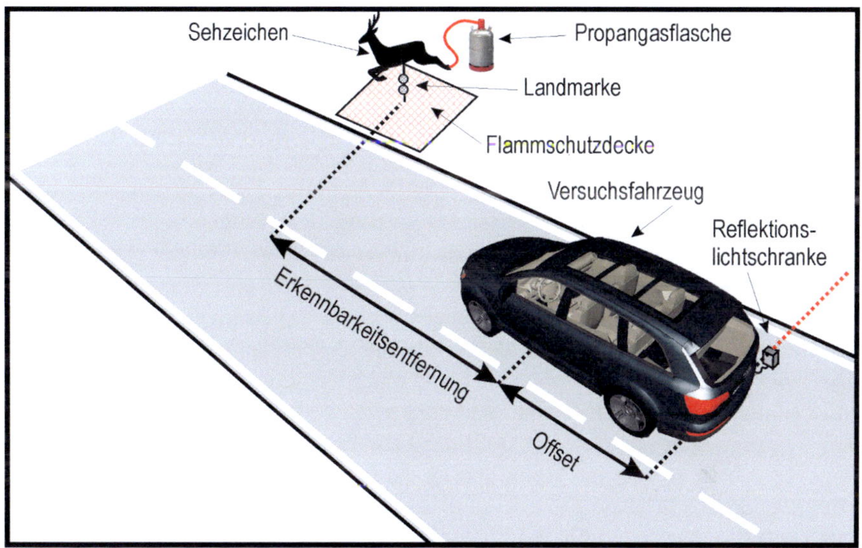

Abbildung 6.38: Schematische Darstellung des dynamischen Versuchsaufbaus zur Bestimmung der Erkennbarkeitsentfernung.

randomisierter Reihenfolge. Die gesamte Fahrt inklusive zweifacher Rückführung zum Ausgangspunkt dauerte je nach mittlerer Reisegeschwindigkeit zwischen 35 und 45 min. Der Versuch wurde in 14 aufeinander folgenden Nächten mit je drei Probanden pro Nacht in der Kalenderwoche 33 und 34 des Jahres 2011 durchgeführt. Abbildung 6.38 illustriert den Versuchsaufbau schematisch.

6.3.4 Ergebnisse

Bei der statistischen Aufbereitung der gesammelten objektiven Messdaten zeigt sich eine signifikante Erhöhung der Erkennbarkeitsentfernung bei der Verwendung der Lichtsystemkombination » Abblendlicht plus Markierendes Licht « ab. In Zahlen ausgedrückt bedeutet das: Unter Verwendung des Lichtsystems » Abblendlicht « ergibt sich ein über alle Probanden und Sehzeichen errechneter Mittelwert von $\bar{d}_{E,AL} = 34,23\,m$ sowie eine entsprechende Standardabweichung von $\bar{\sigma}_{E,AL} = 11,24\,m$. Bei einer Applikation der Lichtsystemkombination » Abblendlicht plus Markierendes Licht « ergibt sich jedoch ein über alle Probanden und Sehzeichen errechneter Mittelwert von $\bar{d}_{E,AL+ML} = 68,69\,m$ sowie eine entsprechende Standardabweichung von $\bar{\sigma}_{E,AL+ML} = 11,64\,m$. Somit resultiert ein Differenzwert von $\bar{\Delta d}_E =$

34,46 m als zusätzliche Fahrstrecke, bei einer als gleichförmig angenommenen Bewegung resultiert das bei einer mittleren Reisegeschwindigkeit von $\bar{v}_{60} = 60\,Km/h$ in einen effektiven mittleren Zeitgewinn von $\bar{t}^{+} = \frac{\bar{\Delta d}_E}{\bar{v}_{60}} = 2{,}07\,s$ für eine frühere Wahrnehmung, Erkennung und entsprechend geartete Reaktion auf die potentielle Gefahrenstelle. Abbildung 6.39 zeigt hierzu die Erkennbarkeitsentfernungen für die einzelnen Sehzeichen pro verwendetem Lichtsystem. Es ist hieraus ersichtlich, dass, bei einer erfolgten lichtbasierten Markierung Steigerungen in der Erkennbarkeitsentfernung von $\approx 100\,\%$ in Relation zur verwendeten Abblendlichtverteilung zu erkennen sind. Ein Ausreißer nach oben stellt das SZ#3 dar: Hier notiert der Differenzwert bezüglich der Erkennbarkeitsentfernung bei $\bar{\Delta d}_{E,SZ\#3} = 69{,}49\,m$, was u.a. in der Konstellation von Straßenverlauf und Aufstellungsort des Sehzeichens begründet liegt. Das SZ#3 wurde am Ende einer Geraden, jedoch unmittelbar vor einer Linkskurve am rechten Fahrbahnrand aufgestellt, also genau dort, wo nach den Ausführungen von [Diem, 2005] der Fahrzeugführer bei Fahrten im nächtlichen Verkehrsumfeld seine Blickführung i.d.R. nicht hin richtet. Hier kann ein Markierendes Licht seine ganze systemische Stärke zur Entfaltung bringen, eine entsprechende Ausgestaltung des Verkehrsraumes vorausgesetzt.

Die inaktiven Sehzeichen (vgl. SZ#1, SZ#6, SZ#8 und SZ#10) spiegeln jedoch Ausnahmen wider – diese Sehzeichen wiesen im Versuchsablauf keine künstlich erzeugte Körpertemperatur auf, wurden somit auch nicht von der verwendeten Wärmebildkamera sensiert und folgerichtig auch lichttechnisch nicht markiert. Hier liegen die Werte für die Erkennbarkeitsentfernung beider Lichtsysteme auf einem vergleichbaren Niveau, was der allgemeinen Erwartung entspricht.

Die Standardabweichung notiert für eine dynamische Versuchsreihe mit Probanden in einem akzeptablen Wertebereich – als Ursache kann die individuelle Wahrnehmbarkeits- und damit die korrelierende Erkennbarkeitsschwelle pro VP genannt werden, welche auf persönlichen physiologischen Fähigkeiten beruht.

6.3.5 Analyse der Ergebnisse

Motivation: Die Analyse der Ergebnisse wird basierend auf den Ausführungen in [Eckstein, 2012] anhand des in der empirischen Wirtschafts- und Sozialforschung weit verbreiteten » t-Tests[60] « hier für zwei unabhängige Stichproben

[60]Nach [Eckstein, 2012] ist der *t-Test* für zwei unabhängige Stichproben ein Test, „[...] mit dem man auf einem vorgegebenen Signifikanzniveau α_{sig} prüft, ob die unbekannten Mittelwerte μ_1 und μ_2 eines metrischen und $\mathcal{N}(\mu_1, \sigma_1)$-verteilten bzw. $\mathcal{N}(\mu_2, \sigma_2)$-verteilten Merkmals aus zwei disjunkten statistischen Grundgesamtheiten übereinstimmten. Die Standardabweichungen $\sigma_1, \sigma_1 > 0$ in beiden disjunkten Grundgesamtheiten sind unbekannt."

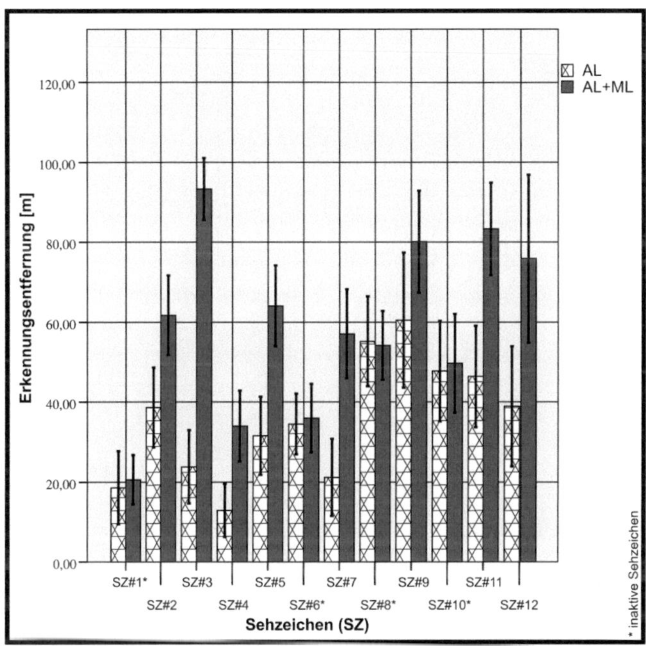

Abbildung 6.39: Erkennbarkeitsentfernung als Mittelwert plus Standardabweichung aller Probanden je Sehzeichen und untersuchtes Lichtsystem. Ein über alle Probanden und Sichtzeichen berechneter Mittelwert und Standardabweichung ergibt $\bar{d}_{E,AL} = 34,23\,m]$; $\bar{\sigma}_{E,AL} = 11,24\,m$ und $\bar{d}_{E,AL+ML} = 68,69\,m]$; $\bar{\sigma}_{E,AL+ML} = 11,64\,m$.

durchgeführt. Als Auswertesoftware wurde » SPSS « der Firma » IMB « herangezogen.

Hypothesen: Die im vorangegangenen Abschnitt 6.3.4 aufgeführten Ergebnisse sind in der Form zweier unabhängiger Stichproben mit einem Signifikanzniveau von $\alpha_{sig} = 0,05$ daraufhin zu überprüfen, ob die durchschnittlichen Differenzwerte der Erkennbarkeitsentfernungen $\mu_j (j = 1,2)$ der beiden verwendeten Lichtsysteme » Abblendlicht (j=1) « und » Abblendlicht plus Markierendes Licht (j=2) « homogen oder inhomogen sind. Als Ausgangs- oder Nullhypothese H_{0,μ_j} wird postuliert: $\mu_1 = \mu_2$ bzw. $\mu_1 - \mu_2 = 0$. Dies kann sachlogisch wie folgt gedeutet werden: Die durchschnittlichen Differenzwerte der Erkennbarkeitsentfernungen $\mu_j (j = 1,2)$ in den zwei disjunkten und hinsichtlich ihres Umfanges nicht näher bestimmten statistischen Grundgesamtheiten der erfassten Messdaten pro Lichtsystem sind gleich. Ist man aufgrund zweier voneinander unabhängiger Zufallsstichproben auf einem vorab vereinbarten und festgelegten Signifikanzniveau von $\alpha_{sig} = 0,05$ gezwungen, die Ausgangshypothese H_{0,μ_j} zu verwerfen und somit die zweiseitige Alternativhypothese $H_{1,\mu_j} : \mu_1 \neq \mu_2$ zu akzeptieren, dann ist statistisch nachgewiesen, dass in den erfassten Messdaten pro Lichtsystem unterschiedliche durchschnittliche Differenzwerte der Erkennbarkeitsentfernungen existieren.

Voraussetzung: Um im Sinne der formulierten Problemstellung den *t-Test* für zwei unabhängige Stichproben anwenden zu können, ist zuvor abzuklären, ob für die Messdaten pro Lichtsystem die Normalitäts- und Varianzhomogenitätsbedingung erfüllt wird.

Normalverteilungsannahme: Auf Basis der Tatsache, dass der Stichprobenumfang wenige als 50 VP umfasst, ist es aus statistischer Sicht geboten, für die Messdaten der beiden Lichtsysteme die Normalverteilungsannahme zu überprüfen. Es ist auf einem Signifikanzniveau von erneut $\alpha_{sig} = 0,05$ der » Kolmogorov-Smirnov-Anpassungstest[61] « zur Überprüfung der beiden Verteilungshypothesen $H_{0,\mu_j} : X \mathcal{N}(\mu_j, \sigma_j)$ anzuwenden. Die stichprobenspezifischen Ergebnisse sind in Abbildung 6.40 illustriert. Der Vergleich von vorgegebenem Signifikanzniveau α_{sig} und dem kleinsten empirischen Signifikanzniveau α^*_{sig,min,μ_j} aller Sichtzeichen für jede der beide Stichproben $\alpha_{sig} = 0,05 < \alpha^*_{sig,min,\mu_j} \geq 0,069$

[61] Nach [Eckstein, 2012] ist der *Kolmogorov-Smirnov-Test* ein Einstichproben- Verteilungstest, „[...] mit dem auf einem vorab vereinbarten Signifikanzniveau α_{sig} geprüft wird, ob eine hypothetisch erwartete Verteilungsfunktion eines metrischen Erhebungsmerkmals als ein geeignetes theoretisches Verteilungsmodell für eine aufgrund einer Zufallsstrichprobe vom Umfang *n* empirisch beobachtete Verteilungsfunktion angesehen werden kann.“

Tests auf Normalverteilung

	Kolmogorov-Smirnov[a]		
	Statistik	df	Signifikanz
SZ#1	,105	27	,200*
SZ#2	,069	27	,200*
SZ#3	,137	27	,116
SZ#4	,142	27	,088
SZ#5	,130	27	,167
SZ#6	,083	27	,200*
SZ#7	,099	27	,200*
SZ#8	,115	27	,200*
SZ#9	,106	27	,200*
SZ#10	,109	27	,200*
SZ#11	,103	27	,200*
SZ#12	,102	27	,200*
(a): Signifikanzkorrektur nach Lilliefors			
(*): Untere Grenze der echten Signifikanz			

Abbildung 6.40: Ergebnisprotokoll der Evaluation hinsichtlich einer Normalverteilungsannahme auf Basis der objektiven Messdaten pro Lichtsystem mittels *Kolmogorov-Smirnov-Einstichproben-Verteilungstest*.

ergibt, besteht jeweils kein Anlass, die Normalverteilung der Zufallsvariablen zu bezweifeln.

Varianzhomogenität: Es ist im weiteren Testverlauf die Hypothese zur Varianzhomogenität $H_{0,\sigma_j} : \sigma_1^2 = \sigma_2^2$ zu den entsprechenden Messdaten pro Lichtsystem zu prüfen. Als Ergebnisprotokoll führt Abbildung 6.41 in der zweiten und dritten Spalte die Werte des hierzu durchgeführten »Levene-VarianzHomogenitätstests« auf. Da das kleinste empirische Signifikanzniveau $\alpha^*_{sig,min,\sigma_j} = 0,101$ aller Sichtzeichen größer ist als das vorgegebene Signifikanzniveau $\alpha_{sig} = 0,05$, besteht kein Anlass, an der Hypothese der Varianzhomogenität zu zweifeln.

Doppelter t-Test: [62] Aufgrund der Tatsache, dass es innerhalb der vorangegangenen Voraussetzung keinerlei Einwände gegen die Normalverteilungs- und Varianzhomogenitätsannahme gab, kann nun der *doppelte t-Test* durchgeführt werden. Der rechte Teil der Abbildung 6.41 zeigt hierzu das Ergebnisprotokoll, welches wie folgt interpretiert werden kann: Für die beobachteten

[62] Ein *doppelter t-Test* ist ein *t-Test*, bei welchem die zwei unabhängigen Stichproben eine gleiche Varianz aufweisen, so [Eckstein, 2012].

Test bei unabhängigen Stichproben

	Levene-Test der Varianzgleichheit		T-Test für die Mittelwertgleichheit					
							95% Konfidenzintervall der Differenz	
	F	Signifikanz	T	Sig. (2-seitig)	Mittlere Differenz	Standardfehler der Differenz	Untere	Obere
SZ#1	2,739	,103	-1,051	,297	-2,02620	1,92878	-5,87939	1,82699
SZ#2	,599	,442	-9,426	,000	-23,08685	2,44920	-27,97969	-18,19401
SZ#3	,758	,387	-33,087	,000	-69,49471	2,10034	-73,69062	-65,29880
SZ#4	3,295	,074	-10,970	,000	-21,14839	1,92789	-24,99978	-17,29700
SZ#5	,134	,715	-13,335	,000	-32,51630	2,43849	-37,38774	-27,64486
SZ#6	,101	,752	-,738	,463	-1,46546	1,98506	-5,43107	2,50014
SZ#7	1,617	,208	-13,988	,000	-35,93504	2,56898	-41,06718	-30,80290
SZ#8	1,889	,174	,400	,691	,98551	2,46553	-3,93995	5,91096
SZ#9	3,368	,071	-5,322	,000	-19,64695	3,69132	-27,02121	-12,27269
SZ#10	,249	,620	-,635	,528	-1,94954	3,06993	-8,08242	4,18334
SZ#11	,197	,658	-12,342	,000	-36,89855	2,98978	-42,87131	-30,92578
SZ#12	2,807	,099	-8,220	,000	-36,94304	4,49429	-45,92142	-27,96466

Abbildung 6.41: Ergebnisprotokoll der Evaluation hinsichtlich einer Varianzhomogenität mittels *Levene-Test* sowie anschließender *doppelter t-Test* auf Basis der objektiven Messdaten pro Lichtsystem.

mittleren Differenzen der Erkennbarkeitsentfernungen wurde unter Berücksichtigung der Streuungsverhältnisse und der Stichprobenumfänge in den beiden Zufallsstichproben ein empirisches Signifikanzniveau von $\alpha^*_{sig,min,t-Test} = 0$ aller Sehzeichen errechnet. Da dieses empirische Signifikanzniveau unterhalb des vorausgesetzten Signifikanzniveaus von $\alpha_{sig} = 0,05$ liegt, muss die eingangs aufgestellte Nullhypothese $H_{0,\mu_j} : \mu_1 = \mu_2$ zugunsten der Alternativhypothese $H_{1,\mu_j} : \mu_1 \neq \mu_2$ verworfen werden. Demnach kann davon ausgegangen werden, dass sich die durchschnittlichen Differenzwerte der Erkennbarkeitsentfernungen $\mu_j (j = 1,2)$ in den zwei Grundgesamtheiten der erfassten Messdaten pro Lichtsystem unterscheiden.

Die inaktiven Sehzeichen (vgl. SZ#1, SZ#6, SZ#8, und SZ#10) stellen hierzu wieder Ausnahmen da – was jedoch sachlogisch zu erschließen ist.

KAPITEL 7

Subjektive Bewertung aus Fahrersicht

Die subjektive Untersuchung eines neuartigen (hier: lichtbasierten) Fahrerassistenzsystems aus Sichtweise des Fahrers ist ein wichtiges Kriterium für die spätere Akzeptanz bei einer etwaigen Markteinführung. Hierbei sollen Antworten auf Fragestellungen gefunden werden, beispielsweise wie verschiedene Fahrzeugführer Fahrten im nächtlichen Verkehrsumfeld unter Einsatz des markierenden Lichtsystems empfinden, ob der Zeitpunkt für die lichtbasierte Markierung subjektiv zum richtigen Zeitpunkt erfolgt oder auch die Abfrage der persönlichen Einschätzung zur » Usability[63] « des Lichtsystems. Im folgenden Kapitel werden folgende zwei Gliederungspunkte diskutiert: Die Vorbereitungsphase, welche mit einer Teilmenge des gesamten Probandenkollektivs als Optimierung und Verfeinerung des Testablaufes durchgeführt wird, sowie die eigentliche Bewertungsphase, in welcher die restlichen Probanden ihre subjektiven Bewertungen zum Lichtsystem zur Auswertung abgeben können.

7.1 Bewertungsmethodik

Für die Bewertung von Beleuchtungssystemen wurde in den letzten Jahren eine Vielzahl verschiedener physiologisch-optischer, arbeitsphysiologischer und psychologischer Verfahren ausgearbeitet. Nach [Völker, 1998] eignen sich zur Bewertung

[63] Engl., Gebrauchstauglichkeit.

von automotiven Lichtsystemen insbesondere psychologische Verfahren, mit denen aus empirischen Versuchsreihen subjektive Einschätzungen der VP erhoben werden können.

Für die subjektive Bewertung in dieser Arbeit kann auf den Erkenntnissen sowie auf das (hier: adaptierte) Versuchsdesign der hervorragenden Abschlussarbeit von [Weck, 2009] aufgebaut werden, sodass auf eine ausgedehnte und zeitintensive Voruntersuchung weitestgehend verzichtet werden konnte. Das adaptierte Versuchsdesign von *Weck* sah hinsichtlich der Bewertungsaufgabe schriftliche Befragungen und Einschätzungen auf Basis der Interview- und Fragebogentechnik vor. Bei den Befragungen konnten die Probanden spontan ihre Empfindungen und Eindrücke äußern sowie ihre mit den Bewertungsskalen erhobenen Urteile schriftlich begründen. Als Bewertungsskalen wurden in den Untersuchungen verschiedene Arten von Skalen eingesetzt, welche auf der *bipolaren* Beurteilungsskala basieren. Bei einer *bipolaren* Skala befinden sich an den Enden der zwei Pole immer ein Paar gegensätzlichen Adjektive, welche somit eine Bandbreite zur Beurteilung für die VP vorgeben. Dem Probanden steht es frei, auf dieser Skala seine subjektive Einschätzung zu markieren. Eine Variante dieser *bipolaren* Skala ist eine *bipolare* Skala mit einer neutralen Mitte. Eine statistische Auswertung der Skalen erfolgt im Nachgang meist dadurch, dass aufsteigende Zahlenwerte zu jedem Skalenteil zugeordnet werden, sodass eine mathematische Aussage des Probandenkollektives möglich wird. Als Frageformate kamen meist Mischformen zum Einsatz, welche vorgegebene Antwortmöglichkeiten enthalten, aber auch zusätzlich eine offene Kategorie, in der der Proband etwas Selbstformuliertes auf einem dafür vorgesehenen Platz niederschreiben konnte.

Das komplette, finale Versuchsdesign inklusive Fragebogen ist in Anhang B zu finden.

7.2 Vorbereitungsphase

Im Rahmen der Vorbereitungsphase wurde ein initiales, noch nicht optimiertes Versuchsdesign zur subjektiven Bewertung mit einer Teilmenge des Probandenkollektives (hier: $n_{\subset} = 6$, vgl. Abschnitt 6.1) appliziert. Dieses initiale Versuchsdesign basierte auf den Ausarbeitungen von *Weck* und resultierte in den ersten Bewertungen der Fahrer bezüglich eines markierenden Lichtsystems. Das Versuchsdesign sah Datenerhebungen während und nach den zwei Testfahren pro Lichtsystem vor. Die subjektive Bewertung wurde unterdessen auf der gleichen Versuchsstrecke durchgeführt, auf welcher auch schon die Versuche zur Erkennbarkeitsentfernung aus

Kapitel 6 abgehalten wurde. Es oblag den VP hierbei, den generellen Gesamteindruck des Markierenden Lichts zu bewerten sowie sich zu den entsprechenden Bewertungsgründen zu äußern. Des Weiteren fand die » Think-Aloud [64] «-Methode während der gesamten Vorbereitungsphase Anwendung. Diese Methode beinhaltet, dass die Versuchsteilnehmer laut denken, also all das aussprechen, was sie gerade denken, was sie tun und fühlen, noch während sie ihrer Fahraufgabe sowie der Versuchsaufgabe nachkommen. Dieses Verfahren verschafft nach [Häder, 2006] dem Versuchsleiter die Möglichkeit, Daten über den Bearbeitungsprozess der gestellten Aufgaben unmittelbar zu erhalten.

Nach Abschluss der Vorbereitungsphase konnte resümiert werden, dass das initial gewählte Versuchsdesign eine sehr gute Basis für die anschließende Bewertungsphase darstellte. Vereinzelt waren noch gewählte Adjektive an den Skalenpolen sowie textuelle Formulierungen bei offenen Fragen zu optimieren. Zudem wurde der Wunsch geäußert, stets Platz für individuelle Anmerkungen pro Fragenmodul vorzusehen.

Auf Basis dieser Erkenntnisse konnte im Nachgang eine Optimierung der eingesetzten Bewertungsinstrumente sowie des generellen Versuchsablaufs für die verbleibenden Probanden durchgeführt werden.

7.3 Bewertungsphase

In der Bewertungsphase kam der optimierte Versuchsablauf als Resultat der vorangegangenen Vorbereitungsphase aus Abschnitt 7.2 mit den restlichen zur Verfügung stehenden $n^* = 27$ Probanden zur Anwendung. Folgend wird das applizierte Versuchsprinzip, der Versuchsablauf sowie die Ergebnisse aus der subjektiven Bewertung durch die VP diskutiert.

7.3.1 Versuchsprinzip

Für die Untersuchungen in der Bewertungsphase fanden alle in Abschnitt 7.2 aufgeführten Methoden Anwendung: Bewertung von Eigenschaften und Eindrücken anhand von Skalen, Beantwortung offener und geschlossener Fragen sowie die *Think-Aloud-* Methode für spontane Impressionen während der Versuchsfahrten.

[64] Engl., lautes Denken.

7.3.2 Versuchsablauf

Das auf das markierende Lichtsystem adaptierte und innerhalb der Vorbereitungsphase optimierte Versuchsdesign sah wie im Folgenden beschrieben drei Teilabschnitte vor:

Teil 1: In »Teil 1« des Versuchsablaufes erfolgte, neben der bereits in Abschnitt 6.3.3 erwähnten Instruktion über den generellen Versuchsablauf, die erste subjektive Befragung zu den Erwartungen der VP an das neuartige Lichtsystem. Von Interesse war hier, ob sich die Erwartungen des Probanden im Verlauf der Testreihe nachhaltig veränderten – diese Fragestellung wurde mit einer erneuten, identischen Befragung, welche zu einem späteren Zeitpunkt des Versuchsablaufes in *Teil 3* durchgeführt wurde, überprüft. Die sechsteilige, bipolare Skala resultierte somit in zwei Befragungsgruppen, welche mittels eines »Post-hoc-Tests« als Signifikanzuntersuchung die Medianwerte auf signifikante Unterschiede hin überprüfte.

Teil 2: Innerhalb des zweiten Teils wurden Bewertungen zum Zeitpunkt der lichtbasierten Markierung, zur Position der Markierung, zur generellen Zufriedenheit bezüglich des Markierenden Lichts sowie zu allgemeinen Vorschlägen und Anmerkungen nach dem Befahren der Teststrecke pro Lichtsystem erhoben.

Teil 3: Die Bewertung der Gebrauchstauglichkeit fand in »Teil 3« statt. Hier konnten die VP im Nachgang an die Testreihe Angaben zum gezeigten Warnverhalten, zu Kaufabsichten und zu den Eigenschaften des Markierenden Lichts zu Protokoll geben.

7.3.3 Ergebnisse der Bewertungsphase

Für die statistische Auswertung der Ergebnisse zur subjektiven Bewertung wurde das Statistik-Programm »SPSS Statistics« des Herstellers »IBM« verwendet. Zur Beschreibung der Verteilung der Daten wurden u.a. Mediane und Quartile berechnet. Die Signifikanzüberprüfung, beispielsweise für die doppelte Befragung hinsichtlich der subjektiven Erwartungen an das System, wurde mittels »Wilcoxon-Vorzeichen-Rang-Tests[65]« für abhängige Stichproben bei 5 % Irrtumswahrschein-

[65]Nach [Eckstein, 2012] stellt der *Wilcoxon-Vorzeichen-Rang-Test* für abhängige Stichproben einen Signifikanztest und das nichtparametrische Pendant zum *t-Test* für abhängige Stichproben für den Fall dar, dass dessen Voraussetzung nicht erfüllt werden können. Auf Basis der gepaarten Stichproben wird die Gleichheit der zentralen Tendenzen der zugrundeliegenden Grundgesamtheit geprüft. Eine Normalverteilung der Population ist dabei optional.

lichkeit durchgeführt. Die Darstellung der Ergebnisse erfolgt sowohl in vergleichenden Liniencharts auf Basis der errechneten Mediane, in Form von Boxplots mit doppeltem Quartil und Maximawerten sowie in Form tabellarischer Ergebnisprotokolle[66] mit prozentualen Angaben.

Erwartungen an das markierende Lichtsystem: Abbildung 7.42 illustriert die Ergebnisse der doppelten Befragung hinsichtlich der subjektiven Einschätzung der VP vor und nach der Versuchsfahrt. Mittels des oben bereits zitierten *Wilcoxon-Vorzeichen-Rang-Tests* wurden die beiden abhängigen Stichproben auf Homogenität und Verbundenheit hin überprüft. Das Ergebnisprotokoll ist in Abschnitt A.6 einzusehen. Dort ist zu erkennen, dass bei einem vorgegebenen Signifikanzniveau von $\alpha_{sig} = 0{,}05$ die Probanden in den Segmenten » Eingriff in die Fahrzeugführung «, » Komforterhöhung «, » Schadensregulierung «, und » Sichtbedingungen « kleinere empirische Signifikanzniveaus $\alpha^*_{sig,\leq 0{,}05,j}$ aufweisen und somit dort nach der Versuchsfahrt eine signifikant veränderte Einschätzung zum markierenden Lichtsystem haben.

Zeitpunkt und Position der lichtbasierten Markierung: Die Ergebnisse der Befragung zum systemspezifischen Zeitpunkt sowie zur Position der lichtbasierten Markierung der Sehzeichen im Verkehrsraum resultierte in positiven Rückmeldungen, wie in den jeweiligen Ergebnisprotokollen im Abschnitt A.6 illustriert wird. Bei der Positionierung ist jedoch bei beiden Klassen eine leichte Tendenz hin zu einer zu hohen Positionierung zu erkennen.

Zufriedenheit bezüglich des markierenden Lichtsystems: Das Ergebnisprotokoll bezüglich der Zufriedenheit der Probanden zeigt auf, dass knapp über 80 % aller Befragten entweder zufrieden oder sehr zufrieden mit dem getesteten System waren.

Warnverhalten: Ein Prozentsatz von 65,4 % aller gültigen Stimmen sind mit dem gezeigten, rein lichtbasierten Warnverhalten zufrieden. Knapp ein Fünftel der Probanden könnte sich jedoch auch noch eine zusätzliche akustische Warnung als Rückmeldekanal vorstellen.

Kaufabsichten: Eine deutliche Mehrheit von 88,9 % aller gültigen Stimmen könnte sich bei einem Neuwagenkauf die Option » Markierendes Licht « vorstellen, so die Interpretation der jeweiligen Ergebnisprotokolle aus Abschnitt A.6. Eine Erhöhung der Sicherheit und des Komforts bei nächtlichen Fahrten wurde mehrheitlich von denjenigen Probanden angegeben, die zuvor einen Kaufwunsch geäußert hatten. Hierzu wurde ermittelt, dass der Median über

[66] Die Darstellung aller tabellarischen Ergebnisprotokolle ist zur verbesserten Lesbarkeit im Anhang unter Abschnitt A.6 gesammelt einzusehen.

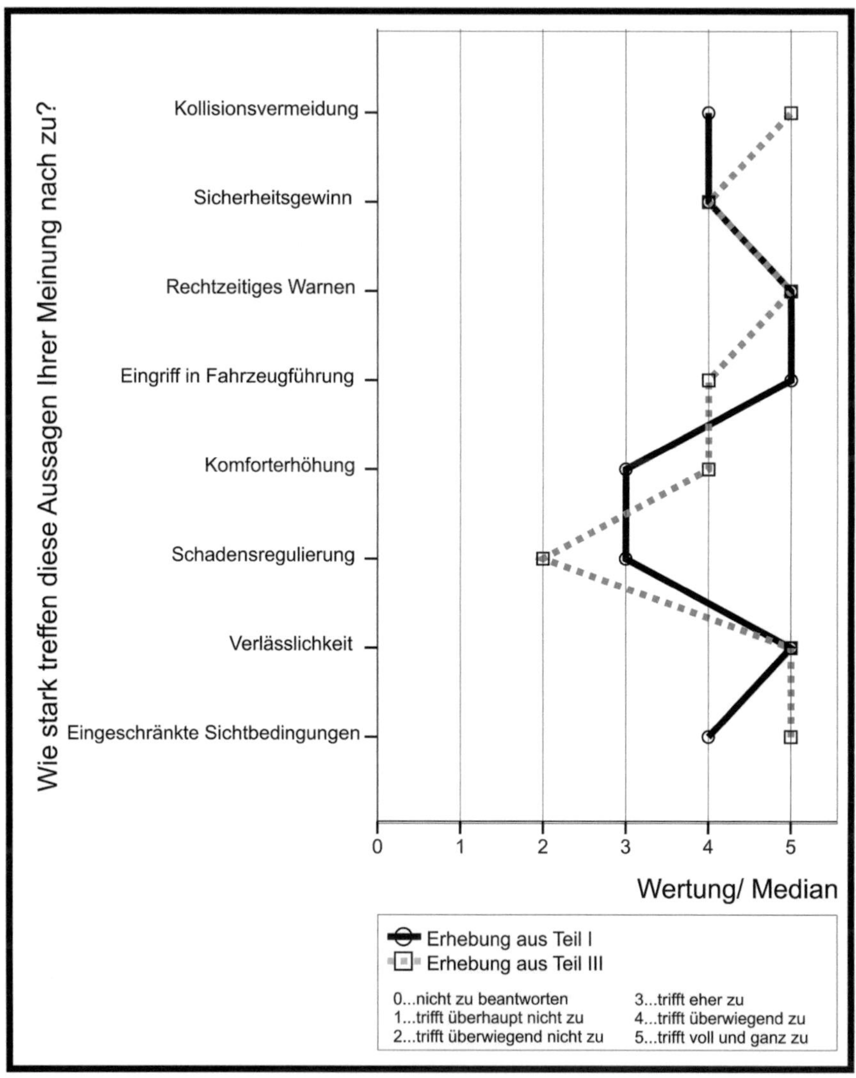

Abbildung 7.42: Übersicht über die Ergebnisse der subjektiven Bewertung zu den Erwartungen an das lichtbasierte Fahrerassistenzsystem vor (Teil I) und nach (Teil III) dem Befahren der Teststrecke.

allen Angaben bei 500€ als Budget für diesen Kaufwunsch vom selbigen Probandenkollektiv angegeben wurde.

Einschätzung zu Eigenschaften des markierenden Lichtsystems: Abbildung 7.43 stellt unter Verwendung eines Liniencharts die subjektive Bewertung der Probanden hinsichtlich der Eigenschaften des erprobten markierenden Lichtsystems dar. Zu erkennen ist ein durchweg positives Feedback der Probanden. Besonders augenfällig sind hier jedoch die Angaben zum Nutzen sowie zur Fahrkomforterhöhung des Systems.

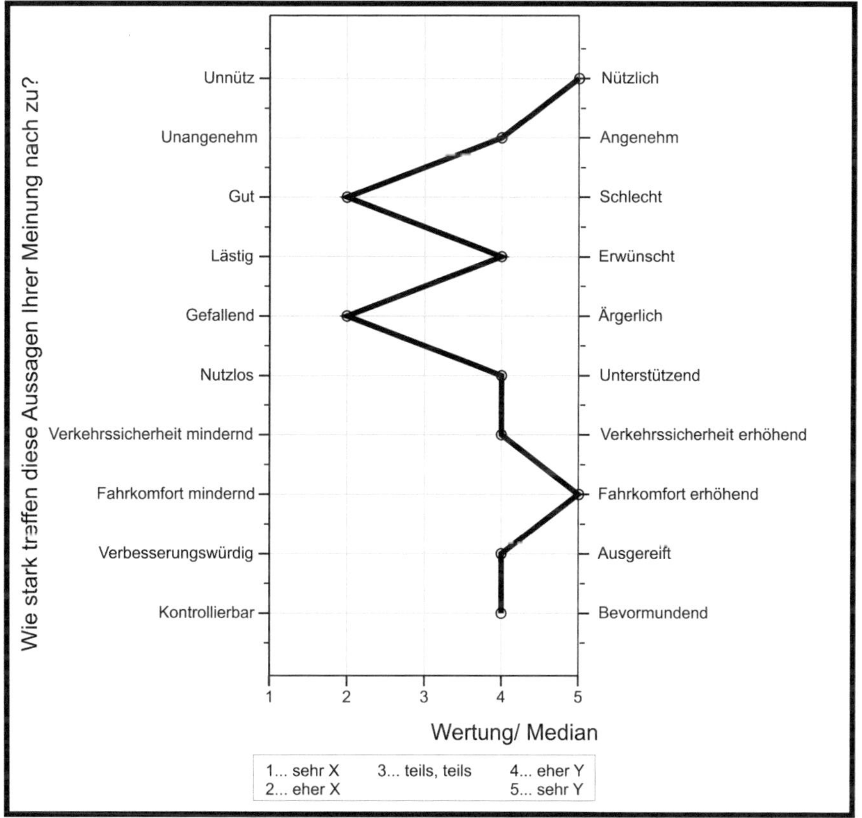

Abbildung 7.43: Übersicht über die Ergebnisse der subjektiven Bewertung hinsichtlich der Eigenschaften des erprobten markierenden Lichtsystems.

Einschätzung zur Gebrauchstauglichkeit: Die Auswertung des Ergebnisprotokolls in der Abbildung 7.44 zeigt, dass die Mehrheit des Probandenkollektivs davon überzeugt ist, dass die Eingewöhnungsphase der Fahrzeugführer an das Markierende Licht schnell vonstatten werden wird. Eine Ablenkung von der Fahraufgabe bedingt durch die lichtbasierte Markierung ist offensichtlich ebenfalls nicht erfolgt, jedoch eine Erhöhung der Fahrsicherheit. Die Systemkomplexität sowie die Benutzung des lichtbasierten FAS befindet sich augenscheinlich in einem verträglichen Korridor.

Vorschläge/ Anmerkungen/ Fragen: Innerhalb des optimierten Versuchsdesigns wurden ausreichend Möglichkeiten geboten, dass die Probanden eigene Vorschläge zur Verbesserung, Anmerkungen sowie weiterführende Fragen zu Protokoll geben konnten. Folgend werden nun die » Top-5 «-Rückmeldungen in dieser Rubrik mit ihrer Häufigkeit aufgeführt:

Top-1: » Das Markierende Licht trägt ungemein zur Entspannung und Erhöhung des Komforts während Nachtfahrten bei! « (14/27)

Top-2: » Wie reagieren mit Licht markierte Menschen/ Wildtiere auf dieses FAS? « (11/27)[67]

Top-3: » Wann ist solch ein markierendes Lichtsystem in der Serie erhältlich? « (8/27)[68]

Top-4: » Werden Fußgänger auf dem parallelen verlaufenden Fußgängerweg auch lichttechnisch markiert? « (5/27)[69]

Top-5: » Ist ein unterschiedliches Markierungslichtmuster für Menschen und Tiere technisch realisierbar? « (4/27)[70]

[67] **Beantwortung zu Top-2:** Die technische Vermeidung einer physiologischen Blendwirkung, welche die Sehfähigkeit von Lebewesen negativ beeinflussen kann, ging bereits zu einem sehr frühen Stadium in den Entwicklungsprozess des hier vorgestellten Lichtsystems ein. Es wurde durch das Lichtdesign sowie durch die Flexibilität und Dynamik der Lichtaktuatorik angestrebt, im Zusammenspiel mit der Markierungslichtsteuerung stets eine lichtbasierte Markierung unterhalb des Sehapparates zu platzieren. Sollte dennoch eine kurzzeitig hohe Blendwirkung,u.a. durch eine Anregung von Unebenheiten im Straßenbelag, auftreten, sind diese nur sehr kurzfristig und sollten nicht zu einem Readaptationsprozess im Auge führen.

[68] **Beantwortung zu Top-3:** Kurz- bis mittelfristig werden solch geartete lichtbasierte Fahrerassistenzsysteme vermehrt in der Serienproduktion von Oberklassenfahrzeugen Einzug halten.

[69] **Beantwortung zu Top-4:** Basierend auf der hier vorgestellten Objektverfolgung ist es möglich, die relative Geschwindigkeit und Richtung von Objekten zu schätzen. Unter Einbeziehung einer Selbstlokalisierung des Fahrzeuges auf einer digitalen Karte kann so der weitere Straßenverlauf und somit auch etwaig parallel zur Straße verlaufende Fußgängerwege erkannt werden. Sollte ein Objekt sich auf diesem Fußgängerwege befinden, wird keine lichtbasierte Markierung initiiert werden.

[70] **Beantwortung zu Top-5:** Basierend auf der hier vorgestellten Objektklassifikation ist es möglich, eine Unterscheidung zwischen diversen Objektklassen zu vollziehen. Es wäre Aufgabe der Systemapplikation auf Basis dieser Informationen eine objektspezifische Markierung zu realisieren.

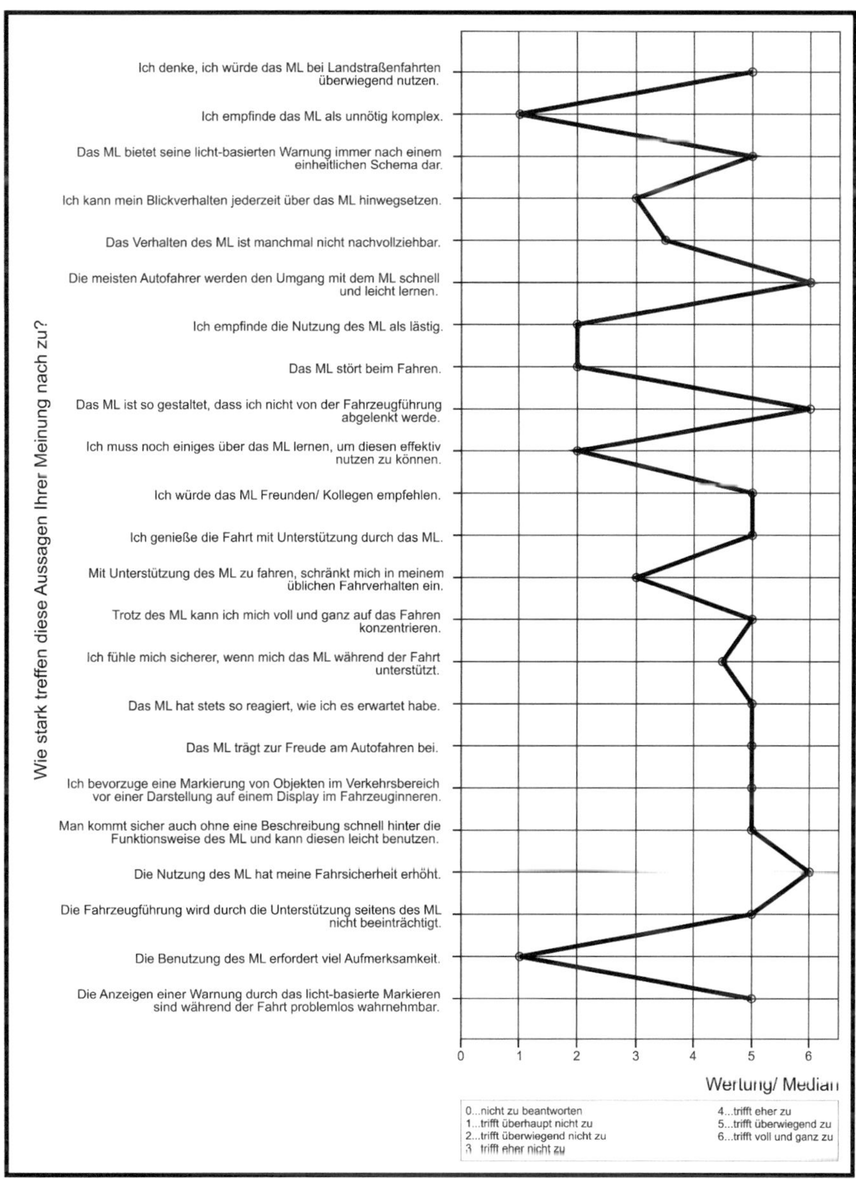

Abbildung 7.44: Übersicht über die Ergebnisse der subjektiven Einschätzung hinsichtlich der Gebrauchstauglichkeit des erprobten markierenden Lichtsystems.

KAPITEL 8

Zusammenfassung und Ausblick

8.1 Zusammenfassung

Im Rahmen der vorliegenden Arbeit wird die Entwicklung einer bildbasierten Markierungslichtsteuerung für Kraftfahrzeuge vorgestellt und zusammen mit einem konventionellen Abblendlichtsystem umfassenden messtechnischen und subjektiven Bewertungen unterzogen. Ein Markierungslicht bezeichnet in diesem Kontext ein dediziertes Lichtsystem, welches zusätzlich zur Grundlichtverteilung durch die Hauptscheinwerfer ein Objekt im vorwärtigen Verkehrsraum durch eine lichtbasierte Markierung und eine daraus resultierende Erhöhung der lokalen Beleuchtungsstärke sowie die damit einhergehende Objektleuchtdichte frühzeitig erkennbar machen soll. Hierzu wurden alle drei Stufen eines effizienten Entwicklungsprozesses umgesetzt: Die theoretische Systementwicklung, die Verifikation mittels modernster Simulationswerkzeuge sowie die Validierung des Gesamtsystems anhand einer wissenschaftlichen Probandenstudie.

Hierzu war es erforderlich, ein Konzept für den Aufbau eines Markierungslichtsystems zu entwerfen und dieses in ein Versuchsfahrzeug zu implementieren. Auf Basis von lichttechnischen Mindestanforderungen sowie gültigen gesetzlichen Grenzwerten wurde ein prototypisches Lichtsystem simuliert, konstruiert und mittels eines *Rapid Prototyping*-Verfahrens physisch realisiert. Innerhalb eines dezentralen Sensor-Aktuator-Netzwerkes fanden so zwei dedizierte Lichtmodule auf LED-Basis

Anwendung, welche unabhängig voneinander horizontale und vertikale Raumwinkel zur lichtbasierten Markierung bedienen können.

Besonderes Augenmerk wird hierbei auf die Entwicklung einer optimierten Ansteuerung der gier- und nickbaren prototypischen Lichtmodule gelegt. Im Gefüge zwischen einer hohen Objekterkennungsentfernung sowie einer geringen Falschalarmrate wurde eine kaskadierte Verarbeitungskette zur Auswertung der bildbasierten Umfeldrepräsentation je Objektklasse unter einer Echtzeitanforderung implementiert. Hierzu wurde im Modul der Objektdetektion ein Segmentierungsalgorithmus auf Basis eines dual-adaptiven Grenzwertfilters vorgestellt, welcher das Bild grob in zwei Klassen unterteilt.

Eine merkmalsbasierte Reduzierung der pre-klassifizierten Bildausschnitte sorgt für eine effiziente Klassifizierung im folgenden Verarbeitungsschritt. Zur technischen Beschreibung der zu klassifizierenden ROIs werden HOG-*Features* herangezogen, welche hinsichtlich einer hohen » Sensivität (TPR) « bei gleichzeitig niedriger » False-Positive-Rate (FPR) « pro untersuchter Objektklasse optimiert wurden. Der verwendete » Maximum-Margin «-Klassifikator im Modus einer » Support Vector Machine « weist mittels einer Entscheidungsfunktion die Klassenzugehörigkeit pro evaluiertem Bildausschnitt zu. Basierend auf den Grundlagen der dynamischen Zustandsschätzung wurde für die Objektverfolgung ein » Interacting-Multiple-Model «-Filter implementiert, welcher zur optimalen Zustandsschätzung mehrere » Erweiterte Kalman «-Filter (EKF) pro Objektklasse integriert. So konnte die nicht bekannte Objekthöhe mittels mehrerer diskretisierter Höhenhypothesen angenähert werden, welche als Parameter pro EKF eingingen, um somit schlussendlich die entsprechende räumliche Objektposition optimal schätzen zu können. Experimentell ermittelte Ergebnisse zu den zuvor genannten Modulen zur Objekterkennung sowie ein bewertender Vergleich verschiedener Methoden zur Objektverfolgung führten zu einer Erkennungsrate des Gesamtsystems von $94,43\,\%$.

In Fahrversuchen auf einer mit Sehobjekten präparierten Versuchsstrecke konnten objektiv und subjektiv Messdaten im Vergleich zu einem konventionellen Abblendlicht erhoben sowie statistisch hinsichtlich der Erkennbarkeitsentfernung sowie der Gebrauchstauglichkeit ausgewertet werden. Hierzu konnte konstatiert werden, dass die Erkennbarkeitsentfernung unter Verwendung der hier vorgestellten markierenden Lichtinstanz gegenüber eines konventionellen Abblendlichts über alle Sichtzeichen gemittelt relativ um $100,67\,\%$, absolut um $34,46m$ verbessert wurde.

Die Auswertung der subjektiven Probandendaten zeigte u.a., dass die Mehrzahl der Probanden mit der lichtbasierten Markierung zufrieden waren, vereinzelt kam jedoch der Wunsch nach einem weiteren (z.B. akkustischer und/ oder haptischer) Rückmeldekanal auf. Eine Befragung zur Gebrauchstauglichkeit resultierte in den

Einschätzungen, dass die Sicherheit und der Komfort bei Dämmerungs- und Nachtfahrten signifikant gesteigert werden konnte, wobei die Systemkomplexität als beherrschbar beschrieben wurde.

Somit kann deduziert werden, dass bei Einführung eines markierenden Lichtsystems unter Berücksichtigung der in dieser Arbeit dargestellten Gesichtspunkte eine Erhöhung der Verkehrssicherheit und des Fahrkomforts im nächtlichen Straßenverkehr mit hoher Wahrscheinlichkeit eintreten wird.

8.2 Ausblick

In einem kurz- bis mittelfristigen Zeitraum wird sich die Verwendung einer markierenden Lichtinstanz im Kraftfahrzeug weiter etablieren können. Wie der Exkurs in die aktuelle Rechtsprechung aus Abschnitt 1.6 gezeigt hat, ist jedoch die explizite Aufnahme und Definition dieses hoch-adaptiven Lichtsystems in eine geltende ECE-Regelung noch nicht erfolgt. Zur Auslegung und zu einer optimierten technischen Realisierung stehen noch einige weiterführende technisch-wissenschaftliche Fragestellungen zur Klärung aus.

Das hier vorgestellte Lichtdesign unter Verwendung eines gier- und nickfähigen Lichtaktuators könnte hinsichtlich des Wirkungsgrades, also des Verhältnises zwischen der elektrischen Leistung und der emittierten Lichtstärke, weiter optimiert werden. Die Verwendung eines Reflektorsystems, welches den gesamten Lichtstrom der LED in den Verkehrsraum überführen kann, sollte hier ein Optimum darstellen. Die weitere Entwicklung der LED-Chips hinsichtlich ihres Wirkungsgrads wird sich zudem positiv auf das gesamte Lichtsystem auswirken. Ferner sollte beim Lichtdesign darauf geachtet werden, dass störendes Streulicht minimiert wird.

Eine Verbesserung der Erkennbarkeitsentfernung des Systems könnte durch die Verwendung eines Bildsensors mit einer höheren Bildauflösung erreicht werden. Dies hätte zur Folge, dass Objekte früher erkannt und verarbeitet werden könnten und die lichtbasierte Markierung zu einem noch früheren Zeitpunkt für den Fahrzeugführer zur Verfügung stünde.

Für die vorgestellte Objekterkennung könnten mittels einer Sensordatenfusion der hier vorgestellten FIR-Kamera und einer NIR-Kamera zusätzlich Umfeldinformationen Berücksichtigung finden. Dies hätte zur Folge, dass ein markierendes Lichtsystem nicht nur außerhalb geschlossener Ortschaften verwendet werden könnte, sondern auch in innerstädtischen Gebieten, wo eine Kollisionsgefahr bei Dämmerungs- und Nachtfahrten, bedingt durch eine niedrige Umfeldleuchtdichte, ebenfalls gegeben ist.

Die Fusion mit einem aktuellen Forschungsschwerpunkt am MRT, der Prädiktion des unmittelbar bevorstehenden Objektbewegungspfades (beispielsweise von Fußgängern) auf Basis der geschätzten relativen Position und Geschwindigkeit, könnte zudem dazu beitragen, ungewollte Fehlauslösungen des Systems weiter zu minimieren und somit die Akzeptanz durch den Fahrzeugführer weiter zu erhöhen.

ANHANG A

Zusatzmaterial

A.1 Messschirm

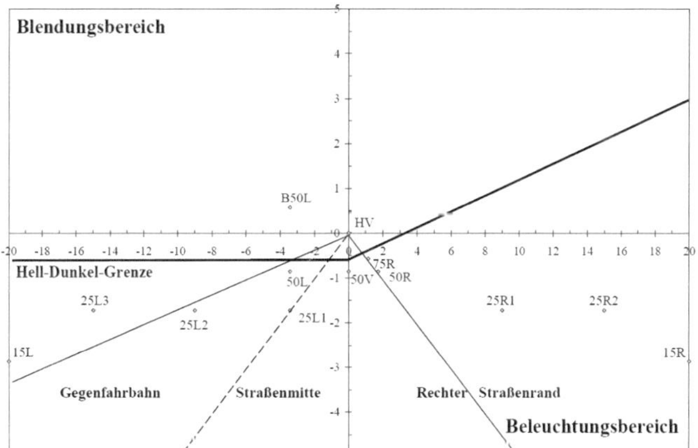

Abbildung A.45: „ECE-Messschirm für Rechtsverkehr mit HDG; die HDG muss auf der Seite, die der Seite der Verkehrsrichtung gegenüberliegt, für die der Scheinwerfer vorgesehen ist, eine waagerechte Gerade sein; auf der anderen Seite sollte sie waagerecht oder innerhalb eines Winkels von 15 ° über der Waagerechten verlaufen“, so [UNECE, 2010a] (Abbildung in Anlehnung an [Kuhl, 2006]).

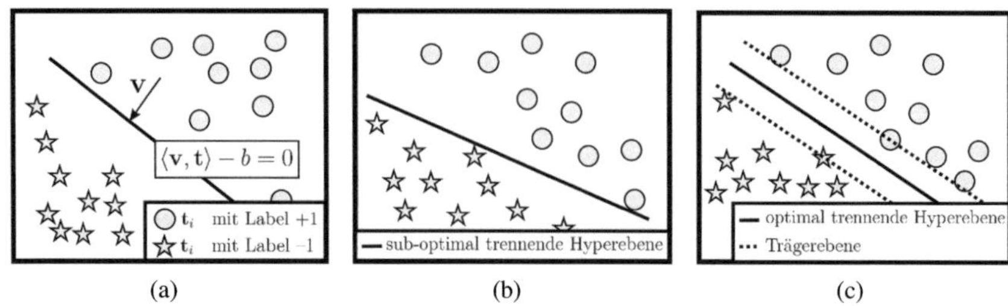

Abbildung A.46: Links: Trainingsdaten und trennende Hyperebene. Mitte: Suboptimal trennende Hyperebene Rechts: Optimal trennende Hyperebene.

A.2 Mathematische Grundlagen zur Support Vector Machine

Dieses Unterkapitel bietet eine kurze mathematische Einführung in die »Support Vector Machine (SVM)« zur maschinellen Mustererkennung. Weitere Informationen sind in Abschnitt 2.6 einzusehen.

A.2.1 Linear separierbare Daten

Ausgangsbasis für die Klassifikation mittels einer SVM ist eine Menge von Trainingsdaten $\mathbf{t}_i \in \mathscr{T} \subseteq \mathbb{R}^n$, für welche jeweils bekannt ist, welcher Klasse $c_i \in \mathscr{C} \subseteq \{-1; 1\}$ sie zugehörig sind. Bei angenommenen r Trainingsdaten $\mathbf{t}_i$ mit zugehörigen Klassenlabels c_i, kann eine Trainingsmenge $\mathscr{S} = \{(\mathbf{t}_i, c_i)\}_{i=1}^r$ definiert werden. Eine Zuordnung neuer Daten zu einer Klasse soll über eine Entscheidungsfunktion $f(\mathbf{t})$ sowie deren Vorzeichen erfolgen. Gesucht ist somit nach [Bechtel, 2008] eine geeignete Entscheidungsfunktion f. Wie aus Abbildung A.46(a) hervorgeht, sollen Trainingsdaten $\mathbf{t}_i$ mit positivem Label von solchen mit negativem Label mittels einer Hyperebene $H_{\omega,b}$ getrennt werden. Diese Trennebene genügt der Gleichung

$$\langle \mathbf{v}, \mathbf{t} \rangle - b = 0 \quad , \tag{A.116}$$

wobei $\mathbf{v} \in \mathbb{R}^n$ ein orthogonaler Vektor zur Hyperebene darstellt und $\mathbf{t} \in \mathbb{R}^n$ ist. Ist dieser normiert, so ergibt $\langle \mathbf{v}, \mathbf{t} \rangle$ die Länge der Orthogonalprojektion von $\mathbf{t}$ auf $\mathbf{v}$ an, $b \in \mathbb{R}$ beschreibt dann den Abstand der Hyperebene zum Ursprung. Die Zuordnung neuer Daten zu einer Klasse erfolgt mittels der Entscheidungsfunktion $f(\mathbf{t})$, welche wie folgt definiert ist:

$$f(\mathbf{t}) := \langle \mathbf{v}, \mathbf{t} \rangle - b \quad . \tag{A.117}$$

Unter Zuhilfenahme des Vorzeichens der Entscheidungsfunktion wird $\mathbf{t}$ der Klasse » $+1$ « oder » -1 « zugeordnet.

Die in Abbildung A.46(c) illustrierte optimal trennende Hyperebene besitzt die Eigenschaft, von beiden Klasen maximal weit entfernt zu sein. Dies führt u.a. zu dem positiven Effekt, dass bei einer geringfügigen Abänderung der Trainingsdaten nicht gleich Fehlklassifikationen zu erwarten sind. Eine optimal trennende Hyperebene bildet zusammen mit den beiden Trägerebenen einen maximal breiten Streifen zwischen den Klassen. Der Abstand eines Trainingspunktes $(\mathbf{t}_i, c_i)$ bezüglich der dargestellten Hyperebene $H_{\mathbf{v},b}$ wird nach *Cristianini and Taylor* als *Margin* bezeichnet und kann mit $\tilde{\mathbf{v}} = \frac{\mathbf{v}}{\|\mathbf{v}\|}$ respektive $\tilde{b} = \frac{b}{\|b\|}$ beschrieben werden als

$$\iota_i = c_i \left(\langle \mathbf{v}, \mathbf{t}_i \rangle - b \right), \qquad \textit{funktionale Margin} \tag{A.118}$$

$$\tilde{\iota}_i = c_i \left(\langle \tilde{\mathbf{v}}, \mathbf{t}_i \rangle - \tilde{b} \right). \qquad \textit{geometrische Margin} \tag{A.119}$$

Die *geometrische Margin*[71] einer Hyperebene bezüglich einer Trainingsmenge $\mathscr{S}$ ist definiert als

$$\min_{(\mathbf{t}_i, c_i) \in \mathscr{S}} \tilde{\iota}_i = \min_{(\mathbf{t}_i, c_i) \in \mathscr{S}} \left(c_i \left(\langle \tilde{\mathbf{v}}, \mathbf{t}_i \rangle - \tilde{b} \right) \right) \quad . \tag{A.120}$$

Darauf aufbauend, kann die Definition einer *Maximal Margin Hyperebene* einer Trainingsmenge $\mathscr{S}$ beschrieben werden als

$$\max_{(\mathbf{v}, b)} \left(\min_{(\mathbf{t}_i, c_i) \in \mathscr{S}} \tilde{\iota}_i \right) = \max_{(\mathbf{v}, b)} \left[\min_{(\mathbf{t}_i, c_i) \in \mathscr{S}} \left(c_i \left(\langle \frac{\mathbf{v}}{\|\mathbf{v}\|}, \mathbf{t}_i \rangle - \frac{b}{\|\mathbf{v}\|} \right) \right) \right] \quad . \tag{A.121}$$

Somit ist eine *Maximal Margin Hyperebene* eine Trennebene, welche die größte geometrische Margin bezüglich der Trainingsmenge aufweist. Sie besitzt den größtmöglichen Abstand zu beiden Klassen und teilt diese mit jeweils gleichem Abstand.

[71] Bemerkung: Der Wert $|\tilde{\iota}_i|$ spiegelt den euklidischen Abstand des Trainingspunktes $(\mathbf{t}, c_i)$ zur Hyperebene $H_{\mathbf{v},b}$ wider.

Die Berechnung der *Maximal Margin Hyperebene* führt zu einem Optimierungsproblem über $(\mathbf{v}, \mathbf{t}_i)$, welches durch Lösen des Lagrange[72] Dualproblems die Parameter für die Darstellung der trennenden Hyperebene darlegt. Soll $(\mathbf{v}, \mathbf{t}_i)$ die Daten $(\mathbf{t}_i, c_i) \in \mathscr{S}$ entsprechend ihrer Klassen trennen, muss nach *Bechtel* gelten:

$$\langle \mathbf{v}, \mathbf{t}_i \rangle - b < 0, \quad \text{für} \quad i \in \{1, \ldots, m\} \quad \text{mit} \quad c_i = -1 \quad , \tag{A.122}$$

$$\langle \mathbf{v}, \mathbf{t}_i \rangle - b > 0, \quad \text{für} \quad i \in \{1, \ldots, m\} \quad \text{mit} \quad c_i = +1 \quad . \tag{A.123}$$

Beide Fälle lassen sich unter der Voraussetzung, dass die Testdaten linear trennbar sind, zusammenfassen als

$$c_i \Big(\langle \mathbf{v}, \mathbf{t}_i \rangle - b \Big) > 0, \quad \text{für} \quad i \in \{1, \ldots, m\}. \tag{A.124}$$

Durch die Gegebenheit, dass Hyperebenen invariant gegenüber Skalierungen [73] sind, werden im nächsten Schritt $\mathbf{v}$ und b so reskaliert, dass diejenigen Punkte $\mathbf{t}_i$, die am nächsten an der Hyperebene liegen, die Gleichung

$$|\langle \mathbf{v}, \mathbf{t}_i \rangle - b| = 1 \tag{A.125}$$

erfüllen. Diese Punkte sind in der Trägerebene enthalten, wenn auch gleich noch keine Aussage über den tatsächlichen geometrischen Abstand zwischen Trägerebene und Hyperebene getroffen werden kann. Nichtsdestotrotz liefert Gleichung A.125 eine *kanonische Darstellung* der Hyperebene $H_{\mathbf{v},b}$ mit

$$c_i \Big(\langle \mathbf{v}, \mathbf{t}_i \rangle - b \Big) \geq 1, \quad i \in \{1, \ldots, m\} \tag{A.126}$$

sowie gleichzeitig m lineare Ungleichheitsrestriktionen für das Optimierungsproblem. Unter Annahme, dass Punkt $\mathbf{t}_1$ mit Label $+1$ sowie Punkt $\mathbf{t}_2$ mit Label -1 existieren und diese am nächsten an der Hyperebene liegen, kann die Breite des Streifens, welcher die beiden Klassen voneinander trennt, durch die Projektion der Punkte $\mathbf{t}_1$ und $\mathbf{t}_2$ auf den Normalenvektor der Hyperebene $\frac{\mathbf{v}}{|\mathbf{v}|}$ berechnet werden:

[72]Joseph-Louis de Lagrange (* 25. Januar 1736 in Turin; † 10. April 1813 in Paris) war ein italienischer Mathematiker und Astronom.

[73]Bemerkung: Es beschreiben sowohl $(\mathbf{v}, b)$ als auch $(\phi\mathbf{v}, \phi b)$ mit $\phi \neq 0$ die gleiche Hyperebene.

$$\begin{aligned}\langle \mathbf{t}_1, \frac{\mathbf{v}}{\|\mathbf{v}\|}\rangle - \langle \mathbf{t}_2, \frac{\mathbf{v}}{\|\mathbf{v}\|}\rangle &= \frac{1}{\|\mathbf{v}\|}\Big(\langle \mathbf{t}_1, \mathbf{v}\rangle - \langle \mathbf{t}_2, \mathbf{v}\rangle\Big) \\ &= \frac{1}{\|\mathbf{v}\|}\Big(1 + b - (b-1)\Big) \\ &= \frac{2}{\|\mathbf{v}\|} \end{aligned} \tag{A.127}$$

Die Breite der Margin soll hinsichtlich der Störfestigkeit bei der Klassifikation maximiert werden. Um ein konvexes Optimierungsproblem zu erhalten, wird anstelle der Maximierung von $\frac{2}{\|\mathbf{v}\|}$ eine Minimierung über $\frac{1}{2}\|\mathbf{v}\|^2$ angewandt. Somit lautet das Optimierungsproblem:

$$\min_{\mathbf{v},b)} \quad \frac{1}{2}\|\mathbf{v}\|^2 \tag{A.128}$$

$$\text{u.d.N.} \quad c_i\Big(\langle \mathbf{v}, \mathbf{t}_i\rangle - b\Big) \geq 1, \quad i \in \{1, \ldots, m\} \quad . \tag{A.129}$$

Ein unabdingbarer Schritt bei SVM ist der Übergang zum Langrange Dualproblem

$$\max_{\alpha} \quad \Big(\inf_{\mathbf{v},b} \quad L(\mathbf{v}, b, \alpha)\Big) \tag{A.130}$$

$$\text{u.d.N.} \quad \alpha \geq 0 \tag{A.131}$$

mit der Lagrange Funktion

$$L(\mathbf{v}, b, \alpha) = \frac{1}{2}\|\mathbf{v}\|^2 + \sum_{i=1}^{m} \alpha_i\Big(1 - c_i(\langle \mathbf{v}, \mathbf{t}_i\rangle - b)\Big). \tag{A.132}$$

Zum Auffinden des Minimums dieser Funktion werden die partiellen Ableitungen über $(\mathbf{v}, b)$ wie folgt formuliert:

$$\frac{\partial L}{\partial \mathbf{v}} = 0 \quad \Leftrightarrow \mathbf{v} = \sum_{i=1}^{m} \alpha_i c_i \mathbf{t}_i \tag{A.133}$$

$$\frac{\partial L}{\partial b} = 0 \quad \Leftrightarrow 0 = \sum_{i=1}^{m} \alpha_i c_i \tag{A.134}$$

Einsetzen der Gleichungen [A.133] und [A.134] in die Lagrange Funktion [A.132] liefert nach *Bechtel*:

$$L(\mathbf{v}, b, \alpha) = \sum_{i=1}^{m} \alpha_1 - \frac{1}{2} \sum_{i,j=1}^{m} \alpha_i \alpha_j c_i c_j \langle \mathbf{t}_i, \mathbf{t}_j \rangle \quad . \tag{A.135}$$

Bei der Lösung dieser Gleichung fällt auf, dass nur bestimmte Vektoren Lagrange-Faktoren mit $\alpha_i \neq 0$ besitzen. Dies sind die beschriebenen *Support Vektoren*, alle übrigen haben für die Aufstellung der Trennebene keine Bedeutung. Die finale Entscheidungsfunktion hat mit α^* als optimale Lösung von Gleichung [A.135] sowie $\mathscr{I} = \{i : \alpha_i^* \neq 0\}$ folgende Form:

$$c = \operatorname{sgn}\Big(f(\mathbf{t})\Big) = \operatorname{sgn}\Big(\sum_{i \in \mathscr{I}} \alpha_i c_i \langle \mathbf{t}_i, \mathbf{t} \rangle - b\Big) \quad . \tag{A.136}$$

Die Zuordnung eines neuen Punktes $\mathbf{t}^+$ zu einer Klasse erfolgt somit durch

$$c = \operatorname{sgn}\Big(f(\mathbf{t}^+)\Big) \quad . \tag{A.137}$$

A.2.2 Nichtlinear separierbare Daten

Im Unterkapitel A.2.1 wurden ausschließlich linear separierbare Trainingsdaten betrachtet. Die positiven Trainingspunkte ließen sich von solchen mit einem negativen Label durch eine lineare Entscheidungsfunktion $f(\mathbf{t})$ eindeutig trennen.

In diesem Abschnitt soll dieser Ansatz auf nichtlinear trennbare Daten erweiterte werden. Hierzu wird u.a. in *Cristianini and Taylor* ein Verfahren vorgestellt, welches die Trainingsdaten $\mathbf{t}_i$ durch eine Funktion $\Theta : \mathscr{T} \subset \mathbb{R}^n \longrightarrow \Theta(\mathscr{T})$ in einen hochdimensionalen Raum abbildet, mit der Intention, dort die Daten linear trennen zu können. Für solch eine Transformation zwischen den Dimensionen wird eine sogen. Kernfunktion $k : \mathscr{T} \times \mathscr{T} \longrightarrow \mathbb{R}$ eingeführt, sodass für alle $\mathbf{u}, \mathbf{v} \in \mathscr{T} \subset \mathbb{R}^n$ gilt:

$$k(\mathbf{u}, \mathbf{v}) = \langle \Theta(\mathbf{u}), \Theta(\mathbf{v}) \rangle \quad . \tag{A.138}$$

Die Kernfunktion vereinfacht nun eine Formulierung einer SVM für nichtlinear trennbare Daten signifikant: Es ist lediglich in der Lagrange-Funktion [A.132] sowie in der Entscheidungsfunktion [A.136] das Skalarprodukt durch die Kernfunktion zu ersetzen. Eine Auswertung der Funktion Θ findet unterdes nicht mehr statt. Daher beeinflusst die korrespondierende hohe Dimension die Berechnung nicht mehr, ein hoher Rechenaufwand wird somit vermieden. Für eine effiziente Berechnung der Hyperebene bzw. der Entscheidungsfunktion ist somit eine geeignete Wahl der Kernfunktion unabdingbar.

A.3 Kontrastdefinition

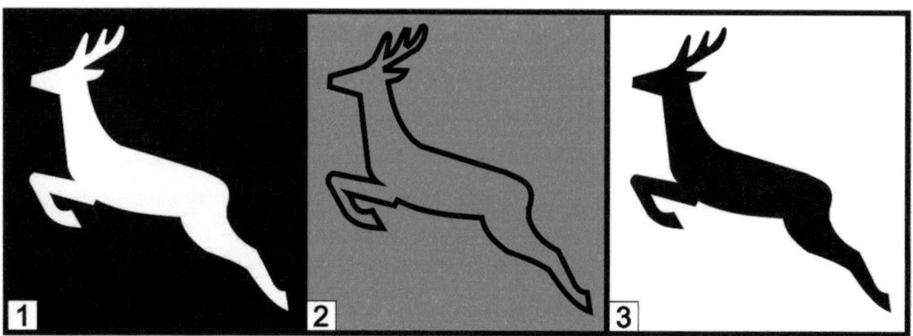

Abbildung A.47: Zur Kontrastdefinition: [1] Positivkontrast; [2] Tarnung ($C \approx 0$); [3] Negativkontrast (Abbildung in Anlehnung an [Eckert, 1993]).

A.4 Sequenz einer Notbremsung

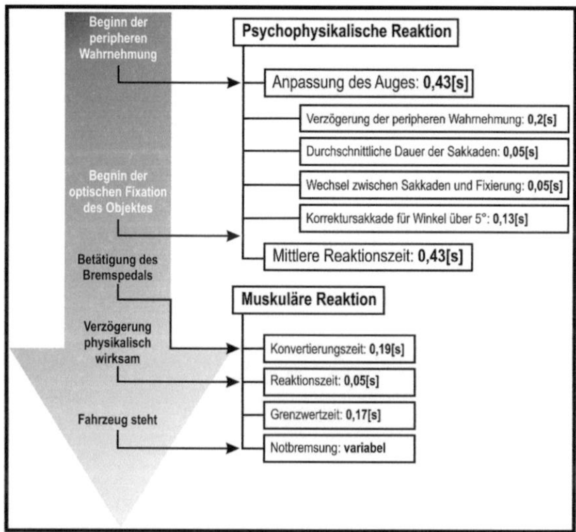

Abbildung A.48: Typischer Ablauf von psychophysikalischen Einzelereignissen innerhalb einer Gefahrenbremsung (Bildquelle in Anlehnung an [Wördenweber et al., 2007]).

A.5 Optisches Design der bikonvexen Linsen

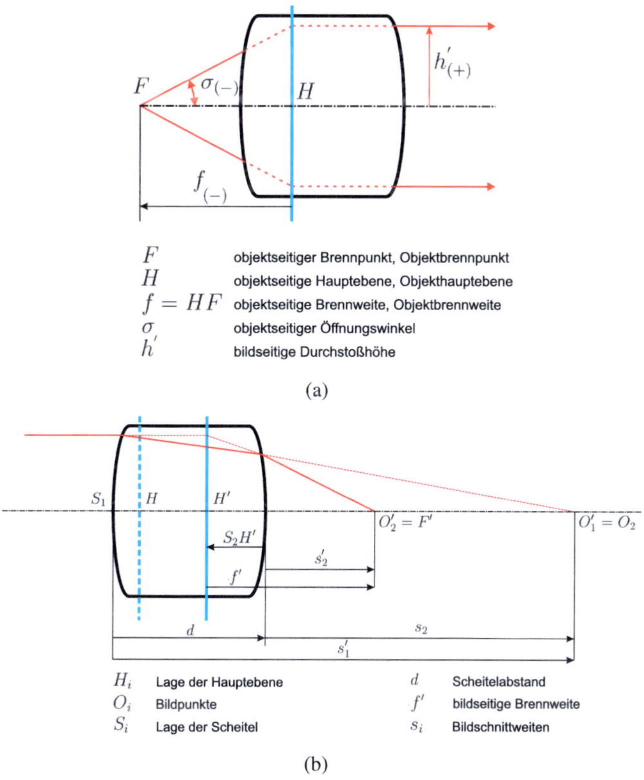

Abbildung A.49: <u>Oben:</u> Definition von objektseitiger Brennweite f, objektseitiger Hauptebene H sowie objektseitigem Brennpunkt F. <u>Unten:</u> Schnittweiten eines 2-flächigen Systems (Abbildungen in Anlehnung an [Schröder and Treiber, 2007]).

Optische Systeme können nach [Schröder and Treiber, 2007] aus beliebig vielen brechenden oder reflektierenden Flächen bestehen. Zur einheitlichen Beschreibung werden jedoch zentrierte optische Systeme vorausgesetzt, bei denen die Krümmungsmittelpunkte aller Flächen auf einer Geraden, der optischen Achse, liegen. Somit lässt sich jedes optische System anhand von vier Kenngrößen eindeutig definieren: Zwei Brennpunkte und zwei Hauptpunkte, namentlich F, F', H, und H'.

In der Designphase des in Abbildung A.49(a) illustrierten Positivsystems wurde auf Basis des im Versuchsfahrzeug zur Verfügung stehenden Bauraums und somit resultierender Durchmesser pro Einzellinse ein Punkt auf der optischen Achse gesucht, von welchem aus die divergierenden Strahlenbündel des LED-Emitters in Parallelbündel umgeformt werden. Dieser Punkt wird dann als *objektseitige Brennpunkt F* bezeichnet, kurz Objektbrennpunkt. Die Schnittebene des divergierenden Bündels mit dem aus dem System austretenden Parallelbündel definiert die *objektseitiger Hauptebene*: Der Schnittpunkt dieser Ebene mit der optischen Achse ist der *objektseitige Hauptpunkt H*, der Abstand von Objekthauptpunkt zu Objektbrennpunkt ist die *objektseitige Brennweite f*.

Abbildung A.49(b) zeigt die schematische Darstellung einer dicken Linse mit der Brechzahl n_L (hier: $n_L = 1.49$ für den Werkstoff PMMA), den Radien r_1 (hier: $r_1 = 39,65\,mm$) und r_2 (hier: $r_2 = 166,80\,mm$) und der Dicke d (hier: $d = 13\,mm$), welche sich in Luft (Brechzahl $n = 1$) befindet. Die Brennweite sowie die Lage der Hauptebenen ergeben sich nach den in [Schröder and Treiber, 2007] aufgeführten Rechenvorschriften für ein achsparallel einfallendes Lichtbündel ($s_1 \stackrel{!}{=} -\infty$) zu $f' = 66,76, S_2H' = -7.1982, S_1H' = 1,7111$ und $HH' = 4,0907$.

A.6 Ergebnisprotokolle zur subjektiven Bewertung

Statistik für Post-hoc-Test[c]

	Kollisions-vermeidung	Sicherheits-gewinn	Rechtzeitiges Warnen	Eingriff in Fahrzeug-führung	Komfort-erhöhung	Schadens-regulierung	Verlässlichkeit	Eingeschränkte Sichtbedingungen
Z	-1,256[a]	-1,010[a]	-,707[b]	-2,710[b]	-3,424[a]	-3,683[b]	-1,216[b]	-3,755[a]
Asymptotische Signifikanz (2-seitig)	,209	,313	,480	,007	,001	,000	,224	,000

a. Basiert auf negativen Rängen.
b. Basiert auf positiven Rängen.
c. Wilcoxon-Test

Abbildung A.50: Ergebnisprotokoll zur Statistik des *Post-hoc-Tests* bezüglich der doppelten Befragung hinsichtlich der subjektiven Einschätzung. Bei einem vorgegebenen Signifikanzniveau von $\alpha = 0,05$ ist zu erkennen, dass die Probanden in den Segmenten »Eingriff in die Fahrzeugführung«, » Komforterhöhung «, » Schadensregulierung «, und » Sichtbedingungen « kleinere empirische Signifikanzniveaus aufweisen und somit dort nach der Versuchsfahrt eine signifikant veränderte Einschätzung zum markierenden Lichtsystem teilen.

Zeitpunkt für die licht-basierte Markierung?

		Häufigkeit	Prozent	Gültige Prozente	Kumulierte Prozente
Gültig	zu früh	3	11,1	11,1	11,1
	genau richtig	20	74,1	74,1	85,2
	zu spät	4	14,8	14,8	100,0
	Gesamt	27	100,0	100,0	

Abbildung A.51: Ergebnisprotokoll zur Auswertung des Zeitpunktes der lichtbasierten Markierung. 74,1 % aller gültigen Stimmen votierten für einen adäquat parametrisierten Zeitpunkt.

Position der licht-basierten Markierung für Klasse MENSCH?

		Häufigkeit	Prozent	Gültige Prozente	Kumulierte Prozente
Gültig	zu tief	5	18,5	19,2	19,2
	genau richtig	19	70,4	73,1	92,3
	zu hoch	2	7,4	7,7	100,0
	Gesamt	26	96,3	100,0	
Fehlend	nicht sicher	1	3,7		
Gesamt		27	100,0		

Abbildung A.52: Ergebnisprotokoll zur Auswertung der Position der lichtbasierten Markierung für die Klasse MENSCH. 73,1 % aller gültigen Stimmen votierten für eine adäquate Positionierung des Lichtspots.

Position der licht-basierten Markierung für Klasse REH?

		Häufigkeit	Prozent	Gültige Prozente	Kumulierte Prozente
Gültig	zu tief	6	22,2	24,0	24,0
	genau richtig	17	63,0	68,0	92,0
	zu hoch	2	7,4	8,0	100,0
	Gesamt	25	92,6	100,0	
Fehlend	nicht sicher	2	7,4		
Gesamt		27	100,0		

Abbildung A.53: Ergebnisprotokoll zur Auswertung der Position der lichtbasierten Markierung für die Klasse REH. 68,0 % aller gültigen Stimmen votierten für eine adäquate Positionierung des Lichtspots.

Wie zufrieden waren Sie mit dem ML beim Befahren der Teststrecke?

		Häufigkeit	Prozent	Gültige Prozente	Kumulierte Prozente
Gültig	sehr zufrieden	12	44,4	44,4	44,4
	zufrieden	11	40,7	40,7	85,2
	weder zufreiden noch unzufrieden	3	11,1	11,1	96,3
	wenig zufrieden	1	3,7	3,7	100,0
	Gesamt	27	100,0	100,0	

Abbildung A.54: Ergebnisprotokoll zur Auswertung der spezifischen Zufriedenheit über das lichtbasierte Fahrerassistenzsystem. 44,4 % aller gültigen Stimmen votierten für das Segment » sehr zufrieden «.

Wünschen Sie ein anderes Warnverhalten?

		Häufigkeit	Prozent	Gültige Prozente	Kumulierte Prozente
Gültig	nein	17	63,0	65,4	65,4
	Frage unklar	1	3,7	3,8	69,2
	Zusätzliche akustische Warnung	5	18,5	19,2	88,5
	Zusätzliche haptische Warnung	1	3,7	3,8	92,3
	Zusätzliche akustische und haptische Warnung	2	7,4	7,7	100,0
	Gesamt	26	96,3	100,0	
Fehlend	keine Angaben	1	3,7		
Gesamt		27	100,0		

Abbildung A.55: Ergebnisprotokoll zur Auswertung des Warnverhaltens des lichtbasierten Fahrerassistenzsystems. 65,4 % aller gültigen Stimmen votierten dafür, dass kein weiterer Rückmeldekanal notwendig sei.

ML mit Neuwagen kaufen?

		Häufigkeit	Prozent	Gültige Prozente	Kumulierte Prozente
Gültig	ja	24	88,9	88,9	88,9
	nein	3	11,1	11,1	100,0
	Gesamt	27	100,0	100,0	

Abbildung A.56: Ergebnisprotokoll zur Auswertung des potentiellen Kaufverhaltens hinsichtlich eines markierenden Lichts. 88,9 % aller gültigen Stimmen votierten dafür, dass sie ein solches Fahrerassistenzsystem bei einem Neuwagenkauf beziehen würden.

Aus welchem Grund würden Sie ein ML kaufen?

		Häufigkeit	Prozent	Gültige Prozente	Kumulierte Prozente
Gültig	Erhöhung der Sicherheit	2	8,3	8,3	8,3
	Erhöhung des Fahrkomforts	1	4,2	4,2	12,5
	Beides	18	75,0	75,0	87,5
	Andere Gründe	3	12,5	12,5	100,0
	Gesamt	24	100,0	100,0	

Abbildung A.57: Ergebnisprotokoll zur Auswertung der potentiellen Kaufbeweggründe hinsichtlich eines markierenden Lichts. 75,0 % aller gültigen Stimmen votierten für eine Kaufentscheidung basierend auf dem Mehrwert an Sicherheit und Komfort.

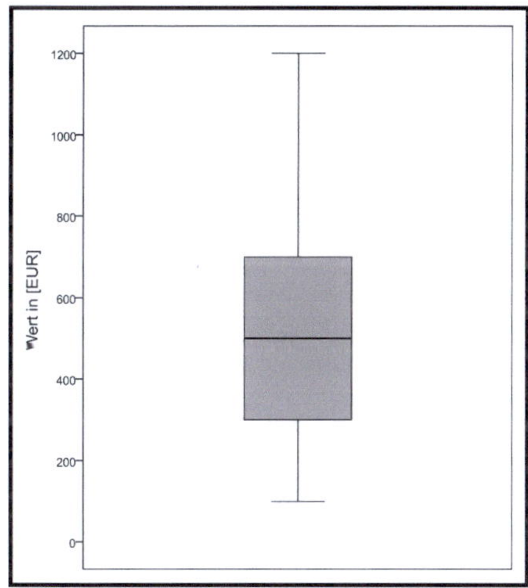

Abbildung A.58: Übersicht über die Ergebnisse der subjektiven Bewertung hinsichtlich des Kaufbudgets für ein markierendes Lichtsystem. Der Median über allen Angaben liegt bei 500 €, der obere Extremwert notiert bei 1200 €, der untere Extremwert bei 150 €.

ANHANG B

Fragebögen

PERSÖNLICHE ANGABEN

Nachname:		
Vorname:		
Geburtsdatum:		[DD-MM-JJJJ]
Geschlecht:	☐ weiblich	☐ männlich
Telefon:		[für Rückfragen und/ oder
E-Mail:	@	Terminabsprachen]
Sehhilfe beim Autofahren:	☐ keine ☐ Kontaktlinsen	☐ Brille, falls ja:
	☐ Ferne ☐ Nähe	☐ Multifokal

IHRE FAHRERFAHRUNG

Besitzen Sie ein eigens Fahrzeug?	☐ Auto	☐ Motorrad	☐ Sonstiges:
Wie hoch ist Ihre bisherige, gesamte Fahrleistung? [TKm]	☐ unter 20	☐ 20-50	☐ 50-100
	☐ 100-200	☐ 200-500	☐ über 500
Wie hoch ist Ihre jährliche Fahrleistung? [TKm]	☐ unter 5	☐ 5-10	
	☐ 10-20	☐ über 20	
Wie lange besitzen Sie Ihren Führerschein?		[Jahre]	
Sind Sie mit der Bedienung von Automatikgetrieben vertraut?	☐ ja	☐ nein	

WIE VERTEILT SICH IHRE FAHRLEISTUNG IN PROZENT?

[1] Bitte unterscheiden Sie **Innerorts**, **Außerorts** und **Autobahn** und markieren Sie die Anteile in Balken.

0 5 10 15 20 25 30 35 40 45 50 55 60 65 70 75 80 85 90 95 100 [%]

[2] Bitte unterscheiden Sie nun nach den Lichtverhältnissen und markieren Sie **Hell**, **Dämmerung** und **Dunkelheit** im Balkendiagramm.

0 5 10 15 20 25 30 35 40 45 50 55 60 65 70 75 80 85 90 95 100 [%]

Abbildung B.59: Ausschnitt aus *Teil 1* des Fragebogens » Vor der Versuchsfahrt «: Persönliche Angaben.

FRAGEN ZU MARKIERUNGSFREQUENZ

PHASE I: MARKIERUNG		
Frequenz:		[0...10 Hz]
PHASE II: AUSLEUCHTUNG		
Dauer:		[0...2 s]
ZYKLUS:	☐ „Markieren"-„Ausleuchten"	☐ „Markieren"-„Ausleuchten"-„Markieren"-„Ausleuchten" (usw.)
Kommentare:		

FRAGEN ZU ZEITPUNKT DER SICHTOBJEKTE

	1 zu früh	2 genau richtig	3 zu spät
Der Zeitpunkt für die licht-basierte Markierung der Sichtobjekte ist...	☐	☐	☐
Kommentare:			

FRAGEN ZU POSITION DER MARKIERUNG

	1 zu tief	2 genau richtig	3 zu hoch
Die Position der licht-basierten Markierung der Sichtobjekte MENSCH ist...	☐	☐	☐
Die Position der licht-basierten Markierung der Sichtobjekte REH ist...	☐	☐	☐
Kommentare:			

Abbildung B.60: Ausschnitt aus *Teil 1* des Fragebogens » Vor der Versuchsfahrt «: Systembeschreibung und *Post-hoc*-Messung.

SYSTEMBESCHREIBUNG UND POST-HOC MESSUNG

Das heute zu untersuchende „Markierende Licht (ML)" ist ein licht-basiertes Fahrerassistenzsystem zur Unterstützung des Fahrzeugführers bei nächtlichen Fahrten vornehmlich außerhalb geschlossener Ortschaften. Hierbei werden potentiell kollisions-gefährliche Objekte im Verkehrsraum – welche durch Ihre Körpertemperatur mittels der verwendeten Wärmebildkamera erkannt werden – entdeckt und verfolgt sowie nach technischer Bewertung vollautomatisch mit einem Lichtstrahl im Verkehrsraum angeleuchtet, oder auch „markiert".

Nach dieser kurzen Systembeschreibung bitten wir Sie, folgenden Aussagen nach Maßen Ihre Vorstellungen und Erwartungen an das System zu bewerten. Beurteilen Sie bitte die folgenden Aussagen anhand einer 6-stufigen Skala, wobei auch die Option „Nicht sinnvoll zu beantworten" angekreuzt werden kann. Bitte kreuzen Sie in jeder Reihe nur ein Kästchen an.

Denken Sie daran, dass es keine „richtigen" oder „falschen" Antworten gibt - nur Ihre persönliche Meinung zählt!

Wie stark treffen diese Aussagen Ihrer Meinung nach zu?	trifft überhaupt nicht zu 1	trifft überwiegend nicht zu 2	trifft eher nicht zu 3	trifft eher zu 4	trifft überwiegend zu 5	trifft voll und ganz zu 6	Nicht sinnvoll zu beantworten 0
Das ML trägt dazu bei, Kollisionen mit Personen oder Wild bei nächtlichen Landstraßenfahrten zu verhindern.	☐	☐	☐	☐	☐	☐	☐
Das ML gibt mir einen so großen Sicherheitsgewinn, dass ich mich Nebentätigkeiten im Fahrzeug besser zuwenden kann.	☐	☐	☐	☐	☐	☐	☐
Ich erwarte, dass das ML mich rechtzeitig warnt, wenn sich ein Objekt im kollisions-kritischen Bereich vor mir befindet.	☐	☐	☐	☐	☐	☐	☐
Das ML erkennt zwar Objekte im Verkehrsraum, greift aber in kritischen Situationen nicht in die eigentliche Fahrzeugführung ein.	☐	☐	☐	☐	☐	☐	☐
Das ML erhöht den Komfort bei nächtlichen Landstraßenfahrten, da ich nun nicht mehr lästig den Verkehrsraum nach kollisions-gefährlichen Objekten absuchen muss.	☐	☐	☐	☐	☐	☐	☐
Falls das ML einmal nicht funktioniert und ich deswegen in eine Kollision verwickelt werde, sollte auch der Hersteller für den entstandenen Schaden aufkommen.	☐	☐	☐	☐	☐	☐	☐
Das ML ist ein Sicherheitssystem, auf das ich mich immer verlassen können muss.	☐	☐	☐	☐	☐	☐	☐
Ich erwarte, dass das ML auch bei eingeschränkten Sichtbedingungen (Nebel, Regen, Schnee) funktioniert.	☐	☐	☐	☐	☐	☐	☐

Abbildung B.61: Ausschnitt aus *Teil 2* des Fragebogens » Nach Befahren der Versuchsstrecke «: Markierungsfrequenz; Zeitpunkt; Position.

BEURTEILUNG DER GEBRAUCHSTAUGLICHKEIT (USABILITY)

Im Folgenden werden wir Ihnen verschiedene Fragen stellen, mit denen wir Ihre persönliche Meinung über das System erfassen möchten. Es gibt keine richtigen oder falschen Antworten.
Gehen Sie bei der Beantwortung der folgenden Fragen stets von den Systemeinstellungen aus, die Ihnen am besten gefallen haben.

Frage	Antwort
Wünschen Sie sich vom System ein anderes Warnverhalten als das gezeigte?	☐ ja ☐ nein ☐ Frage unklar
Wenn ja, was sollte anders gestaltet sein?	
Könnten Sie sich vorstellen, einen Neuwagen mit ML zu kaufen?	☐ ja ☐ nein
Falls Sie sich vorstellen können ein ML zu kaufen: Aus welchem Grund würden Sie das tun?	☐ Erhöhung der Sicherheit ☐ Erhöhung des Fahrkomforts ☐ Beides ☐ Andere Gründe
Welche Mehrkosten wäre Ihnen die Ausstattung mit einem ML bei dem Kauf eines Neuwagens wert?	[EUR]
Wie zufrieden sind sie insgesamt mit dem Fahrerassistenzsystem?	☐ sehr zufrieden ☐ zufrieden ☐ weder zufrieden noch unzufrieden ☐ wenig zufrieden ☐ unzufrieden

Abbildung B.62: Ausschnitt aus *Teil 3* des Fragebogens » Nach Beendigung der Versuchsfahrt «: Gebrauchstauglichkeit I/III.

Sie sind nun einige Zeit mit Unterstützung des Markierenden Lichts gefahren. Wie schätzen Sie das ML ein? Entscheiden Sie sich bitte ohne große Überlegungen für eine Einschätzung. Bitte geben Sie die Einschätzung, die Ihnen spontan in den Sinn kommt.

Wie stark treffen diese Aussagen Ihrer Meinung nach zu?	trifft überhaupt nicht zu 1	trifft überwiegend nicht zu 2	trifft eher nicht zu 3	trifft eher zu 4	trifft überwiegend zu 5	trifft voll und ganz zu 6	Nicht sinnvoll zu beantworten 0
Das ML trägt dazu bei, Kollisionen mit Personen oder Wild bei nächtlichen Landstraßenfahrten zu verhindern.	☐	☐	☐	☐	☐	☐	☐
Das ML gibt mir einen so großen Sicherheitsgewinn, dass ich mich Nebentätigkeiten im Fahrzeug besser zuwenden kann.	☐	☐	☐	☐	☐	☐	☐
Ich erwarte, dass das ML mich rechtzeitig warnt, wenn sich ein Objekt im kollisions-kritischen Bereich vor mir befindet.	☐	☐	☐	☐	☐	☐	☐
Das ML erkennt zwar Objekte im Verkehrsraum, greift aber in kritischen Situationen nicht in die eigentliche Fahrzeugführung ein.	☐	☐	☐	☐	☐	☐	☐
Das ML erhöht den Komfort bei nächtlichen Landstraßenfahrten, da ich nun nicht mehr lästig den Verkehrsraum nach kollisions-gefährlichen Objekten absuchen muss.	☐	☐	☐	☐	☐	☐	☐
Falls das ML einmal nicht funktioniert und ich deswegen in eine Kollision verwickelt werde, sollte auch der Hersteller für den entstandenen Schaden aufkommen.	☐	☐	☐	☐	☐	☐	☐
Das ML ist ein Sicherheitssystem, auf das ich mich immer verlassen können muss.	☐	☐	☐	☐	☐	☐	☐
Ich erwarte, dass das ML auch bei eingeschränkten Sichtbedingungen (Nebel, Regen, Schnee) funktioniert.	☐	☐	☐	☐	☐	☐	☐

Geben Sie bitte eine Einschätzung zu den Eigenschaften des ML. Welche der hier aufgeführten Eigenschaften treffen Ihrer Meinung nach auf das Assistenzsystem am ehesten zu? Entscheiden Sie sich bitte spontan für eine Bewertung der folgenden, gegensätzlichen Wortpaare anhand der 5-stufigen Skala. Bitte kreuzen Sie in jeder Reihe nur ein Kästchen an.

	sehr 2	eher 1	teils, teils 0	eher 1	sehr 2	
Unnütz	☐	☐	☐	☐	☐	Nützlich
Unangenehm	☐	☐	☐	☐	☐	Angenehm
Gut	☐	☐	☐	☐	☐	Schlecht
Lästig	☐	☐	☐	☐	☐	Erwünscht
Gefallend	☐	☐	☐	☐	☐	Ärgerlich
Nutzlos	☐	☐	☐	☐	☐	Unterstützend
Verkehrssicherheit mindernd	☐	☐	☐	☐	☐	Verkehrssicherheit erhöhend
Fahrkomfort mindernd	☐	☐	☐	☐	☐	Fahrkomfort erhöhend
Verbesserungswürdig	☐	☐	☐	☐	☐	Ausgereift
Kontrollierbar	☐	☐	☐	☐	☐	Bevormundend

Abbildung B.63: Ausschnitt aus *Teil 3* des Fragebogens » Nach Beendigung der Versuchsfahrt «: Gebrauchstauglichkeit II/III.

Bitte geben Sie anhand einer fünf-stufigen Skala erneut Ihre Einschätzung zum ML ab. Wenn Sie einzelne Fragen nicht verstehen oder die Frage nicht auf Ihre Situation zutrifft, machen Sie Ihr Kreuz bitte bei „Nicht sinnvoll zu beantworten".

Wie stark treffen diese Aussagen Ihrer Meinung nach zu?	trifft überhaupt nicht zu 1	trifft überwiegend nicht zu 2	trifft eher nicht zu 3	trifft eher zu 4	trifft überwiegend zu 5	trifft voll und ganz zu 6	Nicht sinnvoll zu beantworten 0
Ich denke, ich würde das ML bei Landstraßenfahrten überwiegend nutzen.	☐	☐	☐	☐	☐	☐	☐
Ich empfinde das ML als unnötig komplex.	☐	☐	☐	☐	☐	☐	☐
Das ML bietet seine licht-basierten Warnung immer nach einem einheitlichen Schema dar.	☐	☐	☐	☐	☐	☐	☐
Ich kann mein Blickverhalten jederzeit über das ML hinwegsetzen.	☐	☐	☐	☐	☐	☐	☐
Das Verhalten des ML ist manchmal nicht nachvollziehbar.	☐	☐	☐	☐	☐	☐	☐
Die meisten Autofahrer werden den Umgang mit dem ML schnell und leicht lernen.	☐	☐	☐	☐	☐	☐	☐
Ich empfinde die Nutzung des ML als lästig.	☐	☐	☐	☐	☐	☐	☐
Das ML stört beim Fahren.	☐	☐	☐	☐	☐	☐	☐
Das ML ist so gestaltet, dass ich nicht von der Fahrzeugführung abgelenkt werde.	☐	☐	☐	☐	☐	☐	☐
Ich muss noch einiges über das ML lernen, um diesen effektiv nutzen zu können.	☐	☐	☐	☐	☐	☐	☐
Ich würde das ML Freunden/ Kollegen empfehlen.	☐	☐	☐	☐	☐	☐	☐
Ich genieße die Fahrt mit Unterstützung durch das ML.	☐	☐	☐	☐	☐	☐	☐
Mit Unterstützung des ML zu fahren, schränkt mich in meinem üblichen Fahrverhalten ein.	☐	☐	☐	☐	☐	☐	☐
Trotz des ML kann ich mich voll und ganz auf das Fahren konzentrieren.	☐	☐	☐	☐	☐	☐	☐
Ich fühle mich sicherer, wenn mich das ML während der Fahrt unterstützt.	☐	☐	☐	☐	☐	☐	☐
Das ML hat stets so reagiert, wie ich es erwartet habe.	☐	☐	☐	☐	☐	☐	☐
Das ML trägt zur Freude am Autofahren bei.	☐	☐	☐	☐	☐	☐	☐
Ich bevorzuge eine Markierung von Objekten im Verkehrsbereich vor einer Darstellung auf einem Display im Fahrzeuginneren.	☐	☐	☐	☐	☐	☐	☐
Man kommt sicher auch ohne eine Beschreibung schnell hinter die Funktionsweise des ML und kann diesen leicht benutzen.	☐	☐	☐	☐	☐	☐	☐
Die Nutzung des ML hat meine Fahrsicherheit erhöht.	☐	☐	☐	☐	☐	☐	☐
Die Fahrzeugführung wird durch die Unterstützung seitens des ML nicht beeinträchtigt.	☐	☐	☐	☐	☐	☐	☐
Die Benutzung des ML erfordert viel Aufmerksamkeit.	☐	☐	☐	☐	☐	☐	☐
Die Anzeigen einer Warnung durch das licht-basierte Markieren sind während der Fahrt problemlos wahrnehmbar.	☐	☐	☐	☐	☐	☐	☐

Abbildung B.64: Ausschnitt aus *Teil 3* des Fragebogens » Nach Beendigung der Versuchsfahrt «: Gebrauchstauglichkeit III/III.

ANHANG C

Sonstiges

C.1 Betreute Arbeiten

F. Dengler. *Konstruktive Optimierung eines Prototypenscheinwerfers unter Verwendung der Modalanalyse*. Studienarbeit, Universität Karlsruhe (TH), Institut für Mess- und Regelungstechnik (MRT), Karlsruhe, Baden-Württemberg, Deutschland, 2009.

K.-P. Eiber. *Datenerhebung, Verarbeitung und visuelle Projektion einer Idealtrajektorie*. Diplomarbeit, Universität Stuttgart, Institut für Verbrennungsmotoren und Kraftfahrwesen, Lehrstuhl Kraftfahrzeugmechatronik, Stuttgart, Baden-Württemberg, Deutschland, 2010.

J. Firl. *Lichtquellendetektion, -klassifikation und Positionsbestimmung in nächtlichen monokularen Bildsequenzen*. Diplomarbeit, Universität Karlsruhe (TH), Institut für Mess- und Regelungstechnik (MRT), Karlsruhe, Baden-Württemberg, Deutschland, 2009.

D. Hucker. *Videobasierte Detektion von Fahrzeugen bei Nacht*. Studienarbeit, Universität Karlsruhe (TH), Institut für Mess- und Regelungstechnik (MRT), Karlsruhe, Baden-Württemberg, Deutschland, 2009.

J. Kiwitt. *Multi-Target Tracking in einem Hardware-In-The-Loop Framework*. Studienarbeit, Universität Karlsruhe (TH), Institut für Mess- und Regelungstechnik (MRT), Karlsruhe, Baden-Württemberg, Deutschland, 2010.

R. Lutz. *Positions- und Bewegungsschätzung von Objekten aus einem sich selbst bewegenden Bezugssystem als Grundlage für ein automotives Kollisionswarnmodul*. Studienarbeit, Karlsruhe Institut für Technologie (KIT), Institut für Mess- und Regelungstechnik (MRT), Karlsruhe, Baden-Württemberg, Deutschland, 2010.

Q. H. Nguyen. *Kompensation der Fahrzeugeigenbewegung zur optimierten Positionierung eines markierenden Lichtsystems*. Studienarbeit, Karlsruhe Institut für Technologie (KIT), Institut für Mess- und Regelungstechnik (MRT), Karlsruhe, Baden-Württemberg, Deutschland, 2011.

T. Schmidt. *Kartenbasierte prädiktive Kurvenlichtsteuerung für Kraftfahrzeuge*. Diplomarbeit, Universität Karlsruhe (TH), Institut für Mess- und Regelungstechnik (MRT), Karlsruhe, Baden-Württemberg, Deutschland, 2009.

T. Schäfer. *Implementierung eines Zielnachführungsalgorithmus für eine automotive Beleuchtungseinheit auf Basis monoskopischer Videodaten*. Diplomarbeit, Universität Karlsruhe (TH), Institut für Mess- und Regelungstechnik (MRT), Karlsruhe, Baden-Württemberg, Deutschland, 2009.

K. Weck. *Untersuchung eines Fahrerassistenzsystems für Spurwechselvorgänge - Eine Fahrsimulatorstudie zur nutzeradaptiven Evaluation und Optimierung der Mensch-Maschine-Schnittstelle*. Diplomarbeit, Technische Universität (TU) Chemnitz, Fakultät für Wirtschaftswissenschaften, Professur für Produktionswirtschaft und Industriebetriebslehre, Chemnitz, Sachsen, Deutschland, 2009.

O. Zürn. *Modellerstellung eines Fahrerassistenzsystems als Realisierungsgrundlage für den Aufbau eines Ergonomiedemonstrators*. Diplomarbeit, Universität Karlsruhe (TH), Institut für Mess- und Regelungstechnik (MRT), Karlsruhe, Baden-Württemberg, Deutschland, 2008.

C.2 Veröffentlichungen

C.2.1 Konferenzbeiträge mit Vortrag

M. H. Hörter and C. Koelen. *Intelligente Lichtverteilung im Kraftfahrzeug als Komfort-und Sicherheitsfunktion? Innovationen von heute und morgen...* In *14. Internationaler Kongress Elektronik im Kraftfahrzeug : Baden-Baden, 7. und 8. Oktober 2009*, volume VDI-Bericht Nr. 2075, pages 563–576, Baden-Baden, Baden-Württemberg, Deutschland, 2009. VDI Wissensforum GmbH. ISBN 978-3-18-092075-7.

M. H. Hörter, C. Stiller, and C. Koelen. *A Hardware and Software Framework for Automotive Intelligent Lighting*. In *Intelligent Vehicles Symposium, 2009 IEEE*, pages 299 – 304, Xi'an, Shaanxi, China, 2009. IEEE.

M. H. Hörter, C. Stiller, and C. Koelen. *Intelligent automotive lighting distribution as a comfort and safety feature? Innovations for today and tomorrow...* In *FISITA 2010 World Automotive Congress*, volume FISITA2010-SC-O-11, pages 1–9, Budapest, Hungary, 2010a. Scientific Society for Mechanical Engineering (GTE). ISBN 978-963-9058-29-3.

M. H. Hörter, C. Stiller, and C. Koelen. *Intelligente Lichtfunktion "Markierendes Licht" - Detektion und Klassifikation von zu markierenden Objekten*. In *Optische Technologien in der Fahrzeugtechnik : mit Fachausstellung; 4. VDI-Tagung, Karlsruhe, 14. und 15. April 2010*, volume VDI-Berichte Nr. 2090, Düsseldorf, Nordrhein-Westfalen, Deutschland, 2010b. VDI-Verlag. ISBN 978-3-18-092090-0.

M. H. Hörter, R. Lutz, and C. Stiller. *Advanced Object Tracking for a Marking Light Approach*. In *9th International Symposium on Automotive Lighting*, volume 14, pages 502–515, Darmstadt, Hessen, Deutschland, 2011a. Darmstädter Lichttechnik. ISBN 978-3-8316-4093-5.

M. H. Hörter, R. Lutz, and C. Stiller. *Advanced Object Tracking for a Marking Light Approach (Presentation Slides) - 9th International Symposium on Automotive Lighting*. Karlsruher Institut for Technology (KIT) - Department of Measurement and Control (MRT), Karlsruhe, Baden-Württemberg, Deutschland, 2011b.

C.2.2 Konferenzbeiträge mit Poster

J. Firl, M. H. Hörter, M. Lauer, and C. Stiller. *Vehicle Detection, Classification and Position Estimation based on Monocular Video Data during Night-time*. In *8th International Symposium on Automotive Lighting*, volume 13, pages 532–544, Darmstadt, Hessen, Deutschland, 2009. Darmstädter Lichttechnik. ISBN 978-3-8316-0904-8.

C.2.3 Sonstige Veröffentlichungen und Auszeichnungen

ATZonline. *ATZonline - Aktuell - Nachrichten (Abfragedatum: 17. November 2011)*, 2011. URL `http://www.atzonline.de/Aktuell/Nachrichten/1/14895/`

Spot-an-Personenerkennung-mit-Fern-Infrarot-und-LED-Leuchten.html.

A. Derks and C. Egerer. *Auszeichnungsschreiben zu „Ausgewählter Ort 2012“mit KIT-Projekt »Markierendes Licht« vom 27. Januar 2012*. Initiative "Deutschland - Land der Ideen", Berlin, Deutschland, 2012.

dSPACE. *Das Licht machts*. In *dSPACE MAGAZIN*, volume 2/2011, pages 12–17, Paderborn, Nordrhein-Westfalen, Deutschland, 2011. dSPACE GmbH.

FOCUS. *Lichtstrahl für mehr Sicherheit*. In *FOCUS Magazin - Perspektiven*, volume 47/11 - 21. November 2011, page 104, München, Bayern, Deutschland, 2011. FOCUS Media GmbH.

M. H. Hörter. *Auto-Electronics-Excellence Young Engineers Best Paper Award*. 14. Internationalen VDI Kongresses Elektrik 2009, Baden-Baden, Baden-Württemberg, Deutschland, 2009.

M. H. Hörter. *Intelligentes Licht hilft, Unfälle zu verhindern*. In *Porsche Engineering Magazin*, volume 1/2010, Bietigheim-Bissingen, Baden-Württemberg, Deutschland, 2010. Porsche Engineering Services GmbH.

M. H. Hörter. *Markierendes Licht hellt Gefahren auf*. In *Badische Neuste Nachrichten (BNN) - Wissenschaft in der Region*, volume 247 - 25. Oktober 2011, Karlsruhe, Baden-Württemberg, Deutschland, 2011a. BADISCHE NEUESTE NACHRICHTEN Badendruck GmbH.

M. H. Hörter. *Vorbei an Schatten in der Nacht*. In *Die Rheinpfalz - Marktplatz Regional*, volume 202 - 31. August 2011, Landau, Rheinland-Pfalz, Deutschland, 2011b. RHEINPFALZ Verlag und Druckerei GmbH & Co. KG.

M. H. Hörter. *Mit vier Jahren Arbeit ein paar Sekunden gewonnen*. In *Der Sonntag - Die Region*, volume 47 - 20. November 2011, Freiburg im Breisgau, Baden-Württemberg, Deutschland, 2011c. Der Sonntag Verlags GmbH.

M. Landgraf and M. H. Hörter. *Des Fahrers drittes Auge - Wie intelligentes Licht vor Gefahren warnt*. In *lookKIT – Das Magazin für Forschung, Lehre, Innovation*, volume 04/2011, pages 48–52, Karlsruhe, Baden-Württemberg, Deutschland, 2011a. Karlsruher Institut für Technologie (KIT) - Abteilung für Presse, Kommunikation und Marketing.

M. Landgraf and M. H. Hörter. *Intelligentes Licht warnt vor Kollisionsgefahren - Innovatives Fahrerassistenzsystem für mehr Sicherheit auf nächtlichen Straßen*. In *Karlsruher Institut für Technologie (KIT) - Presseinformation*, volume 169 -

15. November 2011, Karlsruhe, Baden-Württemberg, Deutschland, 2011b. Karlsruher Institut für Technologie (KIT) - Abteilung für Presse, Kommunikation und Marketing.

C.3 Erfindungsmeldungen

M. H. Hörter. *Offenlegungsschrift: Testvorrichtung*. In *DE 10 2010 060 807 A1 2012.05.31*, München, Bayern, Deutschland, 2010. Deutsches Patent- und Markenamt (DPMA).

C. Koelen and M. H. Hörter. *Offenlegungsschrift: Fahrzeug mit Spurwechselassistenzsystem*. In *DE 10 2009 015 913 A1 2010.09.30*, München, Bayern, Deutschland, 2009. Deutsches Patent- und Markenamt (DPMA).

Literaturverzeichnis

W. Adrian. *Die Unterschiedsempfindlichkeit des menschlichen Auges und die Möglichkeit ihrer Berechnung.* In *Lichttechnik, 21. Jahrgang, Nr. 1*, pages 2A – 7A, Berlin, Deutschland, 1969.

P. Alonso, I. Llorca, D. Sotelo, M. Bergasa, L. de Toro, P. Nuevo, J. Ocana, and M. Garrido. *"Combination of feature extraction methods for SVM pedestrian detection.* In *IEEE Transactions on Intelligent Transportation Systems, Vol. 8, No. 2*, pages 292–307. IEEE, 2007.

W. Alt. *Nichtlineare Optimierung: Eine Einführung in Theorie, Verfahren und Anwendungen.* Vieweg & Teubner Verlag; 1. Auflage, Wiesbaden, Hessen, Deutschland, 2002. ISBN 978-3528031930.

R. Arndt, R. Schweiger, W. Ritter, D. Paulus, and O. Lohlein. *"Detection and tracking of multiple pedestrians in automotive applications.* In *IEEE Intelligent Vehicles Symposium*, pages 13–18, Istambul, Turkey, 2007. IEEE.

K. Atkinson. *Close Range Photogrammetry and Machine Vision.* Whittles Publishing, Dunbeath, Scotland, UK, 2001. ISBN 978-1870325738.

A. Bachmann. *Dichte Objektsegmentierung in Stereobildfolgen.* KIT Scientific Publishing, Diss., Karlsruhe, Baden-Württemberg, Deutschland, 2010. ISBN 978-3-86644-541-3.

R. Baer. *Beleuchtungstechnik Grundlagen, 2. Auflage.* Verlag Technik GmbH, Berlin, Deutschland, 1996.

Y. Bar-Shalom and W. D. Blair. *Multitarget-Multisensor Tracking - Applications and Advances, Vol. III.* Artech House, Inc., Norwood, MA, USA, 2000. ISBN 1-58053-091-5.

S. Bechtel. Maschinelles lernen in der medizin - anwendung von support vector machines in der ganganalyse. Diplomarbeit, Universität des Saarlandes, Naturwissenschaftlich-Technische Fakultät I, Saarbrücken, Saarland, Deutschland, 2008.

S. Berlitz. *LED ist now, what's next?* In *7th International Symposium on Automotive Lighting*, pages 123–130, Darmstadt, Hessen, Deutschland, 2007. Herbert Uzt Verlag GmbH, München, Deutschland. ISBN 978-3-3816-0711-2.

M. Bertozzi, A. Broggi, A. Fascioli, and A. Tibaldi. *"Pedestrian localization and tracking system with kalman filtering*. In *IEEE Intelligent Vehicles Symposium*, pages 584–589, Parma, PR, Italy, 2004. IEEE.

M. Bertozzi, A. Broggi, M. Rose, M. Felisa, A. Rakotomamonjy, and F. Suard. *"A pedestrian detector using histograms of oriented gradients and a support vector machine classifier*. In *IEEE Intelligent Transportation Systems Conference*, pages 143–148, Seattle, WA, USA, 2007. IEEE.

H. A. P. Blom. *An efficient filter for abruptly chancing systems*. In *23 rd IEEE conference on decision and control, Proceedings*, pages 656–658. IEEE, 1984.

B. Bradai, A. Herbin, J. P. Lauffenburger, and M. Basset. *Predictive Navigation-based Virtual Sensor for Enhanced Lighting*. In *7th International Symposium on Automotive Lighting*, pages 304–312, Darmstadt, Hessen, Deutschland, 2007. Herbert Uzt Verlag GmbH, München, Deutschland. ISBN 978-3-3816-0711-2.

I. N. Bronstein, K. A. Semendjajew, and G. Musiol. *Taschenbuch der Mathematik, 6. Auflage*. Harri Deutsch, Frankfurt a.M., Hessen, Deutschland, 2005. ISBN 978-3817120055.

F. Böhringer. *Gleisselektive Ortung von Schienenfahrzeugen mit bordautonomer Sensorik*. Universitätsverlag Karlsruhe, Karlsruhe, Baden-Württemberg, Deutschland, 2008. ISBN 978-3-86644-196-5.

Caltech. *corner18.gif*, 2012. URL `http://www.vision.caltech.edu`.

M. Chmielarz, J. Churan, W. Schneider, A. Sprenger, and L. Thiel. *Blickverteilung bei Fahrten in Pkw in Kurven*. In *Blickfixation und Blickbewegungen des Fahrzeugführers sowie Hauptsichtbereiche der Windschutzscheibe, FAT Schriftreihe, Nr. 151*, Frankfurt, Hessen, Deutschland, 2000. Forschungsvereinigung Automobiltechnik (FAT).

CIE. *Fuadementals of Night Driving*. Commision International De L'Eclairage (CIE), Publikation Nr. 100, Wien, Österreich, 1992.

A. S. Cohen. *Möglichkeiten und Grenzen visueller Wahrnehmung im Straßenverkehr*. In *Unfall- und Sicherheitsforschung Straßenverkehr, Ausgabe 57*, Bergisch Gladbach, Nordrhein-Westfalen, Deutschland, 1986. Bundesanstalt für Straßenwesen (BASt).

A. S. Cohen. *Blickverhalten und Informationsaufnahme von Kraftfahrern*. Bundesanstalt für Straßenwesen (BASt), Bericht Nr. 168, Forschungsbericht, Bergisch Gladbach, Nordrhein-Westfalen, Deutschland, 1987.

A. S. Cohen. *Verkehrszeichen*. In *Zeitschrift für Verkehrszeichen, Ausgabe 10*, pages 57–67, Köln, Nordrhein-Westfalen, Deutschland, 1994. TÜV Media GmbH.

A. S. Cohen, H. T. Zwahlen, and O. Silven. *Blicktechnik in Kurven*. BFU-Report, Schweizerische Beratungsstelle für Unfallverhütung, Bericht Nr. 13, Bern, Österreich, 1992.

B. L. Cole and P. K. Hughes. *A field trial of attention and search conspicuity*. In *Human Factors, Ausgabe 26*, page 299 – 313, 1984.

Compagnon. *Analysis of Requirements for Advanced Front-Lighting Systems - Preliminary qualitative survey in Germany*. Compagnon Marktforschungsinstitut GmbH & Co.KG - Institut für psychologische Marketing- und Werbeforschung, Stuttgart, Baden-Württemberg, Deutschland, 1995.

N. Cristianini and J. S. Taylor. *An Introduction to Support Vector Machines and Other Kernel-based Learning Methods*. Cambridge University Press, Cambridge, Cambridgeshire, England, 2000. ISBN 978-0521780193.

C. Dai, Y. Zheng, and X. Li. *"Pedestrian detection and tracking in infrared imagery using shape and appearance*. In *Computer Vision and Image Understanding, Vol. 106*, pages 288–299. Elsevier Science Ltd, 2006.

DAIMLER. *Der Weg zum unfallfreien Fahren*. DAIMLER AG - Communications, Broschüre zu 125 Jahre Automobil, Stuttgart, Baden-Württemberg, Deutschland, 2011.

N. Dalal. *Finding people in images and videos*. Institut National Polytechnique de Grenoble, PhD thesis, Grenoble, France, 2006.

N. Dalal and B. Triggs. *"Histograms of oriented gradients for human detection*. In *IEEE Computer Vision and Pattern Recognition*, page 886–893. IEEE, 2005.

J. Damasky. *Lichttechnische Entwicklung von Anforderungen an Kraftfahrzeug-Scheinwerfer*. Technische Universität Darmstadt, Fachgebiet Lichttechnik, Darmstadt, Hessen, Deutschland, 1995.

T. Dang. *Kontinuierliche Selbstkalibrierung von Stereokameras*. Universitätsverlag Karlsruhe, Karlsruhe, Baden-Württemberg, Deutschland, 2007. ISBN 978-3-86644-164-4.

H. Davson. *Physiology of the Eye*. Elsevier Science Ltd; 5th edition (October 1990), New York City, New York, USA, 1990. ISBN 978-0080379074.

J. de Boer, F. Burghout, and J. van Heemskerk Veekens. *Appraisal of the public lighting based on road surface luminance and glare*. In *CIE XIV Session Brussels*, Brussels, Belgium, 1959.

DESTATIS. *Verkehr - Verkehrsunfälle 2010 - Artikelnummer 2080700107004*. Statistisches Bundesamt (DESTATIS), Wiesbaden, Hessen, Deutschland, 2011a.

DESTATIS. *2011: Zahl der Verkehrstoten steigt voraussichtlich um 7% auf 3900*. Statistisches Bundesamt (DESTATIS) - Pressemitteilung Nr. 462 vom 12.12.2011, Wiesbaden, Hessen, Deutschland, 2011b.

F. Devernay, O.-D. Faugeras, and G. Musiol. *Straight lines have to be straight: automatic calibration and removal of distortion from scenes of structured environments*. In *Machine Vision and Application, No. 13*, pages 14–24, 2001.

C. Diem. *Blickverhalten von Kraftfahrern im dynamischen Straßenverkehr*. Herbert Utz Verlag GmbH, Diss., Technische Universität Darmstadt, Fachgebiet Lichttechnik, Hessen, Deutschland, 2005. ISBN 3-8316-0451-7.

C. Diem, H. J. Schmidt-Clausen, J. Löwenau, and J. Bernasch. *Analysis of Eye-Movement Behaviour Using Moveable Headlamps*. In *Progress in Automobile Lighting, PAL 1999*, München, Bayern, Deutschland, 1996. Herbert Utz Verlag GmbH.

DIN. *DIN 5031 - Strahlungsphysik im optischen Bereich und Lichttechnik*. Deutsches Institut für Normung - NA 058 Normenausschuss Lichttechnik (FNL), Berlin, Deutschland, 1982.

DIN. *DIN 9300-2 - Luft- und Raumfahrt; Begriffe, Größen und Formelzeichen der Flugmechanik; Bewegungen des Luftfahrzeugs und der Atmosphäre gegenüber der Erde*. Deutsches Institut für Normung, Berlin, Deutschland, 1990.

J. Dong, J. Ge, and Y. Luo. *Nighttime Pedestrian Detection with Near Infrared using Cascaded Classifiers*. In *IEEE International Conference on Image Processing (ICIP 2007)*, pages VI–185 – VI–188, San Antonio, TX, USA, 2007. IEEE. ISBN 978-1-4244-1437-6.

F. Dornaika and R. Horaud. *Simultaneous Robot-World and Hand-Eye Calibration*. In *IEEE Transaction on Robotics and Automation, Vol. 14, No. 4*, pages 617–622. IEEE, 1998.

M. Eckert. *Lichttechnik und optische Wahrnehmungssicherheit im Straßenverkehr, 1. Auflage*. 1. Verlag Technik GmbH Berlin - München, Berlin, Deutschland, 1993. ISBN 3-341-01072-6.

P. P. Eckstein. *Angewandte Statistik mit SPSS: Praktische Einführung für Wirtschaftswissenschaftler*. Gabler Verlag | Springer Fachmedien, Wiesbaden, Hessen, Deutschland, 2012. ISBN 978-3834935700.

H. Eggers, J. Moisel, S. Töpfer, and S. Tattersall. *A Night Vision System with Spotlight Marking Light*. In *9th International Symposium on Automotive Lighting*, pages 471–483, Darmstadt, Hessen, Deutschland, 2011. Darmstädter Lichttechnik. ISBN 978-3-8316-4093-5.

EUREKA. *AFS (Advanced Frontlighting Systems) - Phase 1 - Feasibility Study, Final Report*. EUREKA Project 1403, Amsterdam, Holland, 1996.

F. Ewerhart. *Entwicklung und vergleichende Bewertung einer videobasierten Kurvenlichtsteuerung für adaptive Kraftfahrzeugscheinwerfer*. Der Andere Verlag, Osnabrück, Diss., TU Illmenau, Fachgebiet Lichttechnik, Thüringen, Deutschland, 2002. ISBN 3-936231-88-5.

O.-D. Faugeras. *Three Dimensional Computer Vision: A Geometric Viewpoint*. MIT Press, Massachusetts, BT, USA, 1993. ISBN 978-0262061582.

H. Flashar. *Grundriss der Geschichte der Philosophie. Die Philosophie der Antike; 3. Band*. Schwabe Verlag, Basel, Basel-Stadt, Switzerland, 2004. ISBN 3-7965-1998-9.

FLIR. *PathFindIR Specifications*. FLIR Systems, Inc., Goleta, CA, USA, 2008.

C. Friedinger. *Information und Verhalten des Autofahrers beim Durchfahren von Kurven*. Der Andere Verlag, Osnabrück, Diss., Eidgenössische Technische Hochschule (ETH) Zürich, Schweiz, 1980.

J. Gallier. *Geometric Methods and Applications For Computer Science and Engineering*. Springer-Verlag New York, New York, NY, USA, 2001. ISBN 978-0387950440.

D. Gavrila and S. Munder. *"Multi-cue pedestrian detection and tracking from a moving vehicle*. In *International Journal of Computer Vision, Vol. 73, No. 1*, pages 41–59. Kluwer Academic Publishers, 2006.

J. Ge, Y. Luo, and G. Tei. *Real-Time Pedestrian Detection and Tracking at Nighttime for Driver-Assistance Systems*. In *IEEE Transactions on Intelligent Transportation Systems, Vol. 10, No. 2*, pages 283–298. IEEE, 2009.

M. Gerhaher, G. Wermuth, and H. Barske. *Das Integral-Bremslicht IBL, ein wirksamer Beitrag zur Verminderung von Auffahrunfällen*. In *ATZ Automobiltechnische Zeitung, 101. Jahrgang, Heft 10*, Wiesbaden, Hessen, Deutschland, 1999. Springer Vieweg/ Springer DE.

J. Getzberger. *Auffälligkeit: Der Einfluß von Leuchtdichte, Fläche, Kontrast, Ortsfrequenz und Orientierung auf den Auslösemechanismus von Sakkaden in strukturierten und nicht strukturierten Umfeldern*. Ludwig-Maximilian-Universität zu München, Fachbereich Physik, Diss., München, Bayern, Deutschland, 1976.

C. P. Graf and M. J. Krebs. *Headlight Factors and Nighttime Vision*. National Highway Traffic Safety Administration, Forschungsbericht, Washington, District of Columbia, USA, 1976.

S. Graf. *Kamerakalibrierung mit radialer Verzeichnung – die radiale essentielle Matrix*. Suedwestdeutscher Verlag fuer Hochschulschriften, Passau, Bayern, Deutschland, 2007. ISBN 978-3838107820.

C. H. Graham and R. Margaria. *Area and the intensity-time relation in the peripheral retina*. In *From the Eldridge Reeves Johnson Foundation for Medical Physics, University of Pennsylvania*, pages 299–305, Pennsylvania, PA, USA, 1935.

GTB. *GTB Brochure June 2012*. GTB - The International Automotive Lighting and Light Signalling Expert Group, Turin, Piedmont, Italy, 2012.

M. Hamm. *Untersuchung der spektralen Schwellenempfindlichkeit und der Reizverarbeitung im menschlichen Auge*. Herbert Utz Verlag GmbH, Diss., Technische Hochschule Darmstadt, Fachgebiet Lichttechnik, Hessen, Deutschland, 1997.

M. Hamm and A. Friedrich. *Intelligente adaptive Scheinwerfersysteme: Die Fahrzeugaußenbeleuchtung der Zukunft*. In *ATZ - Automobiltechnische Zeitschrift/ Heft 12*, Wiesbaden, Hessen, Deutschland, 2000. Springer Vieweg/ Springer DE.

M. Hamm, T. Spingler, D. Boebel, and B. W. et al. *Lichttechnik und Scheibenreinigung am Kraftfahrzeug*. Robert Bosch GmbH, Stuttgart, Baden-Württemberg, Deutschland, 2002. ISBN 3-7782-2039-X.

E. Hecht. *Optik*. Oldenbourg Wissenschaftsverlag, München, Bayern, Deutschland, 2005. ISBN 978-3486273595.

J. Heikkila and O. Silven. *A four-step camera calibration procedure with implicit image correction*. In *IEEE Computer Society Conference on Computer Vision and Pattern Recognition, Proceedings*, pages 1106–1112. IEEE, 1997.

T. M. Hloucal. *Kontextabhängigkeit visueller Wahrnehmung*. Universität Osnabrück, Diss., Universität Osnabrück, Fachbereich Humanwissenschaften, Niedersachsen, Deutschland, 2010.

H. Honsel and J. Wallaschek. *Realisation of marking light by a fusion of FIR and NIR camera information*. In *9th International Symposium on Automotive Lighting*, pages 484–501, Darmstadt, Hessen, Deutschland, 2011. Darmstädter Lichttechnik. ISBN 978-3-8316-4093-5.

B. Hummel. *Blendfreies LED-Fernlicht*. CUVILLIER VERLAG, Diss., Universität Karlsruhe (TH), Lichttechnisches Institut (LTI), Baden-Württemberg, Deutschland, 2010. ISBN 978-3-86955-386-3.

M. Häder. *Empirische Sozialforschung: Eine Einführung*. VS Verlag für Sozialwissenschaften, Wiesbaden, Hessen, Deutschland, 2006. ISBN 978-3531140100.

G. Jendrusch and H. Heck. *Trainingsfaktor Auge: „Schnell vor scharf" im Tennis*. In *Wissenschaftmagazin RUBIN, Ausgabe 1/98, 8. Jahrgang, Wintersemester 1998*, pages 29–34, Bochum, Nordrhein-Westfalen, Deutschland, 1998. Rektorat der Ruhr-Universität Bochum in Verbindung mit der Gesellschaft der Freunde der Ruhr-Universität Bochum.

E. A. Jeschke and R. Ebert. *Grundriss der Verkehrsmedizin*. VEB Volk und Gesundheit Berlin, Berlin, Deutschland, 1987. ISBN 3333001470.

T. Joachims. *"Making large-scale svm learning practical*. In *Advances in Kernel Methods - Support Vector Learing*, Cambridge, MA, USA, 1999. The MIT Press.

B. Jähne. *Digitale Bildverarbeitung*. Springer-Verlag Berlin Heidelberg, Berlin, Deutschland, 2005. ISBN 978-3-540-24999-3.

B. Kainka and A. Helbig. *Messen, Steuern und Regeln mit C-Control II*. Franzis Verlag GmbH, München, Bayern, Deutschland, 2003. ISBN 978-3772340543.

P. K. Kaiser and R. M. Boynton. *Human Color Vision*. Optical Society of America, Washington DC, USA, 1996.

R. E. Kalman. *A New Approach to Linear Filtering and Prediction Problems*. In *Transaction of the ASME, Journal of Basic Engineering, Bd. 82*, pages 35–45. ASME, 1960.

R. E. Kalman and R. S. Bucy. *New Results in Linear Filtering and Prediction Theory*. In *Transaction of the ASME, Journal of Basic Engineering, Bd. 83*, pages 95–107. ASME, 1961.

F.-J. Kalze and C. Schmidt. *Dynamic Cut-Off-Line geometry as the next step in forward lighting beyond AFS*. In *7th International Symposium on Automotive Lighting*, pages 346–354, Darmstadt, Hessen, Deutschland, 2007. Herbert Uzt Verlag GmbH, München, Deutschland. ISBN 978-3-3816-0711-2.

H. J. Kayser, M. Hess, and G. Ott. *Die Abhängigkeit des Blickverhaltens des Kraftfahrers von der gefahrenen Geschwindigkeit und der Straßenraumgestaltung*. In *Sicht und Sicherheit im Straßenverkehr*, Köln, Nordrhein-Westfalen, Deutschland, 1999. Forschungsgemeinschaft Auto Sicht Sicherheit, Verlag Rheinland.

M. Kleinkes, K. Eichhorn, and N. Schiermeister. *LED technology in headlamps - extend lighting functions and new styling possibilities*. In *7th International Symposium on Automotive Lighting*, pages 55–63, Darmstadt, Hessen, Deutschland, 2007. Herbert Uzt Verlag GmbH, München, Deutschland. ISBN 978-3-3816-0711-2.

J. Krommweh. *Gerichtete Haarwavelet-Systeme in der Bildverarbeitung*. Universitätsverlag Universität Duisburg Essen, Diss., Duisburg, Nordrhein-Westfalen, Deutschland, 2010.

H. Kuchling. *Taschenbuch der Physik*. Fachbuchverlag Leipzig im Carl Hanser Verlag, 17. Auflage, Karlsruhe, Baden-Württemberg, Deutschland, 2001. ISBN 978-3446217607.

P. Kuhl. *Anpassung der Lichtverteilung des Abblendlichtes an den vertikalen Straßenverlauf*. Universität Paderborn, Diss., Universität Paderborn, Paderborn, Nordrhein-Westfalen, Deutschland, 2006.

B. Lachenmayr. *Berichte aus der Medizin - Sehen und gesehen werden*. Shaker Verlag Aachen, Aachen, Nordrhein-Westfalen, Deutschland, 1995.

R. Lachmayer, M. Körsten, and D. Baum. *From AFS to Assistive Headlamps*. In *6th International Symposium on Automotive Lighting*, pages 284–289, Darmstadt, Hessen, Deutschland, 2005. Herbert Uzt Verlag GmbH, München, Deutschland. ISBN 3-8316-0499-1.

S. L. Lauritzen. *Thiele: Pioneer in Statistics*. Oxford University Press, Oxford, Oxfordshire, UK, 2002. ISBN 0-19-850972-3.

R. Lutz. *Positions- und Bewegungsschätzung von Objekten aus einem sich selbst bewegenden Bezugssystem als Grundlage für ein automotives Kollisionswarnmodul*. Studienarbeit, Karlsruhe Institut für Technologie (KIT), Institut für Mess- und Regelungstechnik (MRT), Karlsruhe, Baden-Württemberg, Deutschland, 2010.

S. Mahlke, D. Rösler, K. Seifert, J. K. Krems, and M. Thüring. *Is it enough to see more at night?* In *Night Vision Enhancement Systems*, pages 1–40, Berlin, Deutschland, 2005. Technische Universität Berlin.

K. Manz. *Vorlesungsmanuskript zu Licht und Displaytechnik*. Lichttechnisches Institut (LTI), Universität Karlsruhe, Karlsruhe, Baden-Württemberg, Deutschland, 2009.

K. Manz. *Gesprächsnotiz, basierend auf einem Telefonat zum Thema: Aktuelle Gesetzgebung zu markierender Beleuchtungsfunktion am Karlsruher Institut für Technologie (KIT), Lichttechnisches Institut (LTI)*, 2012. geführt vom Verfasser am 06. Juli 2012.

K. Manz, D. Kooß, K. Klinger, C. Jebas, and S. Schellinger. *Neue Scheinwerfertechnologien - Entwurf des Schlussberichtes (FE 82.0273/2004)*. Universität Karlsruhe (TH), Lichttechnische Institut (LTI), Karlsruhe, Baden-Württemberg, Deutschland, 2004.

P. S. Maybeck. *Stochastic Models, Estimation, and Control, Vol. 1*. Academic Press, Inc., New York City, New York, USA, 1979. ISBN 978-0124807013.

M. L. Mefford, M. J. Flannagan, and S. E. Bogard. *Real-World Use of High-Beam Headlamps*. In *7th International Symposium on Automotive Lighting*, pages 364–368, Darmstadt, Hessen, Deutschland, 2007. Herbert Uzt Verlag GmbH, München, Deutschland. ISBN 978-3-3816-0711-2.

J. Moisel, R. Ackermann, and M. Griesinger. *Adaptive Headlights utilizing LED-Arrays*. In *8th International Symposium on Automotive Lighting*, pages 287–296, Darmstadt, Hessen, Deutschland, 2009. Darmstädter Lichttechnik. ISBN 978-3-8316-0904-8.

R. G. Mortimer and C. M. Jorgeson. *Eye Fixations of Drivers in Night with Three Headlamp Beams*. In *Proceedings of the Automotive Safety Emossion and Fuel Economic*, Michigan, State of Michigan, USA, 1974. University of Michigan.

C. Neumann, W. Brandenburg, and K. Eichhorn. *Praxisseminar Grundwissen kompakt - Optische Technologien im Fahrzeug*. VDI Wissensforum IWB GmbH, Düsseldorf, Nordrhein-Westfalen, Deutschland, 2011.

OXTS. *User Manual*. Oxford Technical Solutions Limited, Oxford, Oxfordshire, England, 2008.

C. Papageorgiou, T. Poggio, and L. de Toro. *"A trainable system for object detection*. In *International Journal of Computer Vision, Vol. 38, No. 1*, pages 15–33. Kluwer Academic Publishers, 2000.

F. Park and B. Martin. *Robot sensor calibration: solving AX=XB on the Euclidean group*. In *IEEE Transactions on Robotics and Automation*, pages 717–721. IEEE, 1994.

K. Paur. *AFS - The Future of Front Lights. Qualitative Study in France, Italy, and Sweden*. TNS Sofres - institut d'études marketing et d'opinion international, Montrouge, Hauts-de-Seine, France, 1996.

M. Perel, P. Olson, M. Sivak, and J. Medlin. *Motor vehicle forward lighting*. In *SAE Technical Paper Series*, Warrendale, Pennsylvania, USA, 1983. Society of Automotive Engieneers (SAE) International.

I. Petermann, G. Weller, B. Schlag, and U. Carraro. *Mehr Licht - Mehr Sicht - Mehr Sicherheit? Der Einfluss unterschiedlicher Lichtverhältnisse auf das Fahrverhalten*. In *Literaturstudie im Auftrag der Volkswagen AG, Abteilung für Unfallforschung*, Dresden, Sachsen, Deutschland, 2006. Technische Universität Dresden.

D. T. Pham and S. S. Dimov. *Rapid manufacturing*. Springer-Verlag Berlin Heidelberg 2007, Berlin, Deutschland, 2001. ISBN 1-85233-360-X.

O. Pink. *Bildbasierte Selbstlokalisierung von Straßenfahrzeugen*. KIT Scientific Publishing, Diss., Karlsruhe, Baden-Württemberg, Deutschland, 2011. ISBN 978-3-86644-708-0.

I. Quaß. *Verkehrszeichenplan Probandenstudie, Projekt-Nr. 110636*. Ludwig Verkehrssicherung GmbH, Untermeitingen, Bayern, Deutschland, 2011.

J. Rebut and B. Fleury. *Vision Based Systems for Lighting Automation*. In *6th International Symposium on Automotive Lighting*, pages 59–72, Darmstadt, Hessen, Deutschland, 2005. Herbert Uzt Verlag GmbH, München, Deutschland. ISBN 3-8316-0499-1.

J. Rebut, B. Bradai, J. Moizard, and A. Charpentier. *A Monucular Vision Based Advanced Lighting Automation System for Driving Assistance*. In *7th International Symposium on Automotive Lighting*, pages 473–482, Darmstadt, Hessen, Deutschland, 2007. Herbert Uzt Verlag GmbH, München, Deutschland. ISBN 978-3-3816-0711-2.

H.-D. Reidenbach, K. Dollinger, G. Ott, M. Janßen, and M. Brose. *Blendung durch optische Strahlungsquellen*. Bundesanstalt für Arbeitsschutz und Arbeitsmedizin, Dortmund, Nordrhein-Westfalen, Deutschland, 2008. ISBN 978-3-88261-093-2.

R. Reinsch. *Wahrnehmung von Verkehrszeichen und Straßenumfeld bei Nachtfahrten im übergeordneten Straßennetz.* tuprints, Technische Universität Darmstadt, Fachbereich Bauingenieurwesen und Geodäsie, Diss., Darmstadt, Hessen, Deutschland, 2010.

E.-O. Rosenhahn. *Active Markerlight as a Future Safety Feature.* In *9th International Symposium on Automotive Lighting*, pages 460–470, Darmstadt, Hessen, Deutschland, 2011. Darmstädter Lichttechnik. ISBN 978-3-8316-4093-5.

J. Roslak. *Entwicklung eines aktiven Scheinwerfersystems zur blendungsfreien Ausleuchtung des Verkehrsraums.* Universitätsbibliothek Paderborn, Diss., Universität Paderborn, Heinz Nixdorf Institut, Nordrhein-Westfalen, Deutschland, 2005. ISBN 978-3935433785.

H. Scharr. *Optimale Operatoren in der Digitalen Bildverarbeitung.* Ruprecht-Karls-Universität Heidelberg, Diss., Heidelberg, Baden-Württemberg, Deutschland, 2000. ISBN 978-3-86644-708-0.

R. F. Schmidt and G. Thews. *Physiologie des Menschen.* Springer-Verlag Berlin and Heidelberg GmbH & Co. K, Berlin, Deutschland, 1993. ISBN 978-3540667339.

R. F. Schmidt, F. Lang, and M. Heckmann. *Physiologie des Menschen: mit Pathophysiologie (Springer-Lehrbuch).* Springer Medizin Verlag Heidelberg, Heidelberg, Baden-Württemberg, Deutschland, 1994. ISBN 978-3540329084.

H. J. Schmidt-Clausen. *Reaktionszeit von Kraftfahrern.* Technische Universität (TU) Berlin, Sonderdruck, Berlin, Deutschland, 1979.

H. J. Schmidt-Clausen. *The Visiblility Destance of a Car-Driver in Driving Situation.* In *SAE technical paper 820416*, Warrendale, Pennsylvania, USA, 1982. Society of Automotive Engieneers (SAE).

T. D. Schneider. *Marking light: system approaches and potential to reduce accidents.* In *8th International Symposium on Automotive Lighting*, pages 307–313, Darmstadt, Hessen, Deutschland, 2009. Darmstädter Lichttechnik. ISBN 978-3-8316-0904-8.

T. D. Schneider. *Physiologische Betrachtung automobiler Markierungslichtsysteme - Konfigurationen und Einflüsse auf die Unfallzahlen.* In *Fachzeitschrift Verkehrsunfall und Fahrzeugtechnik (VKU) - Ausgabe April 2010*, pages 133–140, München, Bayern, Deutschland, 2010. Springer Fachmedien München GmbH.

T. D. Schneider. *Markierungslicht - eine Scheinwerferlichtverteilung zur Aufmerksamkeitssteuerung und Wahrnehmungssteigerung von Fahrzeugführern*. Herbert Utz Verlag GmbH, Diss., Technische Universität Darmstadt, Fachgebiet Lichttechnik, Hessen, Deutschland, 2011a. ISBN 978-3-8316-4116-1.

T. D. Schneider. *Markinglight: Safety enhancement by Markinglight Systems and their technical implementation*. In *9th International Symposium on Automotive Lighting*, pages 320–326, Darmstadt, Hessen, Deutschland, 2011b. Darmstädter Lichttechnik. ISBN 978-3-8316-4093-5.

H. Schober. *Das Sehen*. Fachbuchverlag, Leipzig, Sachsen, Deutschland, 1960. ISBN 65069294.

B. Scholkopfand, A. J. Smola, and B. Schalkopf. *Learning with Kernels: Support Vector Machines, Regularization, Optimization, and Beyond (Adaptive Computation and Machine Learning)*. MIT Press, Massachusetts, BT, USA, 2002. ISBN 978-0262194754.

G. Schröder and H. Treiber. *Technische Optik: Grundlagen und Anwendungen*. Vogel Business Media, 10. Auflage, Würzburg, Bayern, Deutschland, 2007. ISBN 978-3834330864.

G. Schwab. *Untersuchung zur Ansteuerung adaptiver Kraftfahrzeugscheinwerfer*. Der Andere Verlag, Osnabrück, Diss., TU Illmenau, Fachgebiet Lichttechnik, Thüringen, Deutschland, 2003. ISBN 3-89959-047-3.

A. Shashua, Y. Gdalyahu, and G. Hayun. *"Pedestrian detection for driving assistance systems: Single-frame classification and system level performance*. In *IEEE Intelligent Vehicles Symposium*, pages 1–6. IEEE, 2004.

D. Simon. *Optimal State Estimation: Kalman, H Infinity, and Nonlinear Approaches*. John Wiley & Sons, Inc., Hoboken, NJ, USA, 2006. ISBN 978-0-471-70858-2.

A. Speiser. *Euler, Leonhard in Neue Deutsche Biographie (NDB), Band 4*. Duncker & Humblot Berlin, Berlin, Deutschland, 1959.

P. Spellucci. *Numerische Verfahren der nichtlinearen Optimierung*. Birkhäuser Verlag; 1. Auflage, Basel, Basel-Stadt, Switzerland, 1993. ISBN 978-3764328542.

Stadtdatenbank. *Neue künstliche Regenbogenhaut im Auge für großes Plus an Lebensqualität*. Stadtdatenbank München - Stadtbericht Nr. 3667, München, Bayern, Deutschland, 2012. ISBN 3333001470.

G. Stein. *Lens Distortion Calibration by Straightening Lines*. In *IEEE Computer Society Conference on Computer Vision and Pattern Recognition, Proceedings,*, pages 602–608. IEEE, 1997.

C. Stiller. *Vorlesungsmanuskript zu Messtechnik II*. Universität Karlsruhe (TH), Institut für Mess- und Regelungstechnik (MRT), Karlsruhe, Baden-Württemberg, Deutschland, 2005.

P. Stroop, A. Koslowski, B. Kubitza, and J. Roslak. *Safety Benefit of Marking light - an empirical study*. In *9th International Symposium on Automotive Lighting*, pages 315–319, Darmstadt, Hessen, Deutschland, 2011. Darmstädter Lichttechnik. ISBN 978-3-8316-4093-5.

K. Stuke. *Camera obscura-Fotografie in der Edition Beaugrand Kulturkonzepte*. Verlag für Druckgrafik Hans Gieselmann, Bielefeld, Nordrhein-Westfalen, Deutschland, 2007. ISBN 978-3-923830-63-3.

A. Taner. *NightVision: comfort feature or gimmick?* In *7th International Symposium on Automotive Lighting*, pages 320–327, Darmstadt, Hessen, Deutschland, 2007. Herbert Uzt Verlag GmbH, München, Deutschland. ISBN 978-3-3816-0711-2.

Q. Tian, H. Sun, Y. Luo, and D. Hu. *Nighttime Pedestrian Detection with a Normal Camera Using SVM Classifier*. In *Adavanced In Neural Networks - ISNN 2005, Volume 34972005*, pages 180–194, Berlin, Deutschland, 2005. Springer-Verlag Berling Heidelberg. ISBN 378-3540259138.

R. Y. Tsai and R. K. Lenz. *A new technique for fully autonomous and efficient 3D robotics hand/eye calibration*. In *IEEE Transactions on Robotics and Automation*, pages 345–358. IEEE, 1989.

UNECE. *Regelung Nr. 48 der Wirtschaftskommission der Vereinten Nationen für Europa – Einheitliche Bedingungen für die Genehmigung der Fahrzeuge hinsichtlich des Anbaus der Beleuchtungs- und Lichtsignaleinrichtungen*. In *Amtsblatt der Europäischen Union*, Genf, Kanton Genf, Schweiz, 2008. Wirtschaftskommission der Vereinten Nationen für Europa (UN/ECE).

UNECE. *Regelung Nr. 1 der Wirtschaftskommission der Vereinten Nationen für Europa (UN/ECE) – Einheitliche Bedingungen für die Genehmigung der Kraftfahrzeugscheinwerfer für asymmetrisches Abblendlicht und/oder Fernlicht, die mit Glühlampen der Kategorien R2 und/oder HS1 ausgerüstet sind*. In *Amtsblatt der Europäischen Union*, Genf, Kanton Genf, Schweiz, 2010a. Wirtschaftskommission der Vereinten Nationen für Europa (UN/ECE).

UNECE. *Regelung Nr. 123 der Wirtschaftskommission für Europa der Vereinten Nationen (UN/ECE) – Einheitliche Bedingungen für die Genehmigung von adaptiven Frontbeleuchtungssystemen (AFS) für Kraftfahrzeuge*. In *Amtsblatt der Europäischen Union*, Genf, Kanton Genf, Schweiz, 2010b. Wirtschaftskommission der Vereinten Nationen für Europa (UN/ECE).

V. N. Vapnik. *Statistical Learning Theory (Adaptive and learning Systems for signal processing, communications and control), 1. Auflage*. John Wiley & Sons, New York, NY, USA, 1998. ISBN 978-0471030034.

V. N. Vapnik. *The Nature of Statistical Learning Theory (Information Science and Statistics), 2. Auflage*. Springer Verlag New York, Inc., New York, NY, USA, 2000. ISBN 978-0387987804.

P. Viola, M. Jones, and D. Snow. *"Detecting pedestrians using patterns of motion and appearance*. In *International Journal of Computer Vision, Vol. 63, No. 2*, page 153–161. Kluwer Academic Publishers, 2005.

S. Völker. *Eignung zur Ermittlung eines notwendigen Beleuchtungsniveaus, Diss*. Der Andere Verlag, Osnabrück, Diss., TU Illmenau, Fachgebiet Lichttechnik, Thüringen, Deutschland, 1998. ISBN 978-3828806535.

S. Völker. *Ermittlung von Beleuchtungsniveaus für Industriearbeitsplätze*. Wirtschaftsverlag NW Verlag für neue Wissenschaft GmbH, Diss., Bundesanstalt für Arbeitsschutz und Arbeitsmedizin, Forschungsbericht 881, Dortmund, Nordrhein-Westfalen, Deutschland, 2000. ISBN 3-89701-512-9.

K. Wada, K. Miyazawa, K. Takahashi, and H. Shibata. *Steerable Forward Lighting System*. In *SAE paper 890682*, Warrendale, Pennsylvania, USA, 1989. Society of Automotive Engieneers (SAE).

G. Welch and G. Bishop. *An Introduktion to the Kalman Filter*. In *SIGGRAPH 2001, Proceedings*, page 8. University of North Carolina, 2001.

Wikimedia. *Verzeichnung Wikimedia.png*, 2012. URL `http://olypedia.de/Bild:Verzeichnung_Wikimedia.png`.

J. M. Wood, R. A. Tyrrell, and T. P. Carberry. *Limitations in Drivers' Ability to Recognize Pedestrians at Night*. In *Human Factors: The Journal of the Human Factors and Ergonomics Society Fall 2005 vol. 47 no. 3*, pages 644–653, Stanford, CA, USA, 2005. Human Factors and Ergonomics Society.

B. Wördenweber, J. Wallaschek, P. Boyce, and D. D. Hoffman. *Automotive Lighting and Human Vision*. Springer-Verlag Berlin Heidelberg 2007, Berlin, Deutschland, 2007. ISBN 978-3-540-36696-6.

F. Xu, X. Liu, and K. Fujimura. *Pedestrian detection and tracking with night vision*. In *IEEE Transactions on Intelligent Transportation Systems, Vol. 6, No. 1*, pages 63–71. IEEE, 2005.

Z. Zhang. *Flexible camera calibration by viewing a plane from unknown orientations*. In *The Proceedings of the Seventh IEEE International Conference on Computer Vision*, pages 666–673, Kerkyra, Ionish Islands, Greece, 1999.

L. Zhao and C. Thorpe. *"Stereo-and neural network-based pedestrian detection*. In *IEEE Transactions on Intelligent Transportation Systems, Vol. 1, No. 3*, pages 148–154. IEEE, 2000.

H. Zhuang, L. Wang, and Z. Roth. *Simultaneous calibration of a robot and a hand-mounted camera*. In *IEEE Transactions on Robotics and Automation, vol. 11*, pages 649–660. IEEE, 1995.

P. Ziesche. *Nebenläufige & verteilte Programmierung*. W3L GmbH, Herdecke, Nordrhein-Westfalen, Deutschland, 2004. ISBN 3-937137-04-1.

H. T. Zwahlen, M. E. Miller, and J. Yu. *Effects on Misaimed Low Beams and High Beams on Visual Detection of Reflectorized Targets at Night*. In *Visibility Criteria for Signs, Signals and Roadway Lighting, No. 1247*, Washington, District of Columbia, USA, 1989. Transportation Research Board.

Schriftenreihe
Institut für Mess- und Regelungstechnik
Karlsruher Institut für Technologie
(1613-4214)

Die Bände sind unter www.ksp.kit.edu als PDF frei verfügbar oder als Druckausgabe bestellbar.

Band 001 Hans, Annegret
Entwicklung eines Inline-Viskosimeters auf Basis eines magnetisch-induktiven Durchflussmessers. 2004
ISBN 3-937300-02-3

Band 002 Heizmann, Michael
Auswertung von forensischen Riefenspuren mittels automatischer Sichtprüfung. 2004
ISBN 3-937300-05-8

Band 003 Herbst, Jürgen
Zerstörungsfreie Prüfung von Abwasserkanälen mit Klopfschall. 2004
ISBN 3-937300-23-6

Band 004 Kammel, Sören
Deflektometrische Untersuchung spiegelnd reflektierender Freiformflächen. 2005
ISBN 3-937300-28-7

Band 005 Geistler, Alexander
Bordautonome Ortung von Schienenfahrzeugen mit Wirbelstrom-Sensoren. 2007
ISBN 978-3-86644-123-1

Band 006 Horn, Jan
Zweidimensionale Geschwindigkeitsmessung texturierter Oberflächen mit flächenhaften bildgebenden Sensoren. 2007
ISBN 978-3-86644-076-0

Band 007 Hoffmann, Christian
Fahrzeugdetektion durch Fusion monoskopischer Videomerkmale. 2007
ISBN 978-3-86644-139-2

Band 008 Dang, Thao
Kontinuierliche Selbstkalibrierung von Stereokameras. 2007
ISBN 978-3-86644-164-4

Band 009 Kapp, Andreas
Ein Beitrag zur Verbesserung und Erweiterung der Lidar-Signalverarbeitung für Fahrzeuge. 2007
ISBN 978-3-86644-174-3

Band 010 Horbach, Jan
Verfahren zur optischen 3D-Vermessung spiegelnder Oberflächen. 2008
ISBN 978-3-86644-202-3

Band 011 Böhringer, Frank
Gleisselektive Ortung von Schienenfahrzeugen mit bordautonomer Sensorik. 2008
ISBN 978-3-86644-196-5

Band 012 Xin, Binjian
Auswertung und Charakterisierung dreidimensionaler Messdaten technischer Oberflächen mit Riefentexturen. 2009
ISBN 978-3-86644-326-6

Band 013 Cech, Markus
Fahrspurschätzung aus monokularen Bildfolgen für innerstädtische Fahrerassistenzanwendungen. 2009
ISBN 978-3-86644-351-8

Band 014 Speck, Christoph
Automatisierte Auswertung forensischer Spuren auf Patronenhülsen. 2009
ISBN 978-3-86644-365-5

Band 015 Bachmann, Alexander
Dichte Objektsegmentierung in Stereobildfolgen. 2010
ISBN 978-3-86644-541-3

Band 016 Duchow, Christian
Videobasierte Wahrnehmung markierter Kreuzungen mit lokalem Markierungstest und Bayes'scher Modellierung. 2011
ISBN 978-3-86644-630-4

Band 017 Pink, Oliver
Bildbasierte Selbstlokalisierung von Straßenfahrzeugen. 2011
ISBN 978-3-86644-708-0

Band 018 Hensel, Stefan
Wirbelstromsensorbasierte Lokalisierung von Schienenfahrzeugen in topologischen Karten. 2011
ISBN 978-3-86644-749-3

Band 019 Carsten Hasberg
Simultane Lokalisierung und Kartierung spurgeführter Systeme. 2012
ISBN 978-3-86644-831-5

Band 020 Pitzer, Benjamin
Automatic Reconstruction of Textured 3D Models. 2012
ISBN 978-3-86644-805-6

Band 021 Roser, Martin
Modellbasierte und positionsgenaue Erkennung von Regentropfen in Bildfolgen zur Verbesserung von videobasierten Fahrerassistenzfunktionen. 2012
ISBN 978-3-86644-926-8

Band 022 Loose, Heidi
Dreidimensionale Straßenmodelle für Fahrerassistenzsysteme auf Landstraßen. 2013
ISBN 978-3-86644-942-8

Band 023 Rapp, Holger
Reconstruction of Specular Reflective Surfaces using Auto-Calibrating Deflectometry. 2013
ISBN 978-3-86644-966-4

Band 024 Moosmann, Frank
Interlacing Self-Localization, Moving Object Tracking and Mapping for 3D Range Sensors. 2013
ISBN 978-3-86644-977-0

Band 025 Geiger, Andreas
Probabilistic Models for 3D Urban Scene Understanding from Movable Platforms. 2013
ISBN 978-3-7315-0081-0

Band 026 Hörter, H. Marko
Entwicklung und vergleichende Bewertung einer bildbasierten Markierungslichtsteuerung für Kraftfahrzeuge. 2013
ISBN 978-3-7315-0091-9